종말론적 환경주의

보이지 않는 가짜 재앙과 위협

패트릭 무어 지음 **박석순** 옮김

종말론적 환경주의

보이지 않는 가짜 재앙과 위협

패트릭 무어 지음 **박석순** 옮김

어문학사

한국 독자들에게

탈원전과 탄소중립에서 벗어나길 바라며

나는 1971년 미국의 알래스카 수소폭탄 실험을 저지하는 해상 시위에 참여하면서 그린피스 설립을 주도하게 됐다. 그 후 캐나다 브리티시컬럼비아대학교에서 생태학박사 학위를 받고 그린피스 최고 결정위원회에서 15년을 보내면서 수많은 환경 캠페인을 이끌었다. 그린피스는 자원자들이 환경을 위한다는 숭고한 의도로 시작했다. 포경 금지, 어린 물개 학살 방지, 물·대기·토양에 독성물질 투기 금지, 그리고 기타 많은 활동이 해가 갈수록 매우 성공적이었다. 1980년대 초에는 연간 예산이 1억 달러가 넘었고 월급 받는 직원이 1,000여 명에 이르게 되었다.

그린피스는 거대한 기업체로 변모하여 모금 활동이 최우선이었다. 거의 모든 캠페인은 기부금을 받기 위해 거짓 정보로 공포감을 주고, 과장되고 자극적인 선동에 더욱 치중하게 되었다. 1986년 나는 그린피스를 떠나기로 했다. 그들은 환경을 개선하기보다는 거짓 선동으로 사람들을 겁주고, 반인륜적이고 반사회적인 캠페인으로 자금을 모으는 데 몰두했으며 과학적 진실과는 거리가 멀었기 때문이었다. 이후 지금까지 나는 올바른 과학과 논리적 사고에 신념을 두는 합리적 환경주의자가 되기 위해 노력해왔다.

이 책은 내가 지난 50년 동안 환경운동가이자 과학자로서 환경 진실에 관해 다면적으로 탐구하면서 축적한 지식의 정점에서 이루어진 결과물이다. 독자들은 이 책을 통해 대부분 사람들은 너무 많은 거짓 정보와 잘못된 예측에 속고 있다는 사실을 알 수 있을 것이다. 원자력 에너지가 가장 안전한 기술이라는 사실을 통계 숫자가 말해주고 있지만 사람들은 아주 위험한 것으로 알고 있다. 북극곰은 개체 수가 지난 50년 동안 꾸준히 증가해 왔지만 사람들은 조만간 멸종할 것으로 알고 있다. 유전자변형 식품에는 아예 존재하지 않기 때문에 1000만 배로 확대한 전자 현미경으로도 볼 수 없고 이름도 없으며 화학식도 없는데 사람들은 뭔가 유해물질이 들어있는 것으로 알고 있다. 대형 산불은 실제로 숲의 지면 연료(낙엽과 고사목) 관리가 부실해서 일어나고 있지만 사람들은 기후변화가 원인이라고 알고 있다. 산호는 따뜻한 바다에서 잘 자라고 다양성이 가장 높다는 것이 밝혀져 있지만 사람들은 지구가 더워져 2100년까지 모든 산호가 사라질 것이라고 알고 있다. 그리고 진짜 속고 있는 것은 지구온난화다. 지구의 기온은 태양의 활동과 거리 및 각도 등에 의해 결정되고 이산화탄소의 온실효과는 극히 미미하다는 것이 과학적 사실이지만 사람들은 화석연료 사용으로 인한 이산화탄소가 지구를 생명체가 살아가기에 너무 덥게 만드는 것으로 알고 있다.

이 모든 거짓 정보와 잘못된 예측은 가짜 환경 종말론의 일부에 해당한다. 반산업화와 반문명적 이념에 바탕을 둔 환경 종말론은 지난 반세기 동안 끊임없이 만들어져 많은 사람들을 위협하고 인류의 문명발전을 방해해왔다. 지난 1960년대와 1970년대에는 화학물질 공포, 인구폭탄, 자원고갈, 식량부족 등과 같은 종말론이 주류를 이루었다. 한때 많은 사람들의 공감을 얻었지만 1980대와 1990년대에 와서 틀렸다는 것이 밝혀졌다. 초기 환경 종말론은 우리 가까이에서 눈에 보이고 숫자로 확인될 수 있었기 때문에 오래 가지 못했고 사회경제적 파급효과도 그다지 크지 않았다.

초기 종말론이 사라지자 새로운 환경 종말론들이 만들어지기 시작했다. 새로운 것들은 이산화탄소나 방사선과 같이 눈에 보이지 않거나 북극곰과 산호초와 같이 아주 멀리 떨어져 있는 것들을 이용하고 있다. 그래서 일반인들 스스로는 그러한 주장의 진실을 볼 수도 증명할 수도 없다. 새로운 종말론은 오늘날 그 파급력도 엄청나서 세계 곳곳에서 '탄소중립'을 추진하고 일부 국가에서는 '탈원전'까지 감행하고 있다.

나는 한국이 새로운 환경 종말론에 가장 큰 영향을 받고 있는 국가 중 하나라고 생각한다. 유엔의 기후변화 주장을 과학적인 검토도 없이 받아들여 '저탄소 녹색성장'을 국가 최우선 정책으로 삼더니 이제는 에너지 빈곤국가임에도 불구하고 탈원전을 추진하게 되었다. 나는 지난 2012년에 한국을 방문한 적이 있다. 몇몇 원자력 발전소도 직접 가보았고 원자력 에너지의 안전성에 관한 강의도 했다. 왜 원자력이 먼 미래에는 가장 중요한 에너지원이 될 것인지 설명했다. 현재 세계 에너지의 80% 이상을 공급하는 화석연료가 언젠가 고갈이 되면 원자력이 전기를 생산하여 이를 대체하게 될 것이다. 한국의 원자력 발전소 건설기술은 세계적으로 인정받고 있다. 그래서 이 책의 9장에 발전소 사진과 함께 우수한 기술을 설명했다. 문재인 정부가 추진하는 탈원전 정책은 근거 없는 공포가 올바른 과학을 침몰시킨 결과다. 한국의 원자력 발전 역사에서 원자로 사고로 죽은 사람은 지금까지 없다. 오늘날 사용되는 어떤 에너지 기술에서도 이렇게 안전한 것은 어디에도 없다.

한국은 산림녹화에 매우 성공적인 국가다. 전쟁으로 황폐화된 산에 대대적인 식목사업을 추진하여 울창한 숲을 만들었다. 식목일을 국가 공휴일로 정하고 국민들에게 산림의 중요성을 알린 것도 세계적으로 드문 일이다. 또 한국은 세계 10대 해안 양식국이다. 일인당 물고기 소비율이 세계 2위에 달하고 연안 어업이 활발하게 이루어지고 있다. 하지만 지금 한국은 '탄소중립'을 추진하기 위해 울창한 산림을 밀어내어 태양광 패널로 덮고 어민들의 극렬한 반대에도 불구하고 대규모 해상 풍력발전단지를 세우려 하고 있다. '보이지 않는 가짜 재앙과 위협'이 온 나라의 경제와 환경을 파괴하고 있다.

한국은 세계 어느 나라보다 이 책이 전하는 메시지가 절실한 국가다. 기후변화를 중심으로 원자력 발전, 유전자변형 식품, 바다 쓰레기, 산림 관리 등 이 책의 거의 모든 내용이 한국이 주목해야 할 주제다. 이 책이 널리 읽혀져 한국이 하루빨리 탈원전이나 탄소중립과 같은 무모하고 비과학적인 정책에서 벗어나 지속가능한 경제성장을 이룩하고 진짜 중요한 환경문제를 개선해 나갈 수 있길 바란다.

끝으로 그동안 성실한 번역 작업을 한 박석순 교수와 한국어판을 출간하는 어문학사에게 진심 어린 감사를 표한다. 아울러 '보이지 않는 가짜 재앙과 위협'의 심각한 영향을 받고 있는 한국에 나의 일생 노력이 담긴 이야기를 알릴 수 있게 되어 나에게는 무척 큰 영광이다.

캐나다 밴쿠버에서

패트릭 무어 박사

역자의 생각과 감사의 글

세계적인 환경 스승의 역작을 소개하며

이 책의 저자 패트릭 무어 박사는 지난 반세기 동안 세계를 무대로 활동해온 이 시대 최고의 환경 스승(Eco-Guru)으로 평가받는 분이다. 그는 1971년 세계적인 환경단체 그린피스를 공동 설립하고 15년간 이끌어오다 탈퇴하고 올바른 과학과 논리적 사고에 근거한 '합리적 환경주의(The Sensible Environmentalism)'를 주장해왔다. 그는 그린피스 탈퇴 사유를 "그들은 환경을 개선하기보다는 거짓 정보로 사람들을 겁주고 반인륜적이고 반사회적인 캠페인으로 기금을 모으는 데 몰두했기 때문에 함께할 수 없었다"라고 이 책의 프롤로그에서 밝히고 있다.

그가 활동한 지난 반세기는 인류 환경사에서 가장 큰 변화가 있었던 시기다. 선진국을 중심으로 산업화, 인구증가, 도시화가 급속히 진행되었고 환경의 소중함을 알리는 환경주의가 널리 확산되었다. 동시에 환경운동이 선진 산업국을 중심으로 사회 여론 형성에 큰 힘을 발휘하게 되었다. 그는 이 시기를 거치면서 환경의 눈으로 세계를 관찰하고 남다른 지력으로 학습하면서 용기 있는 지식인으로 행동해왔다. 특히 그는 환경 탈레반(어설픈 지식으로 교조주의에 빠진 집단)이 권력과 생존을 위하여 어떤 낭설을 퍼뜨리고 언론은 이를 어떻게 과장 보도하여 공포 장사를 하는지 철저히 파헤쳐왔다. 이 책은 그동안 그의 오랜 투쟁을 일목요연하게 정리한 결과물이다.

나는 오래전부터 그의 활동과 이념에 관해 알고 있었고 강의에서도 자주 소개하곤 했다. 지난 2012년 3월에는 우리나라를 방문하여 원자력 에너지의 안전성과 우수성을 국내에 알리고 돌아갔다. 2011년 일본 후쿠시마 사건이 발생하자 국내 환경단체가 기다렸다는 듯이 원전 반대 운동을 또다시 강하게 추진했기 때문에 그의 방문이 이루어졌다. 국내 강의는 우리 학교에서 있었으나 공교롭게도 나는 당시 국립환경과학원장으로 재직하느라 참석하지 못했다. 그의 방문은 국내 여러 언론에서 보도됐고 원전에 대한 국민 불안감을 해소하는 데 다소나마 기여했다. 몇몇 주요 언론 보도를 16쪽에 첨부했다.

내가 무어 박사에 관해 좀 더 자세히 알 수 있었던 것은 지난 4월에 출간된 『불편한 사실: 앨 고어가 몰랐던 지구의 기후과학』의 번역 덕분이다. 책의 내용이 내가 그때까지 알고 있었던 기후변화와는 너무 달라서 확인용 참고자료가 필요했다. 그래서 접하게 된 자료 중 하나가 무어 박사의 유튜브 강의였다. 확신에 찬 그의 강의를 통해 지구의 기후과학을 이해하고 책의 내용을 신뢰할 수 있었으며, 그동안 몰랐던 많은 환경 지식을 얻게 되었다.

그뿐만 아니라 정치화된 기후과학을 바로잡고 세상에 진실을 알리기 위해 미국, 캐나다, 영국, 호주, 영국, 네덜란드 등을 중심으로 권위 있는 학자들의 활발한 활동이 있고, 그 중심에 패트릭 무어 박사도 함께한다는 사실도 알게 되었다. 특히 지난 2017년 미국 트럼프 대통령의 파리 기후협약 탈퇴에 가장 큰 영향을 준 사람이 무어 박사였다는 사실을 알고 나는 무척 놀랐다. 그래서 나는 그의 활동과 생각에 더욱 큰 관심을 갖게 되었다.

나는 그의 유튜브 강의와 관련 자료들을 보면서 혹시 저서가 나오면 국내에 소개하고 싶다는 생각을 했다. 이 책은 마치 나의 바람에 응답이라도 하듯 지난 1월에 출간되었다. 출간 즉시 나는 무어 박사에게 이메일을 보내 한국어판 판권을 약속받았다. 책을 번역하면서 그의 뛰어난 지력과 해박함에 다시 한번 놀라움을 금치 못했다. 한평생 용감한 지식인으로 살아온 그의 생각과 활동이 이 책에 고스란히 담겨 있었다. 기후변화, 원자력 발전, 유전자변형 생물체,

해양 플라스틱, 생물 대멸종 등과 같은 세계적인 이슈의 거짓 선동에 대해 그는 과학적 사실을 근거로 시원하게 통박하고 있다.

독자들은 책을 읽으면서 그동안 속고 있었던 사실에 가끔 놀라기도 하고 재미있다고 웃음을 짓기도 할 것이다. 한편으로는 좀 황당하다거나 '설마 이럴 수가'라는 생각이 들 수도 있을 것이다. 하지만 여기 나오는 이야기는 지금 이 시대에 소위 선진국이라는 곳에서 벌어지고 있는 거짓 선동의 현실이고 이를 반박하는 저자의 주장은 검증된 과학적 사실이다. 그리고 '보이지 않는 가짜 재앙과 위협' 이면에는 이를 이용하여 금전적이고 정치적인 이익을 추구하려는 세력이 도사리고 있다.

번역 과정에서 저자와 여러 번 상의하며 책의 내용을 수정하고 전체적인 완성도를 높였다. 먼저 우리말 제목을 원제 'Fake Invisible Catastrophes and Treats of Dooms'에 'The Apocalyptic Environmentalism(종말론적 환경주의)'를 추가했다. 또 원서는 총 11장이었으나 역서는 제3장의 기후변화를 '이산화탄소'와 '기후역사'로 나누어 총 12장으로 구성했다. 각 장의 제목을 좀 더 흥미롭게 했으며 도입 요약문도 넣었다. 원서에 있었던 몇몇 오류를 수정하고 각주도 추가했다. 내가 새로운 제목, 3장 분리, 오류 수정, 추가 설명 등을 제안했을 때 저자는 자신이 미처 생각하지 못했던 점이라며 흔쾌히 동의하고 감사를 표했다. 나는 저자의 답신을 보면서 '일생을 공부하는 자세로 살아온 노스승의 겸손함과 열린 마음'을 느낄 수 있었다.

지난 몇십 년간 우리나라도 가짜 환경 재앙으로 엄청난 사회·경제적 손실을 겪었다. 인천공항, 새만금, 경부고속철도, 원전, 방폐장, 광우병, 대운하, 4대강, 사드 등 수많은 선동이 계속되어왔다. 그러다 지금은 탈원전을 국가 정책으로 채택하는 지경에 이르게 되었다. 더구나 모든 국민이 탄소중립을 당연한 것으로 알게 되었고, 이를 위해서는 탈원전은 안 된다는 일부 반박 정도만 있는 것이 우리의 현실이다. 이 책은 '탄소중립도 탈원전도 잘못되었다'라는 것을 과학적 사실로 입증해주고 있다.

이 책은 지금 우리에게 너무나 소중한 환경 이념과 지식을 전해주고 있다. 우리나라가 부강한 환경 선진국으로 도약하기 위해서 모든 국민이 꼭 알아야 할 내용이다. 모든 국민이 건강하고 쾌적한 환경에서 풍요로운 삶을 누리고, 미래 세대를 위해 지속가능한 경제성장과 문명발전을 계속하기 위해서는 올바른 환경 이념과 지식이 절실하다. 모든 국민의 환경의식이 향상되어 이제 더 이상 거짓 선동이 우리 사회를 좀먹지 못하게 해야 할 것이다.

끝으로 이 역서가 나오기까지 도움을 주신 분들께 감사의 뜻을 표한다. 먼저 훌륭한 책을 저술하고 번역까지 도와주신 패트릭 무어 박사님과 나의 저술 활동을 항상 흔쾌히 지원해 주시는 윤석전 사장님께 깊은 감사를 드린다. 또 한국경제신문 논설과 생글생글 게재를 허용해주신 정규재 주필님과 최승노 자유기업원 원장님께 고마움을 전한다. 아울러 좋은 책을 만들기 위해 열정을 다하는 어문학사 편집부와 원고 정리를 도와준 제자 김유흔, 그리고 나를 항상 행복한 번역에 몰두할 수 있게 해주는 분께도 고마움을 전한다. 모쪼록 이 책이 널리 보급되어 국민 계몽과 국가 발전에 크게 기여할 수 있길 바란다.

2021년 10월

신촌 이화동산 신공학관 560호에서

박석순

언론 보도와 현장 사진

국내방문 활동, 2012년 3월

dongA.com

"화석연료 환경 악영향 심각… 원자력이 가장 현실적 대안"

그린피스 창립자에서 원자력 전도사로 변신한 패트릭 무어 씨

동아일보, 2012.03.16.

그린피스 설립자가 말하는 원자력...'양날의 칼'

YTN, 2012.03.15.

'원자력 전도사'로 변신한 패트릭 무어

이대서 환경토크쇼..."수·화력발전 사망자가 원전보다 많아"

< 패트릭 무어 : 그린피스 설립자 >

"고리원자력발전소 1호기의 전원공급 중단 늑장보고는 '사고'가 아닌 '사건'입니다. 이를 원자력 발전 전체의 안전성에 대한 불신과 연결시켜서는 안 됩니다."

세계적인 환경운동단체 그린피스

한국경제신문, 2012.03.16.

그린피스 만든 무어 "원전, 논란 있지만 가장 현실적"

중앙일보, 2012.03.16.

미국 상원 증언 국내 언론 보도, 2014년 2월

(한국경제신문 논설)

2014년 03월 03일
39면 (오피니언)

지구온난화는 과학 아니라는 패트릭 무어의 고백

국제환경단체 그린피스의 공동설립자 패트릭 무어 박사가 지구 온난화는 과학적 근거가 없다고 말했다는 보도는 놀랄 만하다. 그는 지난주 미 상원에 출석해 인간 활동이 기후변화의 원인이라고 말할 수 없으며 이산화탄소 배출과 지구 온도 상승 사이엔 아무런 상관 관계가 존재하지 않는다고 털어놨다. 무어 박사는 빙하기 시대엔 탄소량이 지금보다 10배나 많았지만 인류는 건재했다며 환경운동가들이 컴퓨터 모델 분석에 의해 제시하는 기후 예측의 부질없음을 역사가 입증해줄 것이라고 역설했다. 그린피스는 로마클럽과 더불어 70년대부터 환경근본주의자와 반자본주의자들을 이끌었던 대표적 좌파 환경 단체다. 독일 녹색당 등 좌파 정치단체를 만드는 데에도 깊숙이 관여했다. 이 단체 설립을 주도했던 무어 박사의 고백에서 지구온난화를 둘러싼 논란의 이면에 있는 정치를 볼 수 있다.

환경주의자들은 로마클럽 보고서나 유엔 정부간기후변화위원회(IPCC)의 기후변화 보고서를 금과옥조로 받들면서 지구촌에 환경 재앙이 닥칠 것이라고 떠들어왔다. 그 결과 교토의정서가 만들어지고 각국이 탄소배출 할당까지 짊어지는 촌극을 연출했다. 하지만 무어 박사는 IPCC 보고서도 통계 분석의 결과가 아니라 소위 전문가들의 주장을 뒷받침하려고 자료를 단순히 끼워맞춘 것에 불과하다고 설명한다.

지금 교토의정서는 휴지가 된 지 오래다. 일부에서는 지구 온난화조차 한때의 조크였다고 농담하는 정도다. 미국은 물론이고 교토의정서를 탈퇴했던 캐나다와 일본도 이 문제엔 이미 무감하다. 탄소세를 도입했던 호주마저 올해 7월부터 탄소세를 폐지한다고 한다. 기업에 고통만 안겨주고 아무런 성과가 없어서다.

하지만 한국은 여전히 지구온난화에 목을 매고 있다. 온실가스 배출권 거래제를 2020년 이후로 연기해달라고 기업들이 수차례 진정서를 올렸지만 아예 묵살하고 있다. 한번 입력된 오도된 지식을 무작정 신봉한다. 오직 극소수 국가만이 지구온난화의 광기 어린 주술에 사로잡혀 있다.

(16.3*9.3)cm

국제환경단체 그린피스의 공동설립자 패트릭 무어 박사가 지구 온난화는 과학적 근거가 없다고 말했다는 보도는 놀랄 만하다. 그는 지난주 미 상원에 출석해 인간 활동이 기후변화의 원인이라고 말할 수 없으며 이산화탄소 배출과 지구 온도 상승 사이엔 아무런 상관관계가 존재하지 않는다고 털어놨다. 무어 박사는 빙하기 시대엔 탄소량이 지금보다 10배나 많았지만 인류는 건재했다며 환경운동가들이 컴퓨터 모델 분석에 의해 제시하는 기후 예측의 부질없음을 역사가 입증해줄 것이라고 역설했다. 그린피스는 로마클럽과 더불어 70년대부터 환경근본주의자와 반자본주의자들을 이끌었던 대표적 좌파 환경단체다. 독일 녹색당 등 좌파 정치단체를 만드는 데에도 깊숙이 관여했다. 이 단체 설립을 주도했던 무어 박사의 고백에서 지구온난화를 둘러싼 논란의 이면에 있는 정치를 볼 수 있다.

환경주의자들은 로마클럽 보고서나 유엔 정부간기후변화위원회(IPCC)의 기후변화 보고서를 금과옥조로 받들면서 지구촌에 환경 재앙이 닥칠 것이라고 떠들어왔다. 그 결과 교토의정서가 만들어지고 각국이 탄소배출 할당까지 짊어지는 촌극을 연출했다. 하지만 무어 박사는 IPCC 보고서도 통계 분석의 결과가 아니라 소위 전문가들의 주장을 뒷받침하려고 자료를 단순히 끼워 맞춘 것에 불과하다고 설명한다.

지금 교토의정서는 휴지가 된 지 오래다. 일부에서는 지구온난화조차 한때의 조크였다고 농담하는 정도다. 미국은 물론이고 교토의정서를 탈퇴했던 캐나다와 일본도 이 문제엔 이미 무감하다. 탄소세를 도입했던 호주마저 올해 7월부터 탄소세를 폐지한다고 한다. 기업에 고통만 안겨주고 아무런 성과가 없어서다.

하지만 한국은 여전히 지구온난화에 목을 매고 있다. 온실가스 배출권 거래제를 2020년 이후로 연기해달라고 기업들이 수차례 진정서를 올렸지만 아예 묵살하고 있다. 한번 입력된 오도된 지식을 무작정 신봉한다. 오직 극소수 국가만이 지구온난화의 광기 어린 주술에 사로잡혀 있다.

2017년 7월, 한국경제신문 생글생글

최승노 박사의

시장경제 이야기

⑫ 환경 운동의 올바른 방향

패트릭 무어는 캐나다 출신의 세계적인 환경 전문가다. 지난 30여 년간 그는 지구 환경과 생태 그리고 원자력 분야에서 국제적인 업적을 쌓아왔다. 젊은 시절 무어는 핵무기 개발에 반대하고 고래 포경에 반대하는 등 강경한 환경 운동가였다. 1971년 그린피스를 창립한 것도 그런 활동의 일환이었다.

패트릭 무어가 그린피스와 결별한 사연

그린피스는 미국의 알래스카 핵 실험, 캐나다의 물개 사냥, 일본의 고래 포경, 프랑스의 남태평양 핵 실험 등 굵직굵직한 환경 분쟁의 현장에서 반대 시위를 한 걸로 유명한 세계적인 환경보호 단체다. 그린피스가 한국에 알려지게 된 계기 역시 이런 시위 활동 덕이었다. 1993년 옛 소련이 붕괴한 뒤 재정난에 시달리던 러시아가 동해에 방사능 폐기물을 몰래 버렸을 때 그린피스가 이를 감지하고동해에서 반대 시위를 벌인 바 있다.

무어는 그런 그린피스에서 창립 멤버, 이사, 대표를 두루 역임했다. 하지만 1986년 돌연 무어는 "그린피스는 틀렸다"고 선언하며 자신이 만든 단체와 결별하고 말았다. 15년 동안 그와 그린피스 사이에선 무슨 일이 있었던 걸까?

수력, 화력, 원자력 다 포기?

그린피스는 설립 초기 핵 실험 반대와 고래 보호 운동에 주력하던 단체였다. 핵 실험 반대는 핵물리학 지식에서, 고래 보호는 해양생물학 지식에서 나온 고민의 결과였다. 당연히 설립 초기 그린피스엔 전문적인 과학 공부를 한 사람이 많았다. 당장 무어 본인이 생태학 박사였으니 말이다.

시간이 흐를수록 그린피스엔 정식 과학 교육을 받은이들보다 정치 운동가나 환경 사업가, 언론인의 숫자가더 많아졌다. 그러면서 정치적인 의제를 선점하기 위해 과학적 객관성을 포기하는 모습이 늘어만 갔다. 무어가"환경 감시자에게 필요한 건 과학이지 정치적 의제가아니다"며 정치로부터 자유로운 환경 운동을 촉구했지만 소용없었다.

무어의 지적대로 그린피스가 저지른 과학적 오류는 그간 한두 가지가 아니다. 염소 사용을 반대한 것도 그중 하나다. 염소는 수돗물을 소독할 때 들어가는 약품이다. 의약품을 제조할 때도 흔히 사용된다. 인간의 공공 위생과 보건을 위해 염소는 반드시 필요한 것인데 그린피스는 이를 무조건적으로 반대했다.

그린피스가 화학물질이라면 질색하는 것도 널리 알려진 사실이다. 플라스틱으로 물건을 만들 땐 플라스틱의 유연성을 높이기 위해 '가소제'라는 물질을 쓴다. 그런데 그린피스는 별다른 과학적 근거 없이 가소제의 사용에 반대했다. 사실상 플라스틱을 쓰지 말자는 얘기와다를 게 없었다.

하지만 무어가 그린피스와 갈라서게 된 결정타는 에너지 분야에서의 갈등이었다. 그린피스는 수력도, 화력도, 원자력도 반대하는 그야말로 대안 없는 반대 운동을 벌였다. 수력은 대형 댐이 주변의 환경을 바꾸기에안 되고, 화력은 대기 오염 때문에 안 되며, 원자력은 방사능 오염 때문에 안 된다는 주장이었다. 그렇다면 인류는 어디에서 전기를 구해야 한다는 말인가? 무어는 결국 "전기를 포기하자는 건 문명을 포기하자는 얘기"라고 지적하며 그린피스와 결별하고 말았다.

극단주의와 정치적 의제 치중

그린피스의 활동은 이후 길을 잃었다. 극단주의와 정치적 의제를 앞세우고 대중을 상대로 공포의 캠페인을 벌였다. 그린피스가 점점 더 극단으로 치달았던 건 상당부분 돈 때문이다. 조직을 운영하고 활동가들의 생계를유지하려면 시민 단체도 돈이 필요하다. 활동이 극렬하고 정치적 편향성이 확실하고 대중의 공포심을 자극해야 기부금도 더 들어왔던 것이다. 기업들이 그린피스를 더욱 두려워할수록 기업들로부터의 기부금도 늘었다.

그린피스에서 나온 패트릭 무어는 그 뒤 환경운동가에서 환경컨설턴트로 변신했다. 그는 이제 환경 지상주의가 아니라 환경과 과학의 지속 가능한 발전을 꿈꾼다. 지금도 무어를 비난하는 이들은 그를 변절자라고 부르지만 정작 변질된 건 무어가 아닌 그린피스가 아닐까?

차례

한국 독자들에게 - 탈원전과 탄소중립에서 벗어나길 바라며 | 4
역자의 생각과 감사의 글 - 세계적인 환경 스승의 역작을 소개하며 | 10
언론 보도와 현장 사진 | 16
프롤로그 - 인생의 여정에서 만난 대오의 섬광 | 25

제1장 **37**

아프리카 최고령 바오밥 나무가 죽어간다

독특한 모양의 바오밥 나무는 아프리카, 남아시아 인도, 그리고 마다가스카르를 비롯한 여러 인도양 섬에 수십만 그루 넘게 서식하며, 수령이 2,500년이 넘는 것도 있다. 늙은 나무가 죽어가는 극히 정상적인 현상을 두고 기후변화가 원인이라고 한 황당한 추측성 기사를 통해 언론의 무책임한 보도를 고발한다.

제2장 **43**

서태평양의 산호초 군락이 금세기에 사라질 것이다

산호는 오늘날 기후보다 훨씬 따뜻했던 2억 2천5백만 년 전에 지구에 출현했다. 더운 바다를 선호하기 때문에 적도 부근에서 수많은 거대 군락을 형성하고 있다. 하지만 지구온난화로 바다가 더워져 산호초가 사라진다는 가짜 재앙을 날조하여 우리를 속이고 있다. 과학과 사실을 바탕으로 한 진짜 산호초 이야기를 들려준다.

제3장 **61**

모든 생명의 원천이 파멸의 악마로 변했다

이산화탄소는 모든 생명체의 원천인 식물의 광합성 원료이자 태양열을 지구 대기에 잠시 잡아두는 온실가스 중 하나다. 산업화 이후 화석연료 사용이 가져온 이산화탄소의 온실효과 증가는 극히 미미하고 지구 녹색화 기여 효과는 매우 크다. 하지만 이산화탄소의 두 효과는 완전히 반대로 평가되었다. 두 효과의 바른 이해를 위한 과학적 사실을 제시한다.

제4장 **103**

지구의 기후 역사가 교활하게 조작되었다

지구의 고기후는 남극대륙과 그린란드에서 채취한 빙핵과 심해 퇴적물을 이용하여 최대 5억 7천만 년 전까지 추정할 수 있다. 또 지구 공전궤도, 자전축, 세차운동의 주기로 수백만 년 전까지, 인류 문명사로 수십만 년 전까지 비교적 정확하게 밝혀낸다. 하지만 기후위기론자들은 가짜 재앙을 만들기 위해 기후 역사를 교활하게 조작했다. 그 조작의 내막을 폭로한다.

제5장 **133**

빙하가 녹아내려 북극곰이 멸종위기에 처했다

1973년 북극 인접 5개국(캐나다, 덴마크, 노르웨이, 구소련, 미국)이 북극곰 보호 조약을 체결했다. 이후 무분별한 사냥이 금지되면서 북극곰 개체 수는 계속 증가해왔다. 하지만 기후위기를 조장하여 금전적 · 정치적 이익을 추구하려는 집단들은 개체 수가 줄어들었고 조만간 멸종될 것이라 선동한다. 앵벌이 하는 북극곰의 진짜 이야기를 알아본다.

제6장 **153**

지구온난화로 100만 종이 멸종위기에 처할 것이다

지구 역사상 소행성 충돌이나 대규모 화산 폭발로 인해 다섯 번의 대멸종이 일어났다. 금세기에 인간의 자연개발과 기후변화로 여섯 번째 대멸종이 온다고 한다. 인류문명의 발달이 일부 멸종을 초래한 것은 사실이지만, 대멸종이란 터무니없는 거짓말이다. 오히려 지난 100년간 방지 노력으로 멸종 수는 80% 감소했다. 생물 멸종의 진실을 파헤친다.

제7장 165
태평양 한가운데 광활한 플라스틱 쓰레기 더미가 있다

환경단체가 태평양 한가운데 한반도 면적 여섯 배에 달하는 광활한 플라스틱 쓰레기 더미가 있다고 사진을 조작하여 퍼뜨리고 있다. 또 먼바다 외딴섬 해안까지 쓰레기로 뒤덮이고 플라스틱으로 고래와 바닷새가 죽어간다고 선동하고 있다. 선동의 실체를 살펴보고 해양 생태계에서 플라스틱의 놀라운 역할을 알아본다.

제8장 203
유전자변형 식품에 뭔가 모르는 유해 물질이 있다

유전자변형 생물체(GMO)에는 어떤 유해 물질도 없지만, 환경단체, 언론, 정치인들은 돈을 벌고 표를 얻기 위해 근거 없는 공포 이야기를 퍼뜨리고 있다. 황금 쌀은 매년 비타민 A 결핍으로 사망하는 100만~200만 명의 어린 생명을 구할 수 있지만 GMO 반대에 고전해왔다. 황금 쌀 사례와 함께, GMO 원리, 반대를 위한 가짜 재앙을 살펴본다.

제9장 227
원자력 에너지의 방사선은 인류 종말을 부른다

원자력 발전 기술은 인류의 놀라운 발명이다. 생산 에너지당 사상자 기준으로 보면 세상에서 가장 안전한 발전 기술 중 하나임이 틀림없다. 원자력 에너지를 핵무기와 같은 악마로 취급할 것이 아니라 핵의학과 같은 유익한 기술로 평가해야 한다. 스리마일섬, 체르노빌, 후쿠시마 사고의 진실과 함께 원전 기술의 진짜 가치와 안전성을 소개한다.

제10장 251

산불의 원인은 나무가 아니라 기후변화다

산불은 크게 나무를 비교적 온전하게 남겨두는 지면 화재와 나무 꼭대기까지 타는 수관 화재로 나눈다. 산불이 빈번하게 발생하고 대형화되는 원인은 기후변화가 아닌 지면에 두껍게 쌓인 연료(낙엽과 고사목)다. 그리고 그 원인의 이면에는 산림 생태계 보호라는 녹색운동이 있다. 산불의 발생 원리와 원인을 살펴보고 효과적인 산림 관리 방안을 소개한다.

제11장 269

이산화탄소는 바닷물을 산성화하여 생태계를 파괴한다

1998년부터 시작된 지구온난화 중단이 계속되자 2005년경 해양 산성화라는 가짜 재앙이 만들어졌다. 대기 중의 이산화탄소가 바닷물을 산성화하여 탄산칼슘으로 껍질을 만드는 모든 석회화 해양 종을 파괴한다는 것이다. 바닷물에 더 많은 이산화탄소가 녹아들어갈 수 있지만 해양 산성화란 없다. 대기에서 바닷물로 장소를 옮긴 가짜 재앙을 소개한다.

제12장 307

바다코끼리가 기후변화로 인해 집단 자살했다

바다코끼리가 기후변화로 해빙이 사라지자 절벽에서 집단 자살했다는 영상이 넷플릭스를 통해 전 세계에 방송됐다. 이는 기후변화와는 무관한 거짓 선동 영상이다. 바다코끼리는 북극곰의 포획을 피하려다 절벽 아래로 떨어진 것이다. 북극 생태계에서 오랜 기간 반복되어 온 포식자의 사냥법이다. 기후 선동에 도취된 저질 언론의 무지와 교활함을 저격한다.

에필로그 - 지구와 인류의 현재와 미래 | 319

참고문헌 | 322

프롤로그

인생의 여정에서 만난
대오의 섬광

Fake Invisible Catastrophes and Threats of Doom

나는 일생을 배우는 학습자로 살아왔다. 되돌아보니 지금까지 나의 인생은 대체로 즐거웠던 일련의 긴 여정 사이로 때로는 대오의 섬광들이 있었던 것 같다. 그리고 그 대오의 섬광들은 나의 삶을 다듬고 인생의 방향을 바꾸며 세상을 보는 방식을 변화시킬 수 있는 유레카(Eureka)의 순간들이었다.

내가 15살이 되었을 때, 나의 어머니 베벌리(Beverly)는 버트런드 러셀(Bertrand Russell)의 철학 서적을 소개해 주었다. 내가 그의 저서 『권력과 개인(Authority and the Individual)』을 읽고 처음으로 알게 된 어른들에 대한 나의 통찰은 정치란 사회를 통제하려는 사람들과 그 통제로부터 자유를 추구하는 사람들 사이의 대결로 요약될 수 있다는 것이었다. 통제와 자유는 둘 다 필요하지만, 중요한 것은 그 둘 사이에 건강한 균형을 유지하는 것이다. 이것은 한쪽에서 균형이 이루어졌다고 생각하는 것을 다른 쪽에서는 치우쳤다고 인식하게 된다는 사실과 결합하여, 정치를 훨씬 흥미롭지만 덧없는 것으로 만든다.

1965년, 내가 캐나다 브리티시컬럼비아대학교(UBC: University of British Columbia) 2학년 때, 나는 블라디미르 크라지나(Vladimir Krajina) 박사의 초청 강의를 들었다. 그는 제2차 세계대전 직후 러시아 공산주의로부터 도망쳐 나오기 전까지 체코슬로바키아 산림부 차관이었다. 나는 그의 강의에서 '생태학(Ecology)'이라는 용어를 처음 들었다. 당시 '환경(Environment)'이라는 주제는 이미 널리 알려졌지만, 생태학은 일반 언론에서 사용하지 않던 단어였다. 1800년대 후반 생태학이 발전을 시작한 이래, 생태학은 생물학의 애매한 분야가 되어왔고, 그 출발점은 우크라이나 초원의 토양에 관한 연구에서 찾아볼 수 있다. 이후 환경주의(Environmentalism)가 출현하면서, 생태학은 현대 사상의 큰 부분을 차지하기 시작했다.

생태학은 기본적으로 지구 생물권의 모든 요소가 어떻게 서로 연관되어 있고 어떻게 상호 작용하는지를 연구하는 학문이다. 구체적으로 말하자면, 어떻게 생명체가 바위, 흙, 물, 공기와 서로 연관되어 있으며 상호 작용하는지를 다룬다. 이는 무수히 많은 요소들 간에서 일어나는 무한한 상호 연관성과 거의 일치한다. 나는 1965년까지 밴쿠버섬(Vancouver Island) 북부의 숲에서 절대 불가지론적인(Agnosticism, 사물의 본질을 인간의 경험으로 인식할 수 없다는 사상) 가정에서 자랐다. 우리 가정에서는 '영적 세계(Spirituality)'라는 개념은 저녁 식사 중 보통 할 수 있는 그런 이야깃거리가 아니었다. 그 당시, 나는 과학이란 모든 것을 측정하고 계량화할 수 있는 순전히 기술적인 과목이라 생각했다. 그러다가 나는 갑자기 생태학이라는 과학을 통해 생명과 우주의 무한한 경이로움에 대한 통찰력을 깨우칠 수 있다는 것을 알게 되었다. 나는 학사 과정을 우등 졸업한 후 생태학 박사 과정에 등록했고 이후 후회한 적이 없다. 나는 생태학의 진리를 위해 한평생 헌신하게 되었다.

1960년대 말, 세계는 다양한 사회적 급변을 맞이하고 있었다. 당시 모든 것을 파멸시키는 핵폭탄의 위협을 비롯하여 냉전 체제와 베트남 전쟁이 절정에 달했다. 새롭게 떠오르는 환경주의가 꽃을 피우게 된 것은 불안감을 유발하는 이러한 시기적 상황이 함께 결합했기 때문이었다. 그때는 우리 세대에서 가장 큰 공포를 불

그린피스 설립자의 항해 시위, 위쪽 두 번째가 저자 패트릭 무어

러일으키는 시절이었다. 나는 그저 생태학에 관한 책을 읽고 문제나 푸는 것 이상에 해당하는 무엇을 실제로 해야겠다는 충동을 느끼게 되었다. 그것이 당시 나에게 부여된 동기로 느끼게 되었음을 기억한다. 1971년 초 UBC 박사 과정 중에, 나는 미국이 알래스카에서 하려는 지하 수소폭탄 실험에 반대하는 선박 항해 시위를 계획하기 위해 밴쿠버의 유니테리언 교회(Unitarian Church)의 지하에서 만난 반핵 조직「Don't Make a Wave Committee」라는 소규모 단체에 가입했다. 나는 당시 지구상에서 가장 강력한 조직이었던 미국 원자력위원회(US Atomic Energy Commission)에 대항하는 임무를 띤 유일한 생태학자로서 항해 시위에 참여했다. 이 임무를 수행하면서 우리는 그린피스(Greenpeace)라는 조직을 만들었다. 그 후 나는 그렇게 만들어진 그린피스에서 15년을 보냈다.

이 기간에 있었던 나의 모든 인생 여정을 앞서 출간한 저서 『Confessions of a Greenpeace Dropout - The Making of a Sensible Environmentalist』에서 오늘날 우려되는 여러 환경 이슈와 함께 기술했다.[1]

내 인생에서 그다음에 만난 '대오의 섬광'은 1982년에 개최된 85명의 국제환경지도자 회의에서 있었다. 각 대륙에서 대표들이 선정되었고, 모든 대표는 케냐 나이로비의 환경연락센터(Environment Liaison Centre)에 모였다. 나는 그곳에서 그때 막 생겨난 '지속가능발전'이라는 개념에 관해 들었다. 최근에 와서 그 용어는 논쟁의 양쪽에 있는 극단주의자들에 의해 실질적으로는 쓸모가 없게 되었다. 극우 쪽에서는 지속 가능한 발전을 세계화(Globalism)를 위한 코드라 생각하고, 극좌 쪽에서는 이를 위험한 타협이라고 생각하는 경향이 있다. 하지만 내가 이 말을 처음 들었을 때는, 그 개념은 당시 성장하는 환경운동에 앞장섰던 우리 일부에게는 중대한 영향을 미쳤다. 그때까지 우리는 환경문제 해결에만 전력 집중했기 때문에 경제적, 사회적 현실에는 별로 관심을 기울이지 않았다. 환경정책에서 사회경제적 현실을 적절히 고려하는 사람은 많지 않았다. 지속가능발전의 정의는 비교적 간단명료하다. '환경적, 사회적, 경제적 우선순위에서 적절한 균형을 찾기 위한 노력'으로 정의할 수 있다. 하지만 반드시 환경, 사회, 경제로 이어지는 순서를 따를 필요는 없다. 오늘날 대다수 환경운동가에게는, '인간'은 완벽한 환경정책이 세워진 후에나 염두에 두는 일종의 사후 고려대상이다. 그 정책이 인간에게 어떤 부정적인 영향을 주는가는 상관하지 않는다.

지속가능발전이란 개념은 우리가 부정적인 환경운동에 제동을 걸길 원하면 인간의 사회·경제적 우선순위를 먼저 고려해야 하는 것을 의미한다. 이러한 고려는 100여 년 전 어린이 노동이 불법화되었을 때와 여성들이 처음으로 투표권을 갖게 되었을 때의 사회적 대변화와 아주 유사하다. 이러한 사회적 변화는 당시의 경제구조에 포함되었어야 했다. 지난 50년 동안 우리는 사회적, 경제적 지형을 상당히 변화시킨 많은 환경정책을 채택해 왔다. 더구나 오늘날에는 실제로 사회와 세계 경제를 영원한 불구로 만드는 요구 사항들이 있다. "30년 안에 단계적으로 모든 화석연료 소비를 중단하라"라고 밀어붙이는 것은 오늘날 세계 문명에 가장 큰 위협이 되고 있다.

1980년대 중반 나는 결국 그린피스를 떠나기로 했다. 그린피스가 합리적인 환경주의를 버리고 반인륜적이고 반사회적인 캠페인으로 플랫폼을 전환했기 때문이다. 그들은 환경을 개선하기보다는 오도된 정보로 사람들을 겁주고 기금을 모으는 데 몰두했다. 정식으로 과학교육을 받은 적이 없는 그린피스 국제위원회(Greenpeace International)의 동료 이사들은 1986년 화학물질 염소(Chlorine)를 악마의 물질이라며 전 세계적으로 사용을 금지하는 캠페인을 채택했다. 이것이 나에게는 더이상 견딜 수 없게 한 최후의 결정타가 되었고 떠나라는 신호로 받아들였다. 내가 결심하게 된 배경에는 염소는 공중보건과 의약품에 쓰이는 94개 자연 물질 가운데 가장 중요하다는 것이 과학적 사실이다. 수돗물, 수영장, 욕탕에 염소를 첨가하는 것은 공중보건 역사상 가장 큰 발전이었다. 또한 처방 의약품 85% 이상이 염소 화학을 사용하여 만들어진다.[2] 우리가 사용하는 의약품의 25%는 실제로 염소를 함유하고 있다.[3] 그리고 PVC 또는 간단하게 비닐(Vinyl)이라고 알려진 폴리염화비닐도 염소가 들어있고 모든 플라스틱 가운데 가장 다양한 용도로 사용된다.[4]

그린피스와 이별은 시원섭섭했다. 그린피스는 내가 공동으로 설립해서 15년 동안 함께 만들고 이끌어온 단체였다. 불행하게도 그린피스는 고귀한 비전을 추구하는 이타적인 자원봉사자들의 모임에서 점점 늘어나는 예산과 그에 걸맞은 급여를 받는 사업체로 변했고, 지금은 검증되지도 않은 과학(Junk Science)을 요란하게 떠벌리는 모양으로 급속히 변하고 있다.

그린피스에 몸담고 있었던 마지막 몇 년 동안 나는 당시 새롭게 부상하는 바다 양식과학에 관심을 두게 되었다. 1984년 나는 『Seafarm - The Story of Aquaculture』라는 책을 접하게 되었다. 내가 찾고 있던 다음 단계로 가는 길을 열어준 것은 바로 그 책이었다.[5] 밴쿠버섬 북부의 윈터 하버(Winter Harbour)에 있었던 나의 어린 시절 집은 노르웨이 대부분 지역에서 이미 이루어지고 있었던 연어 양식에 적합한 서식지를 제공했다. 당시 양식업은 캐나다 브리티시컬럼비아 해안에서는 아직 초기 단계에 있었다. 내 동생 마이클(Michael)과 처남 피터(Peter)는 내가 아내 에일린(Eileen)과 하는 가업에 동참하게 되었다. 우리는 물고기 부화장을 만들었고 그 후 8년 동안 바다에 서식하는 치누크 연어(Chinook Salmon)

를 키웠다.

바다와 민물 양식업이 전 세계 사람들에게 건강한 기름과 단백질을 제공하는 가장 중요한 산업 중 하나가 될 것이 지금은 분명해졌다. 우리가 1985년 연어 양식을 시작했을 무렵, 양식업은 전 세계 해산물 소비량의 약 10%가량 공급했다. 오늘날에는 공급량이 50%에 빠르게 도달하고 있으며 연안 양식업이 발달함에 따라 계속 상승할 것이다.[6]

지금 생각해보면 나는 그런 여정을 거친 후 마침내 지구환경 논쟁으로 다시 돌아가는 것이 불가피했던 것 같다. 하지만 이번에는 정부와 산업계를 파산에 이르게 하지 않고 그들의 환경 성과를 향상시킬 수 있는 합리적인 정책으로 안내하는 역할에 관련된 것이었다. 이러한 활동 대부분은 훌륭한 과학과 지식에 근거한 요구 사항들을 차별화하는 것을 배우는 과정이었다. 그 요구 사항들은 단지 기금 모금, 또는 수상한 의도나 심지어 악의적인 목적으로 경제를 손상시키는 것을 주요 목표로 하는 것들과는 반대였다.

이제 과거 이야기는 그만하고, 이 책의 중심 주제로 넘어가겠다.

제법 오래전에 나는 지구의 현재와 미래 상태에 관한 두려운 이야기의 대부분은 이산화탄소와 방사선과 같이 대체로 인간에게는 보이지 않거나 북극곰과 산호초와 같이 아주 멀리 떨어져 있는 주제에 근거하고 있다는 사실을 깨닫게 되었다. 그래서 대부분 일반 사람들은 진위가 의심스러운 이러한 대재앙과 파괴적인 위협이 일어날 것이라는 주장을 스스로 관측하고 확인할 방법이 없다. 그렇게 할 수 없는 대신 그들은 환경운동가, 언론, 정치인, 과학자들에게 의존해야만 한다. 하지만 이러한 자들은 일반인에게 진실을 이야기하기에는 그 분야에서 금전적으로나 정치적으로 복잡한 이해관계에 상당 부분 얽혀있다. 그래서 그들은 "화석연료를 태울 때 배출되는 이산화탄소가 기후위기를 초래하고 있다"라는 주장과 같은 낭설을 간단하게 지어내는 것을 기꺼이 반긴다.

이산화탄소는 눈에 보이지 않고, 냄새도 없고, 맛도 없고, 소리도 없고, 촉각으로도 느낄 수 없기 때문에, 실제로 어떤 작용을 할 수 있는지는 아무도 볼 수 없고 어떤 감각으로도 느낄 수 없다. 따라서 이산화탄소가 기후위기를 초래한다는 주장이 거짓이라는 점을 지적하고 분명하게 밝혀낼 그 무엇이 없기 때문에 그러한 주장을 반박하기는 어렵다. 그뿐만 아니라 어떤 사람도 눈에 보이는 이산화탄소를 가리키며 "이산화탄소가 저기서 얼마나 끔찍한 일을 일으키고 있는지 보세요"라고도 말할 수 없는 것이다. 그래서 이산화탄소는 해롭고 세상을 파멸시키는 배출물질로 만들어 지구 종말론을 날조하고 퍼뜨리기에는 완벽한 대상이었다. 확인 불가한 거짓말을 퍼뜨리려는 사람들은 이 완벽한 사실을 그냥 지나치지 않았다. 이산화탄소는 모든 부정적인 영향을 나타내는 수많은 항목을 책임져야 할 희생양이 되었다. 그 항목을 기록하고 표로 나타내자면 118권의 책이 필요할 것이다. 실제로 웹사이트 goodreads.com에는 기후변화를 주제로 하는 책이 118권이나 있다. 그것도 영어로 저술된 책으로만 한정된 경우다.[7]

눈에 보이지도 않고 아주 멀리 동떨어진 상황에 대한 '말도 안 되는 이야기'를 연구할 때, 그런 낭설을 퍼뜨리는 사람들은 흔히 비웃기를 좋아하고 수치스럽게 굴며, 게다가 교양 있는 토론을 꺼린다는 것을 쉽게 알아차릴 수 있다. 또 그들과 토론한다는 것은 사실상 불가능하다. 왜냐하면 그들은 자신들의 이야기를 반대, 또는 회의적이거나 거짓으로 생각하고, 관련 기업으로부터 매수되었다고 보통 묵살해 버리기 때문이다. 그리고 만약 회의적이라고 여겨지는 사람이 같은 직장에 있다면, 그들은 그 사람을 자리에서 몰아내고 생계를 끊기 위해 은밀히 공작을 벌일 것이다. 한마디로 지구의 환경 재앙에 관한 이야기를 퍼뜨리는 사람들은 분명 비열하고 정직하지 못한 사람들이다. 건전한 회의론은 과학적 탐구의 핵심이며 사실에 근거한 과학적 진실을 밝히는 데 없어서는 안 되는 역할을 해왔다. 특히 발생한 적이 없는 재앙을 예측할 때는 모든 새로운 주장에 대해 회의적이어야 하는 것은 과학자의 의무다.

과학적인 방법은 그렇게 복잡한 것은 아니다. 대부분 종교에서 우리는 더 높은 권력이나 존재에 관해 직접 보지 않았음에도 불구하고 '믿도록' 요구받는다. 하지만, 과학에서는 직접적이고 가시적인 관찰이 기본이다. 우리는 시각, 후각, 미각, 청각, 촉각과 같은 감각을 통해 그 상황을 '관찰'해야 한다. 또 관찰은 현미경, 망원경, 가이거 계수기, 전압계, 엑스선 영상과 같은 기기를 사용할 수도 있다. 새로운 현상을 관찰할 때, 우리는 그것이 단순한 우연이 아니라 재현 가능한 현상이라는 것을 '검증'하기 위해 동일한 조건에서 그 관찰을 재확인해야 한다. 그렇게 하고 나서 우리의 가설을 발표하고, 다른 과학자들에게도 '재현 실험'을 하도록 하고 우리의 결과와 비교해 보도록 해야 한다. 만약 다른 과학자들에 의해 비슷한 상황에서 충분한 재현 실험이 이루어지고, 그 실험이 같은 결과를 도출한다면, 우리는 과학적 이론에 가까워져 가는 것이다. 다시 말하면, 관찰, 검증, 재현은 과학적 이론으로 가는 필수 요소다.

나는 의도적으로 이 책에서 기후변화에 관련된 장을 어느 정도 띄워서 배치했다. 독자들이 기후변화에서 반드시 알아야 하는 기술적인 세부 사항들로 인해 피로감을 느끼지 않도록 하기 위함이다. 이어지는 대부분 장에서는 기후변화가 북극곰, 산호초, 생물 멸종, 나무와 숲에 미치는 영향에 관해 주장하는 재앙을 다루고 있다. 그 외의 장에서는 유전자변형 식품, 환경 화학물질, 플라스틱, 원자력 에너지에서 나오는 방사선과 같은 이산화탄소와 직접적인 연관이 없는 사례들을 다뤘다. 너무 터무니가 없어 정말로 웃기는 대표적인 예부터 시작해보자.

제1장

아프리카 최고령 **바오밥** **나무**가 죽어간다

Fake Invisible Catastrophes and Threats of Doom

독특한 모양의 바오밥 나무는 아프리카, 남아시아 인도, 그리고 마다가스카르를 비롯한 여러 인도양 섬에 수십만 그루 넘게 서식하며, 수령이 2,500년이 넘는 것도 있다. 늙은 나무가 죽어가는 극히 정상적인 현상을 두고 기후변화가 원인이라고 한 황당한 추측성 기사를 통해 언론의 무책임한 보도를 고발한다.

2018년 6월 11일 미국의 유명 일간지 『USA Today』는 1면 주요 뉴스로 다음과 같은 기사를 게재했다. "아프리카에서 최고령 바오밥(Baobab) 나무가 전례 없는 속도로 죽어가고 있는데 아마 기후변화가 원인일 수 있다."[1] 독자들이 내가 농담하는 것으로 생각할까 싶어서 그 기사 제목 부분을 여기에 그대로 넣는다.

NEWS

Africa's oldest baobab trees are dying at an unprecedented rate, and climate change may be to blame

Doyle Rice USA TODAY

Published 2:12 p.m. ET Jun. 11, 2018 | Updated 2:34 p.m. ET Jun. 11, 2018

만약 "중국의 최고령자들이 죽어가고 있다"라는 제목의 머리기사를 읽는다면 어떤 생각이 드는가? 이는 지극히 정상적인 현상이며, 나무를 포함한 다른 모든 생물 종들도 마찬가지인 것이 아

그림 1.

마다가스카르(Madagascar)의 바오밥 나무 거리. 나무의 뿌리가 하늘을 향한 상태로 땅에 거꾸로 붙어있는 것처럼 보인다. 이 사진은 나무의 독특한 형태와 '거꾸로 선 나무(Upside down Tree)'라는 별명을 가진 이유를 설명하는 데 도움이 된다.

닌가? 하지만 여기에는 바오밥 나무가 새 묘목이 자라는 속도보다 더 빠르게 죽어 가면 결국 사라질 수 있다는 의미를 함축하는 '전례 없는 속도'라는 언급도 있다. 그 나무가 전례가 없는 속도로 죽어간다고 주장하려면, 보통 속도, 즉 일반적인 수명이 어떤지 알아야 하는데 여기에는 언급이 없다. 그래서 그 기사 자체만으로도 가짜 뉴스임을 의심하기에 충분하다. 제목 뒤쪽에 나오는 '아마(May)'라는 단어도 주시할 필요가 있다. 사실임을 표현하기 위해서는 "그럴 수도 있고 아닐 수도 있다"라고 말해야 한다. '아마'라는 표현은 사실을 말하는 것이 아니라 추측을 나타내는 단어이기 때문이다.

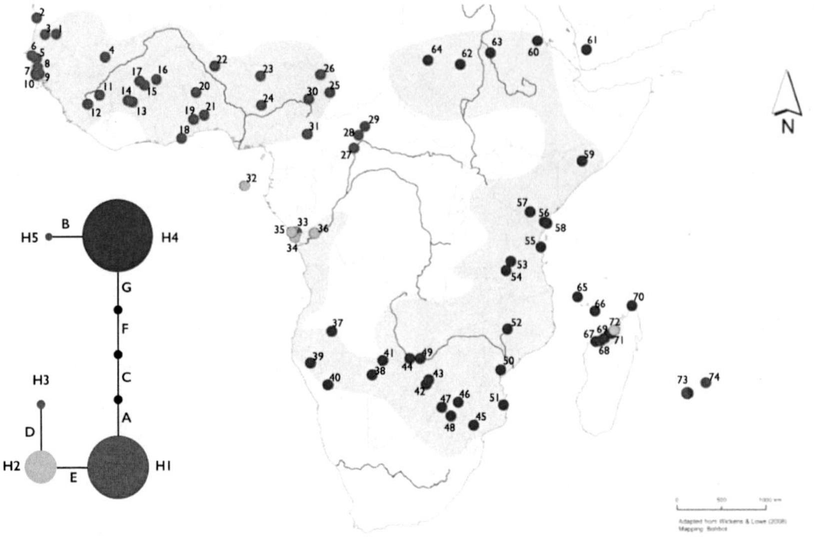

그림 2.

아프리카 대륙의 바오밥 나무 자연 서식지. 넓이는 미국 48개 주(알래스카와 하와이를 제외한)와 거의 같은 면적. 아프리카에는 적어도 수만, 아마 수십만 그루의 바오밥 나무가 서식하고 있다.

바오밥 나무는 눈에 보이지 않는 것은 분명 아니다. 하지만 아무도 바오밥 나무가 죽어가는 속도를 따지거나 탓하지 않는다. 단지 악마 같은 이산화탄소가 아프리카의 기후변화를 유발했다는 것을 탓하는 것이다. 실제로 기후변화가 바오밥 나무의 죽음과 관련이 있다는 이야기에 대해 어떠한 증거도 없다. 이는 그저 추측일 뿐이다.

내가 조사해보니, 아프리카에 얼마나 많은 바오밥 나무가 자라고 있는지에 관해서 참고할 자료가 하나도 없었다. 단지 알려진 사실은 바오밥 나무는 아프리카 사하라 사막 이남 전역과 동부 해안에 이르기까지 광범위한 지역에서 서식하고 있다는 것이다(그

그림 3.

"바오밥 나무가 죽어가고 있다"라는 기사를 보도하는 많은 신문과 잡지에는 위와 유사한 사진이 실려 있다. 대부분 사람은 열대 나무를 상록수라고 생각하지만 바오밥 나무는 낙엽성이고 10월이면 잎이 떨어진다. 이 사진은 바오밥 나무가 죽었거나 죽어가는 느낌을 줄 수 있다. 특히 바오밥 나무가 죽어가고 있다는 기사에 삽입되면 더욱 그렇게 보인다. 내가 이 이슈에 관해 조사하는 과정에서 실제로 죽은 바오밥 나무의 사진이 들어가 있는 것은 거의 없었으며, 수령이 오래되어 나무가 죽을 수 있다는 가능성을 언급한 기사도 전혀 없었다.

림 2). 바오밥 나무의 개체 수를 조사한 자료가 없다면 어떻게 나무가 죽어가는 '속도'를 결정할 수 있을까? 마다가스카르, 남아시아의 인도, 그리고 인도양에 있는 수많은 섬들도 바오밥 나무의 원산지다.

'전례 없는'이라는 주장과 관련하여 내세울 수 있는 사실은 단 하나뿐이었다. 루마니아의 바베스볼랴야대학교(Babes-Bolyai University)의 아드리안 파트루트(Adrian Patrut)라는 화학자는 탄소 연대 추정으로 60그루의 바오밥 노목에 관한 연구를 했다. 가장 오래된 것은 2500년 정도 된 것이라고 했다. 비교할 수 있는 나무로 3,500년까지 살 수 있는 미국 캘리포니아의 자이언트 세쿼이아(Giant Sequoia) 군락이 있다. 나는 이런 군락에서도 수명이 가장 오래된 것은 죽기 마련이라고 생각한다.

전례 없이 많은 수의 나무가 죽어간다는 주장에 관한 자료는 "지난 13년 동안 가장 오래된 나무 13그루 중 8그루가 죽었다"는 것이었다.[2] 이는 2년에 한 그루가량의 나무가 죽는 정도다. 만약 바오밥 나무가 10,000그루만 있고 평균 수명이 1,500년이라고 하면, 매년 6.7그루가 죽는다는 계산이 나온다. 그렇다고 해도 개체수는 안정적으로 유지될 수 있는 것이다. 나무의 독특한 모양과 그 거대한 크기 때문에 사람들이 바오밥 나무의 생사를 염려하는 것은 이해할 수 있다. 하지만 바오밥 나무 이야기는 명백한 거짓이기 때문에 어떤 바보도 속아 넘어가질 않는다. 이러한 사실에도 불구하고, 전 세계 150여 개에 달하는 다른 뉴스 매체들과 유명한 미국 폭스(Fox) 뉴스 계열사조차도 이 이야기를 보도했다.[3]

제 2 장

서태평양의 **산호초 군락**이 금세기에 사라질 것이다

Fake Invisible Catastrophes and Threats of Doom

산호는 오늘날 기후보다 훨씬 따뜻했던 2억 2천5백만 년 전에 지구에 출현했다. 더운 바다를 선호하기 때문에 적도 부근에서 수많은 거대 군락을 형성하고 있다. 하지만 지구온난화로 바다가 더워져 산호초가 사라진다는 가짜 재앙을 날조하여 우리를 속이고 있다. 과학과 사실을 바탕으로 한 진짜 산호초 이야기를 들려준다.

산호초는 보이지 않는 이산화탄소 배출로 인해 현재 일어난다고 가정하는 대재앙의 좋은 사례다. 특히 호주 퀸즐랜드 연안에 있는 대보초(Great Barrier Reef)가 그렇다. 산호초는 수면 아래 있고, 거의 모든 사람이 볼 수 없으며, 대부분은 열대지방의 멀리 떨어진 바다에 있다. 산호초는 사람들이 TV 화면으로만 봐도 모두가 좋아하는 세계적인 아이콘이 되기 때문에 대재앙을 조작하기에 아주 완벽한 소재가 된다.

2016년 4월, 대보초(GBR: Great Barrier Reef)의 93%가 죽었거나, 죽어가고 있거나, 백화현상이 일어났거나, 조만간 죽게 될 것이라는 기사들이 헤드라인을 장식하며 전 세계에 보도되었다(그림 4). 『허핑턴 포스트(Huffington Post)』의 머리기사에서 "GBR의 93%는 사실상 죽었다: 기후변화가 지구의 가장 큰 산호생태계를 파괴하고 있다"라고 보도했다.[1] "사실상 죽었다"는 정확하게 무엇을 의미하는 것일까? 이는 분명 "죽었다"는 것을 의미하지는 않는다. 하지만 속임수를 쓰는 것이다. 비슷하게 죽음을 연상시키는 머리기

HUFFPOST

ENVIRONMENT 04/21/2016 06:14 pm ET

93 Percent Of The Great Barrier Reef Is Practically Dead

Climate change is destroying Earth's largest coral ecosystem.

By Chris D'Angelo

그림 4.

2016년 4월 대보초에서 백화현상(Bleaching)이 발생하자 기후위기를 알리는 많은 언론들은 1면 머리기사 제목으로 "죽어가고 있다," "사실상 죽었다", "탈색으로 희게 변했다", "마지막이다" 등과 같은 단어들을 아주 기발하게 사용했다. 제목 가운데 어느 것도 정작 '사망'을 의미하지 않는다. '대재앙'의 원인으로 항상 이산화탄소와 기후변화가 지목되었다.

사들이 전 세계 수백 개의 뉴스 매체에 실렸다.[2] 하지만 머리기사 외에는 그 숫자를 어디에도 명시하지 않았기 때문에 꼼꼼한 독자들도 93%라는 숫자가 어디서 왔는지 찾기 어려울 것이다. 다음은 허핑턴 포스트의 기사와 함께 실린 그래픽이다(그림 5).

그림 5에서 볼 수 있듯이 GBR은 북부, 중부, 남부 세 부분으로 나뉘어 있다. 거기에는 911개의 산호초가 있다. 백화현상과 관련해서는 단 두 가지 범주의 데이터만 있다: 심각한 백화현상과 그렇지 않는 경우. 그런데 얼마나 심각해야 '심각한'이라는 것인지 그 역시 지표가 없다. 25% 또는 50%인가? 아니면 90%? 그것이 무엇을 의미하든 간에 이 그래픽에 나오는 수치에 따라 'GBR 93%'라는 숫자에 도달하는 산술적인 방법이 없다.

이 기사의 출처는 호주 퀸즐랜드의 산호 연구소(Australian Research Council Centre of Excellence for Coral Reef Studies)이고 인용

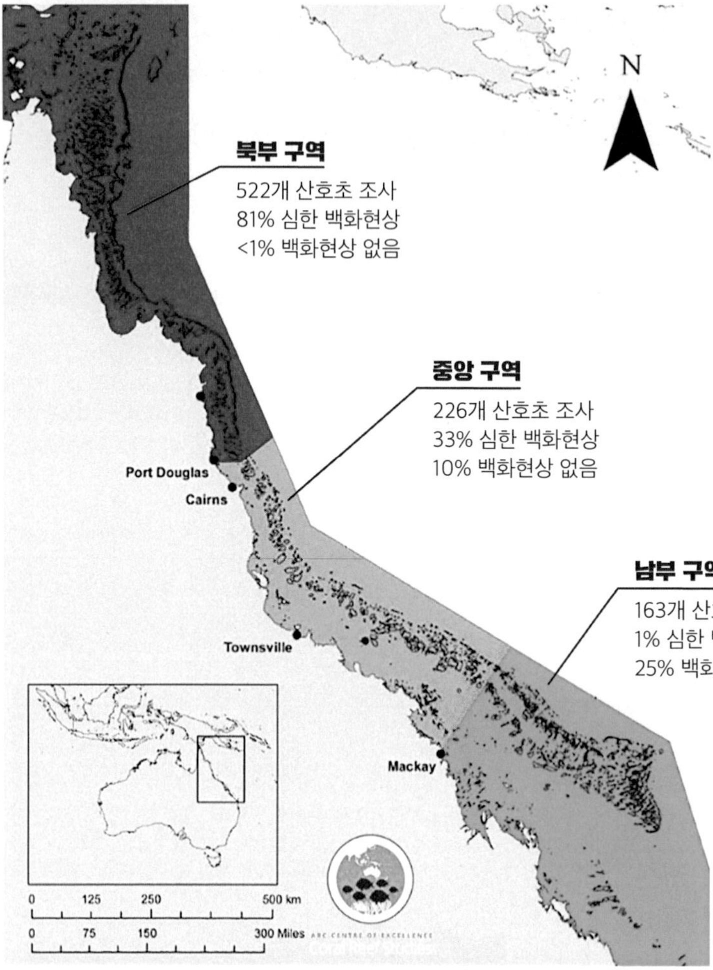

그림 5.

2016년 4월, GBR에 관한 많은 언론 보도는 산호가 죽었거나 죽어가거나, 거의 죽음에 이른 산호의 양을 표현하면서 '93%'를 사용했다. 하지만 정작 그 숫자(%)의 출처는 알려주지 않았다.

발언자는 국가 산호초 백화현상대책위(National Coral Bleaching Taskforce) 의장 테리 휴즈(Terry Hughes)였다. 일반 사람들은 그런 기관은 산호의 백화현상이 산호의 죽음과 같은 뜻이 아니라는 것을 알고 있고, 예리한 환경전문기자도 아마 이런 사실을 알 것으로 생각할지도 모른다. 하지만 이 기사에서 확실히 받은 느낌은 산호가 죽었거나 죽어가고 있고, 그 직접적인 원인은 백화현상이라는 것이다.

대부분 산호는 물속에서 광합성을 하는 식물성 플랑크톤과 동물의 공생 관계다. 동물은 폴립(Polyp)이라 불리는 해양 고착 생물로 해파리와 말미잘 부류에 해당한다. 대부분 산호는 수백에서 수십만 개의 폴립으로 이루어진다. 플랑크톤은 공생체(Symbiont 또는 Zooxanthellae)로 불린다. 각 폴립은 수백만 개의 공생체 플랑크톤을 선택적으로 조직 안으로 섭취하여 플랑크톤을 포식자로부터 보호한다. 대신에 플랑크톤은 광합성을 통해 이산화탄소와 물로부터 탄수화물을 생산하여, 생산한 것 일부는 은신처를 제공한 대가로 폴립에게 먹이로 준다.

산호 폴립은 해파리처럼 무색의 투명체다. 산호는 섭취한 플랑크톤의 종에 따라 녹색, 적색, 갈색, 파란색, 노란색 같은 색깔을 띤다. 바닷물이 따뜻해지거나 차가워질 때 폴립이 플랑크톤을 외부로 방출함으로 인해 산호 군체가 흰색으로 변하는 것은 흔히있는 일이다. 왜냐하면 폴립은 투명하고 탄산칼슘(석회석)으로 만들어진 산호의 골격은 흰색이기 때문이다(그림 6). 산호의 순백색으로 인해 '백화현상(표백, Bleaching)'이라는 용어가 사용되고 있지만, 이것은 햇빛이나 차아염소산염(Sodium Hypochlorite)과 같은 화학물질로 인해 일어나는 표백과는 다르다. 대부분 사람은 일반적으로 표백을 섬유를 하얗게 하는 데 사용되는 생활화학물질이나

그림 6.

백화현상이 일어난 산호의 예. 투명한 폴립은 여전히 살아있다. 바닷물의 상태가 산호 생존에 좋은 조건이 되면 공생체 플랑크톤을 대체하기에 좋은 기회가 된다. 산호는 백화현상이 일어나도 산란할 수 있다. 그래서 백화현상이 일어난 산호가 죽게 될 경우도 새로 태어난 산호가 대체한다.*

*"Bleached coral reefs showing new signs of life," Daily Mercury, October 6, 2017.

박테리아를 죽이는 살균제로 알고 있다. 그래서 사람들은 산호가 하얗게 변하는 현상을 산호가 죽었거나 죽어가고 있다는 개념으로 받아들이는 경향이 크다. 즉, 산호의 백화현상이 무엇이고 무엇을 의미하는지에 대한 분명한 사실이 과학자들과 언론에 의해 제대로 보급되지 않는 한 그렇게 될 수밖에 없다. 하지만, 이 경우는 언론도 과학자들도 이 정보를 바르게 알리려는 어떤 노력도 하지 않았다. 산호는 백화현상이 일어나더라도 대부분 생존하고 있다. 이를 미국 국립해양대기청(NOAA)은 다음과 같이 설명하고 있다.

> 바닷물이 너무 따뜻하면 산호는 자신들의 조직 내에 서식하는 식물성 플랑크톤(Zooxanthellae, 산호에 공생하는 와편모조류)을 외부로 방출하여 자신의 색깔을 완전히 흰색으로 변하게 한다. 이를 산호의 백화현상이라 한다. 산호에 백화현상이 일어났다고 해서 산호가 죽은 것은

아니다. 산호는 백화현상이 일어나도 생존할 수 있지만, 더 심한 스트레스를 받으면 죽음에 이를 수 있다.[3]

산호의 가장 경이로운 특징 중 하나는 같은 산호 군체에 있는 수백, 수십만에 이르는 폴립들이 모두 같은 종의 식물성 플랑크톤을 섭취하도록 서로 의사소통하는 것 같다는 사실이다. 각각 다른 색을 띠고 있는 같은 종의 산호 두 군체가 서로 가까이 있는 것은 흔한 광경인데, 이는 각 군체가 서로 다른 색의 플랑크톤을 골라서 섭취했기 때문이다. 산호가 섭취하는 플랑크톤의 종을 선택하는 것은 바닷물 온도의 높고 낮음에 맞추려는 적응 행동(Adaptive Behavior)이라는 가설이 있다.[4]

2017년 4월에 대보초에 관한 다음과 같은 뉴스가 나왔다. 이번에는 그 산호들이 '끝장(Terminal)'이라고 선언되었는데 이는 '사실상 죽었다'와 '죽어가는 중'과 유사한 의미로, 그렇다고 '죽었음'을 뜻하는 것이 아니다. 하지만 이는 분명 죽음이 가까이 와있음을 표현하는 단어다.[5,6]

『포브스(Forbes)』라는 잡지의 머리기사에 "마지막 '끝장 단계'"라는 문구를 썼다. 이는 이번 마지막 단계 이전에 또 다른 끝장 단계가 있었음을 암시하며, 그러나 이번 끝장 단계는 반드시 죽음으로 이어질 것을 의미한다(그림 7). 그렇게 해서 대보초는 죽고 사라져 버렸다. 하지만 꼭 그렇지는 않다.

전 세계적으로 산호의 확실한 종말이 공식화된 지 18개월 만에 몇몇 놀라운 머리기사들이 나타났다. 전년도의 종말 기사만큼 많

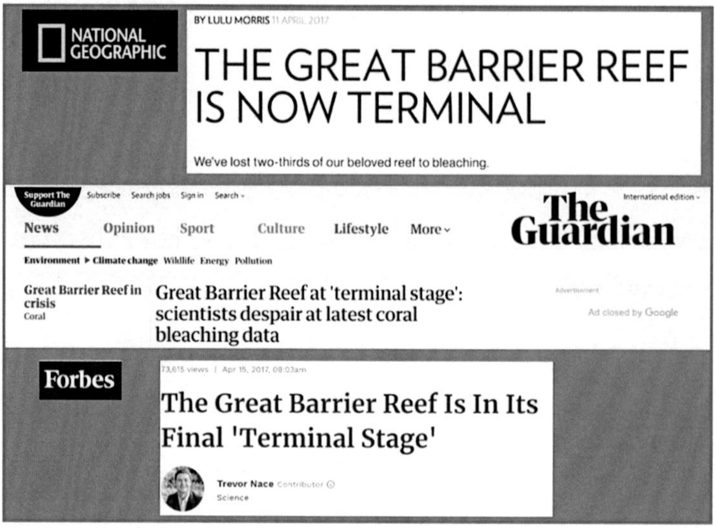

그림 7.

2017년에 있었던 대보초의 임박한 종말에 대한 보도는 2016년만큼 널리 퍼지지는 않았지만, 전반적인 불길한 느낌이 훨씬 더 심해졌다. 그러한 보도들은 그 자체에 과학적 진실성이 없는 '기후 대재앙'에 대한 낭설을 옹호하려고 의도적으로 조작되었지만 수백만의 사람들은 이러한 기사들을 믿었다.

지는 않았지만, 여전히 매우 노골적이었다. 2018년 9월 9일 블룸버그(Bloomberg)는 머리기사를 다음과 같이 썼다. "대보초 '회생의 신호'가 나타나다; 2016년 대규모의 산호 백화현상이 발생한 이후, 세계 최대 규모의 생태계가 다시 돌아올 조짐을 보이고 있다."[7] 곧이어 뉴스위크(Newsweek)는 "대보초는 분명 죽지 않았다. 전문가들은 대규모 산호 백화현상 이후 회복되고 있는 명백한 징후를 발표했다."[8] 기적은 분명 일어난다(그림 8). 하지만 회복에 관한 뉴스는 산호의 종말에 관한 것만큼 널리 알려지지 않았다. 나는 지금도 대다수 일반인들은 산호가 죽었거나 죽어가고 있는 것

Newsweek

Great Barrier Reef Showing 'Signs of Recovery'

By Colin Bertram
September 6, 2018,

Bloomberg

After a mass coral bleaching in 2016, the world's largest living structure is showing signs of a comeback.

TECH & SCIENCE

GREAT BARRIER REEF DEFINITELY NOT DEAD: EXPERTS ANNOUNCE SIGNIFICANT SIGNS OF RECOVERY AFTER MASS BLEACHING

BY ARISTOS GEORGIOU ON 9/10/18 AT 7:27 AM

SCIENTIFIC AMERICAN.

THE SCIENCES

Coral Reefs Show Remarkable Ability to Recover from Near Death

그림 8.

이 이야기를 보도한 언론 매체는 극히 드물었고, 이는 극소수의 사람들에게만 산호가 원상태로 회복된다는 것이 알려졌음을 의미한다. 산호의 피해 규모는 분명히 처음부터 과장됐다.*

* Joanne Nova, "Great Barrier Reef scare: exaggerated threats says head of GBR Authority," JoNova, June 6, 2016.

으로 거의 확신하고 있다고 생각한다.

많은 사람은 모든 살아있는 생명체는 결국 죽게 되고, 다른 생명체들이 그 자리를 차지하기 위해 태어난다는 사실을 자주 잊어버리는 경향이 있는 것 같다. 사람이든 산호이든 대량으로 죽어야 분명 뉴스거리가 된다. 하지만 대량 죽음과 멸종은 커다란 차이가 있다. 전자는 회복될 수 있고, 후자는 그렇지 않다.

운이 좋게도 나는 아내 에일린과 멕시코 바하 캘리포니아 수르(Baja California Sur)의 카보 풀모(Cabo Pulmo)에 별장이 있다. 코르테즈해(Sea of Cortez)에 있는 이 작은 마을에는 아메리카대륙 서부

해안에서 가장 큰 산호초가 있다. 1996년 이곳은 멕시코 연방해양공원(Federal Marine Park)으로 지정되었고, 경계선 안에서 어업이 금지됐다. 우리가 1999년 처음 그곳을 방문했을 때, 우리는 산호초에서 스노클링을 했고 그 즉시 해안가 뒤에 있는 대지를 사서 그곳에 별장을 짓기로 마음먹었다. 우리는 지난 20년 동안 그곳에서 수없이 많은 스노클링을 했다.

불행하게도 우리가 그곳에 별장을 지은 지 불과 2년 만에 허리케인(태풍)이 몰려와 이틀 동안 약 500mm 비가 내렸다. 그로 인해 풀모만(Pulmo Bay)은 약 4.6m 깊이의 담수로 채워져 그곳에 있던 모든 산호는 죽었다. 지난 18년 동안 산호는 놀라운 수준으로 잘 회복되었으며 현재는 원래 밀도의 50% 이상으로 돌아왔다. 폭우에 살아남은 깊은 바다의 산호는 전 해역을 다시 산호 서식지로 만들었으며, 어업 금지 덕에 어류의 총량은 3배 이상 증가했다. 이러한 사실은 광범위한 해역에서 산호는 완전히 소멸한 후에도 비교적 빠르게 회복된다는 것을 보여주는 것이다. 이는 사실상 지구의 거의 모든 생태계에 해당한다. 만약 숲이 화재나 곤충에 의해 파괴되거나 목재 채취 벌목꾼에 의해 잘려나간 후, 그냥 그대로 자체 복원력에 맡겨둔다면 적당한 시기에 완전히 회복될 것이다.

기후변화로 바다가 더워져 21세기 중반이면 많은 산호초가 죽게 되고 2100년이 되면 완전히 사라진다는 주장에 좀 더 깊이 들어가 보자.[9] 먼저 산호의 진화 이야기부터 시작해보자. 산호의 조상은 바닷물이 오늘날보다 훨씬 따뜻했던 5억 3천5백만 년 전에 출현했다. 산호는 분류학상 자포동물문(Phylum Cnidaria)에 속하며 탄산칼슘 결정체를 형성하여 자신을 보호하는 껍질을 만드는 많은 종류의 해양 생물 종들 가운데 하나다.[10] 산호는 지금의 홍적세(Pleistocene)를 비롯한 세 번의 빙하기와 현시대(Present Era)까지 일어났던 어떤 것보다 훨씬 극심한 수많은 지구 대재앙(Cataclysms) 속에서도 살아남았다. 지금의 산호는 오늘날 기후보다 훨씬 따뜻했던 2억 2천5백만 년 전의 조상으로부터 진화해왔으며, 그렇게 따뜻했던 기후는 홍적세 빙하기가 시작된 260만 년 전까지 계속되었다.

그렇다면 의문이 생길 수 있다. 만약 현대 산호가 오늘날 기후보다 훨씬 따뜻했던 2억 2천백만 년 전에 진화했고 지금까지 생존했다면, 왜 우리는 아주 약한 온난화가 산호의 생존을 위협하고 있다는 말을 듣는 것일까? 유감스럽게도 그에 대한 답은 학계에서 위치(Academic Status, 정직하게 얘기했을 때 학계에서 받을지 모르는 논란에 대한 두려움)와 돈 때문이다.

하지만 진실은 아주 분명하다. 세상에서 가장 따뜻한 바다는 필리핀과 솔로몬 제도를 포함하는 인도네시아 군도가 있는 해역이다. 이 해역은 산호초 삼각지대(Coral Triangle)라고 널리 알려져 있고 모든 산호 종의 76%에 해당하는 600여 종이 서식하는 지금까지 세계에서 산호 다양성이 가장 높은 곳으로 유명하다. 또 산호초 삼각지대는 전체 산호초에 서식하는 어종의 37%에 해당하는 약 2,000종이 사는 산호초 어류의 다양성이 가장 높은 해역이다. 게다가 산호초 삼각지대는 전 세계 7종의 바다거북 중 6종이 서식하는 곳이다(그림 9).[11]

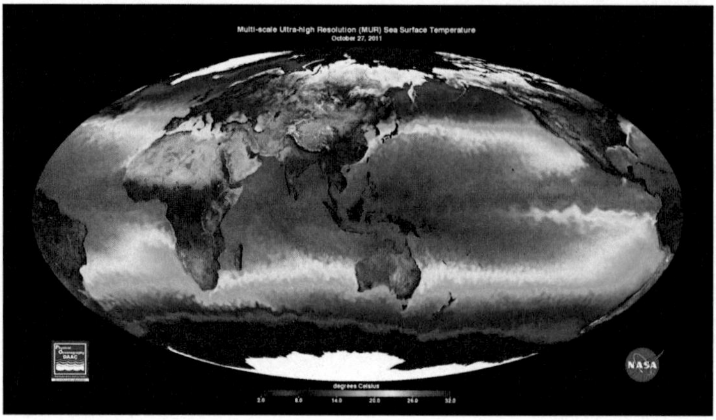

그림 9.

산호초 삼각지대(Coral Triangle)가 가장 따뜻한 바다가 아니면, 분명히 세상에서 가장 따뜻한 곳 중 하나다. 게다가, 이곳은 높은 위도의 해역으로부터 계절적인 한류의 영향을 받지 않는다. 이곳은 세계 어느 바다에서도 볼 수 없는 연산호(Soft Coral)를 비롯한 600종 이상의 산호 서식처이며, 산호초에 서식하는 어류의 다양성이 가장 높은 곳이다. 산호는 따뜻한 온도가 아닌 차가운 온도에 의해 그 서식 범위가 제한된다. 산호초 삼각지대의 바다는 대보초(Great Barrier Reef)보다 더 따뜻하다.*

* DAAC NASA, "The Multi-Scale Ultra-High Resolution (MUR) Sea Surface Temperature (SST) Data Set Animation," October 19, 2012.

따라서 산호초 삼각지대는 지구의 기후가 지금보다 따뜻했을 때는 훨씬 더 넓은 영역까지 서식했을 수많은 산호와 산호초 어류에게 일종의 성역임을 보여주고 있다. 달리 표현하면, 대보초나 다른 산호초들이 산호초 삼각지대보다 산호나 산호초 어류의 종류가 다양하지 않은 이유는 그곳이 산호초 삼각지대만큼 따뜻하지 않기 때문이다.

이러한 해석은 전 세계 해양 생물 다양성과 다양성의 높고 낮음에 영향을 미치는 요인에 관한 논문에 의해 확인되었다. 그 논문은 다음과 같이 결론을 내린다.

> 생물의 진화와 생태 분화가 일어나는 기간에 물리적 에너지(열)는 종을 풍부하게 한다는 이론이 있다. 이 이론에 따라 온도는 대규모 지리적 영역에서 종 다양성에 기여하는 제일 중요한 환경적 관련 요소라는 것이 산호초 삼각지대에서 확인되었다.[12]

다시 말해, 논문의 저자들은 전 세계 어느 바다에서도 물이 따뜻해서 종의 풍부도(Species Richness)가 감소했다는 것을 보여주는 어떤 증거도 찾지 못했다. 그들은 세계에서 가장 따뜻한 물에서 모든 해양생물 분류 등급에서 가장 높은 종 다양성이 나타난다는 것을 발견했다(그림 10, 11, 12). 흥미로운 사실은 이러한 현상은 육상 생물 종에도 해당한다는 것이다. 북극이나 남극보다 가장 더운 열대우림에 종 다양성이 훨씬 더 높다는 것이다. 저자들은 나아가 다음과 같은 결론을 내린다.

> 이러한 연구 결과를 바탕으로 하면, 지구 전반에 걸친 바다의 온도 변화는 해양생물의 종 다양성 분포에 강력한 영향을 미칠 수 있다.

그런데 저자들은 가장 따뜻한 바다 환경에서 13개 분류군에 속해 있는 거의 모든 해양 종들의 가장 높은 생물 다양성을 발견했음에도 불구하고, 그들은 놀랍게도 다음과 같은 이상한 결론을 내렸다:

> 바다에서 온난화 정도를 줄이는 것은 (…) 미래의 해양생물 다양성을 보장하는 데 특별히 중요할 수도 있다.

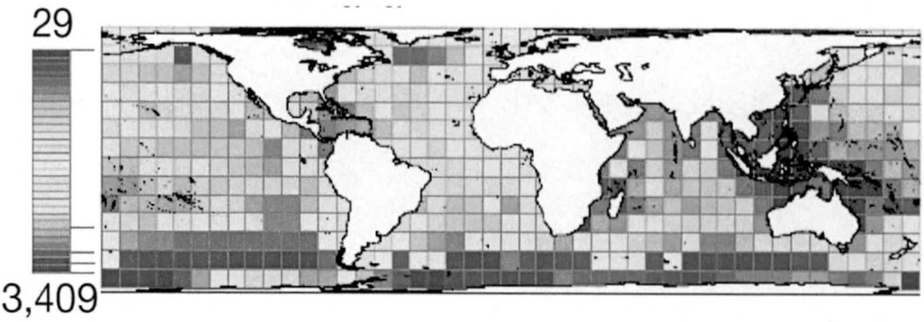

그림 10.

연구에 포함된 모든 13가지 분류군의 생물 다양성 지도. 이 지도는 산호초와 산호초 어류를 포함하는 연안 생물 종을 진한 파란색(29종)에서 진한 빨간색(3,409종)까지 보여주고 있다. 지도에서 인도네시아를 포함하는 부근 해역이 가장 높은 생물 다양성을 갖고 있음을 알 수 있다. 여기서 생물 다양성은 가장 따뜻한 해수와 매우 높은 연관성이 있다는 것이 분명하게 나타나고 있다. 기후위기론을 주장하는 선두 그룹에 해당한 세계자연기금(World Wide Fund for Nature)이라는 단체는 이것이 사실이라고 인정한다. 하지만 이러한 인정에도 불구하고 기후위기론자들은 이 사실을 무시하고 있다.*

* Derek P. Tittensor, et al., "Global patterns and predictors of marine biodiversity across taxa," Nature, 466, August 26, 2010, pp1099-1101.

그 연구에서 나온 사실들로부터 이런 결론에 도달했다는 것은 그야말로 납득할 수도 없고 논리적이지도 않다. 만약 그들이 가장 따뜻한 바다의 생물 다양성이 그보다 수온이 낮은 바다에 비해 떨어진다는 것을 발견했다면 그들의 사고와 논리를 이해할 수 있을 것이다. 그 연구자들은 그저 온난화에 대한 두려움을 만들어낸 자들의 진영에 머물러있기를 원하는 것 같다.

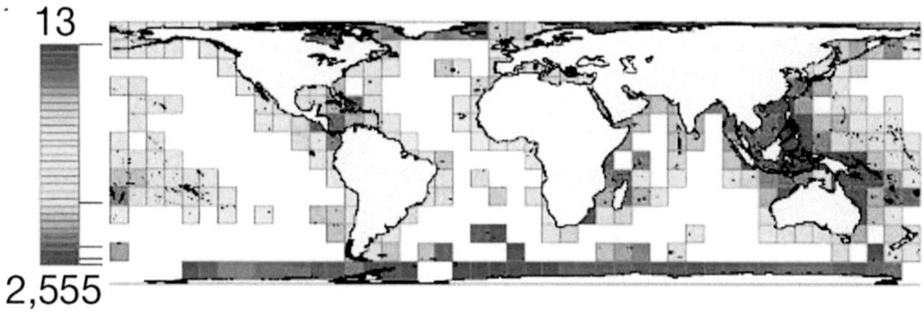

그림 11.

13종부터 2,555종에 이르는 연안 어류의 상대적 생물 다양성 또한 인도네시아를 중심으로 한 산호초 삼각지대에서 가장 높다.* 오늘날 우리가 살아가는 지구는 과거 5억 년 전에 비하면 상대적으로 추운 기후에 있다. 지금의 기후는 많은 생물 종의 서식 공간이 과거 기후가 아주 따뜻했을 때보다 훨씬 더 좁은 영역으로 제한되는 결과를 가져왔다.

* Derek P. Tittensor, et al., "Global patterns and predictors of marine biodiversity across taxa," Nature, 466, August 26, 2010, pp1099-1101.

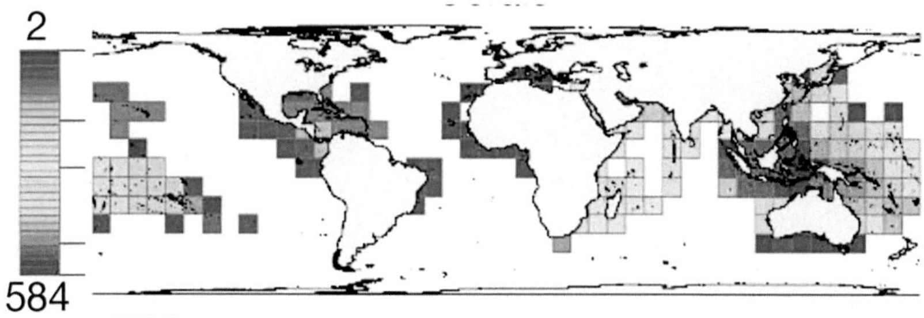

그림 12.

산호 분포 해역(단 2종부터 584종까지).* 산호의 분포와 상대적 생물 다양성은 산호초 삼각지대가 많은 산호 종의 생존에 얼마나 중요한지 분명하게 보여준다. 연안에 서식하는 산호는 전 세계 모든 해안선을 통틀어 매우 드물게 있거나 아예 없다.

* Derek P. Tittensor, et al., "Global patterns and predictors of marine biodiversity across taxa," Nature, 466, August 26, 2010, pp1099-1101.

호주 제임스쿡대학 피터 리드 교수 해고 사건

산호초, 특히 대보초(Great Barrier Reef)가 빠르게 죽어가고 있으며 머지않아 멸종될 것이라는 주장은 주로 대학에 있는 많은 과학자들이 제기했다. 이 주장은 호주 퀸즐랜드주 제임스쿡대학교(James Cook University)에서 30년 동안 교수로 재직해온 피터 리드(Peter Ridd) 박사의 반대 견해를 접하면서 절정에 달했다. 리드 박사는 산호가 죽어간다는 주장은 극단적으로 과장되었고 잘못된 정보라고 논쟁을 제기하고 동료 과학자들을 공개적으로 비판했다. 대학은 이것을 과학에 대한 공개 토론으로 장려하기보다는 동료애가 없다는 이유로 리드 박사를 해고해버렸다. 다시 말하면, 그는 다른 과학자들의 의견에 동의하지 않았다는 이유로 해고당했다. 하지만 이것은 사실상 학문의 자유가 보장되어야 하는 과학 연구의 일부에 해당한다고 할 수 있다. 다음은 그가 호주 멜버른에 있는 공공정책연구소(Institute of Public Affairs) 저널의 기사에 한 말이다.

> 근본적인 문제는 우리가 더이상 호주 해양과학연구소(Australian Institute of Marine Science) 같은 과학기관들을 믿을 수 없다는 것이다. 심지어 호주 산호초연구센터(Australian Research Council Centre of Excellence for Coral Reef Studies) 같은 곳에서도(...) 과학이 제대로 확인, 점검, 반복 실험도 거치지 않는다. 우리의 과학연구기관만은 정말로 신뢰할 수 있어야 하는데 이것은 커다란 수치다. 그래서 나는 사실 우리가 더는

이러한 과학 기관들을 신뢰할 수 없다고 생각한다.[13]

대학 측은 리드 박사를 해고하기 전, 먼저 그에게 보도 금지 명령을 내리고, 그가 이 사건과 그에게 주어진 혐의를 누구에게도, 심지어 부인에게도 말할 수 없다고 했다. 대학 측은 그가 호주 공공정책연구소로부터 지원을 받고 있다는 사실을 알아내고는 그의 이메일을 조사한 후 그가 부인과 동료들에게 그 사건에 관해 언급한 것을 찾아내어 25건의 추가 혐의를 적용해 그를 해고했다. 리드 박사는 부당 해고에 대한 소송을 제기했고 자신의 사건에 대한 투쟁을 위해 미국의 크라우드 펀딩 플랫폼인 고펀드미(GoFund-Me)을 통해 호주 달러 25만 불이 넘는 돈을 모금했다.[14] 제임스쿡대학교는 리드 교수의 학문적 자유를 박탈하고 그를 부당해고 한 것으로부터 자신들을 보호하기 위하여 60만 호주 달러 이상에 해당하는 납세자들의 돈을 비용으로 사용했다. 2019년 9월, 연방순회법원(Federal Circuit Court)은 대학 측의 18개 법률 위반 사항에 대해 유죄 판결을 내리고 리드 박사에게 120만 호주 달러 보상을 명령했다.

소송은 그렇게 종결되었을 것으로 생각했을지 모르지만 끝나지 않았다. 제임스쿡대학교 측은 호주 연방법원에 이 판결을 항소했다. 이 항소로 인해 리드 박사는 추가로 60만 호주 달러를 더 모금해야 했다. 대학 측은 이 항소에서 약 400만 호주 달러나 되는 비용을 썼다. 퀸즐랜드 주지사와 호주 수상은 모두 대학에 비용을 대주기로 하고 펜으로 단 한 번 사인하여 소송 비용 지원을 끝냈다. 그리고 그들은 이런 희극이 진행되는 동안 침묵을 지켰다.

2020년 7월 22일, 호주 연방법원은 대학의 '행동 강령(Code of Conduct)'이 대학의 '노사 협약(Enterprise Agreement)'에 명시된 언론 자유 보장에 우선한다는 결정으로 연방 순회 법원의 판결을 뒤집었다. 이 판결에서 리드 박사의 '부당행위'는 대학 직원들로부터 협박을 당하는 동안에 있었던 보도 금지령을 거부했다는 것과 다른 과학자들이 자신들의 엄청난 연구비 확보를 위해 대보초 상태를 거짓 진술한 것을 공개적으로 동의하지 않았다는 것으로 결정되었다.

현재 리드 박사는 연방법원 판결에 대한 고등법원 항소 절차를 마쳤다. 이번 판결은 그의 소송에서 최종적인 것이 될 것이며, 호주와 가능한 다른 곳에서도 학문의 자유와 언론의 자유에 실질적인 영향을 미칠 것이다. 결정은 2020년 크리스마스 전에 이루어질 것이다. 만약 재판이 받아들여지면 고등법원은 2021년 언젠가 변론을 듣게 될 것이다.[15] 행운을 빈다.

제 3 장

모든 **생명의 원천**이 파멸의 악마로 변했다

Fake Invisible Catastrophes and Threats of Doom

이산화탄소는 모든 생명체의 원천인 식물의 광합성 원료이자 태양열을 지구 대기에 잠시 잡아두는 온실가스 중 하나다. 산업화 이후 화석연료 사용이 가져온 이산화탄소의 온실효과 증가는 극히 미미하고 지구 녹색화 기여 효과는 매우 크다. 하지만 이산화탄소의 두 효과는 완전히 반대로 평가되었다. 두 효과의 바른 이해를 위한 과학적 사실을 제시한다.

당신은 인간이 배출한 이산화탄소로 인해 지구가 생명체가 살기에는 지나치게 덥게 될 것이라는 기후변화에 관한 뉴스를 들어봤을 것이다. 그래서 당신은 SUV 자동차를 타고 고속도로를 달리면서, 이렇게 하면 후손들을 죽이는 것이라며 두려워하게 된다. 그래서 당신은 죄책감과 책임감을 느끼고 그린피스(Greenpeace)나 이 싸구려 낭설을 팔아먹는 수백 개의 '환경단체'에 두둑한 기부금을 내겠다고 맹세하게 된다. 두려움과 죄책감을 동시에 부추기는 것은 가공의 재앙을 피하는 데 일조하는 차원에서 사람들이 지갑을 열도록 하는 가장 강력한 동기를 유발하기 때문에 그들로서는 매우 효과적인 전략이다. 그런데 그들이 지구 파멸의 원인으로 돌리는 이 가스는 눈에 보이지 않고 지구 생명체에 꼭 필요하며 지금도 대기 중 단지 0.0415%(415ppm)에 불과하다.

기후변화는 우리가 환경 양치기들로부터 정기적으로 경고받는 많은 가공의 재앙 중 기술적으로 가장 복잡한 주제다. 지구의 기후는 지구가 생성된 이래로 변화를 멈추지 않았다. 때로는 비교적 빠르게 때로는 매우 느리게, 하지만 변화는 항상 확실히 일어났다. '완벽하게 안정된 기후'를 바라는 것은 1년 동안 매일매일 날씨가 항상 똑같고 영원히 쾌적하기를 바라는 것만큼 헛된 일이다. 따라서 우리는 기후변화란 항상 피할 수 없고 자연스럽게 일어난다는 것을 인정해야 한다. 기온이 오르든 내리든, 홍수가 나든 가뭄이 들든, 허리케인(태풍)과 토네이도(회오리바람)가 많든 적든 우리는 받아들여야 한다.

다음은 TV나 라디오를 통해서나 신문, 잡지 등을 본 사람들에게 주입된 기후변화로 발생할 일련의 예측 상황 중 일부다. 인간이 배출한 이산화탄소로 인한 기후변화는 다음과 같은 현상을 초래할 것이라고 선동한다.

- 더운 날씨[1]
- 추운 날씨[2]
- 더 많은 강설과 눈보라[3]
- 가뭄, 화재, 홍수[4]
- 급격한 해수면 상승[5]
- 사라지는 빙하[6]
- 북극 빙하의 완전 융해[7]
- 대규모 멸종[8]
- 더욱 강한 폭풍이 자주 발생하여 피해 증가[9]
- 죽어가는 숲[10]

- 산호초와 조개류의 죽음[11]
- 치명적인 폭염[12]
- 돼지고기 생산량 감소[13]
- 말을 살찌게 함[14]
- 농작물 실패 및 식량 부족[15]
- 거의 모든 해양생물을 죽이는 해양 산성화[16]
- 수십억 명의 기후변화 난민[17]
- 암, 심혈관 질환, 정신질환, 호흡기 질환 증가[18]
- 프랑스 포도주 생산에 엄청난 피해[19]

여기에 나열한 것 가운데 어느 하나도 인간이 배출한 이산화탄소로 인해 발생했거나 앞으로 발생할 것이라는 구체적인 증거가 없다. 이 모든 것들이 이산화탄소가 기온을 결정한다는 가설을 근거로 한 추측일 뿐이고, 그 가설이 사실로 밝혀진 적은 결코 없다. 더욱 중요한 것은 이러한 주장의 대부분은 지금까지 일어나지 않았고 앞으로 절대로 일어나지 않을 수 있는 것들에 대한 예측이다. 또 이러한 예측의 대부분은 시뮬레이션에 기초하고 있는데, 그것은 예측하고자 하는 자가 바라는 대로 컴퓨터 모델을 만들고 얻고자 하는 것을 가정하고 모델에 입력하여 나온 결과다. 이 모든 것이 자기 만족을 위한 예언에 기초하고 있고 실제 과학과는 아무런 상관이 없다. 이유는 과학이란 현실 세계에서 실제 상황을 관찰하는 것이지 수학 공식을 따르도록 설계된 컴퓨터 프로그램에 숫자를 대입하는 것이 아니기 때문이다. 그래서 기후변화나 전

염병 바이러스 할 것 없이 컴퓨터 모델 예측에 공적인 자금을 지원하는 것은 모두 중단해야 한다. 수십억 달러가 이러한 프로그램에 낭비되고 있다. 이제 모든 사람이 컴퓨터 모델이 앞날을 예측하는 수정 구슬이 아닌 그저 가공의 물체에 불과하다는 사실을 깨달아야 한다.

기후 대재앙을 주장하는 진영에 있는 별로 좋지 않은 자들은 우리를 기후 부정론자로 부르길 선호한다. 나는 기후 부정론자(Denier)보다 기후 회의론자(Skeptic) 또는 기후 이단자(Heretic)로 분류되어야 한다. 부정론자는 회의론자나 이단자와는 다른 뉘앙스가 있다. 여기서 회의론자는 특정 이론의 결론을 거부하는 반면, 이단자는 그러한 결론의 기초가 되는 기본적인 가정을 거부하는 사람이다. 부정론자라는 용어는 회의적이거나 이단적인 과학자들을 홀로코스트(대참사)의 현실을 부정하는 사람들과 문화적으로 결부시키기 위해 고안된 멍청한 별칭이다. 하지만 그러한 결부 자체가 멍청하고 연관성이 없으므로 그것은 가짜 종말이 임박했다고 선동하는 자들이 비열하게 사용해온 용어에 불과하다.

기후위기론자들이 지구가 "생물이 살아가기에는 너무 더워지고 있다"라고 말하는 것에는 이미 잘 알려진 사실을 그들이 당신에게 알리지 않고 있음이 들어있다. 지구가 과거 긴 '불가마(Hot-House)' 시대처럼 따뜻해져도 열대지방에서는 전혀 변함이 없다. 온난화는 주로 극지방 쪽을 향해서 발생하고 그로 인해 지구의 평균 기온이 상승한다. 그래서 열대지방에서는 온난화가 일어난다고 해도 약간 더워지거나 약간 시원해진다. 그 결과 열대지방과

그림 13.

예술가들이 북극권 한계선(북위 66도 33분) 위에 있는 엘레스미어(Ellesmere)섬과 같은 캐나다 북극 섬들에 있는 숲을 돌아다니는 거대한 낙타를 묘사한 것. 이후 260만 년 전 홍적세 빙하기가 시작되었고 낙타와 숲은 사라졌다.*

*Martha Harbison, "There Used to Be Freaking Camels In The Arctic," Popular Science, March 6, 2013.

극지방 간의 기온 차이가 홍적세 빙하기(Pleistocene Ice Age)에 있는 오늘날보다 훨씬 적은 지구가 된다.

인간은 아열대 종, 온대 종, 극지방 종과는 다른 열대 종(Tropical Species)에 해당한다는 사실을 알고 있는 사람은 거의 없다. 인간은 계절에 따른 기온의 변화가 크지 않고, 밤이면 20°C 이하로 내려가지 않고 낮에는 35°C 이상으로 되지 않는 적도의 열대 조건에서 진화했다. 서늘한 밤에도 단지 몇 장의 동물 가죽만 필요했다. 빙하기가 최고조에 달했을 때 온대 지방과 극지방은 지금보다 훨씬 더 추웠지만, 적도 지방의 기온은 오늘날과 아주 비슷했다. 간빙기인 오늘날에는 지구의 온대 지방과 극지방은 지구가 냉각되어 지금의 홍적세 빙하기로 들어오기 전보다 훨씬 더 춥다. 가깝게는 3백만 년 전 그리고 홍적세 빙하기가 시작되기 전까지만 해도, 거대한 낙타가 숲으로 뒤덮인 캐나다의 북극의 섬들(Arctic islands)을 돌아다녔다(그림 13).

인간이 열대지방을 떠나 마침내 지구 대부분의 기후 상황에서도 거주할 수 있게 된 요건들은 불, 옷, 집이었다. 이 세 가지 필수 요건들이 없었다면, 인간은 아열대 지방이나 열대지방의 높은 고도에서도 살아남을 수 없었을 것이다. 이는 수천 년 전에 그랬던 것처럼 오늘날에도 마찬가지이다.

합의

기후위기론자들이 지구의 기후와 연관된 특정 주제에 관한 토론을 피하기 위해 사용하는 가장 흔한 전략 중 하나는 "과학자들 사이에 압도적인 의견의 일치가 있고 이는 종종 97%에 달한다"라고 주장하는 것이다. 이러한 위기론자들은 우리가 지금처럼 계속 화석연료를 사용한다면 가까운 미래에 수많은 사람과 생명체를 파멸시킬 기후 대재앙이 닥칠 것이라고 주장한다. 그들은 무엇에 대한 합의라는 것 자체가 그 주장이 옳은지 아닌지를 따질 어떤 실마리도 주지 않는다는 사실을 무시해버린다. 그들은 또한 분명 자신들에게 유리하게 "과학적으로 확정됐다"라고 주장한다. 그들이 사용하는 다른 부당한 주장들은 "과학은 (…)라고 말한다" 또는 "이는 간단한 물리학이다"라는 말이다. 과학은 어떤 것에 대해 '말'하지 않을 뿐 아니라 물리학은 간단한 것이 아니다. 과학은 신의 말을 전하는 것이 아닌 하나의 과정이며, 물리학은 매우 복잡하고 대부분 현상이 조금도 쉽게 이해할 수 있는 것이 아니다.

대부분 사람이 무언가에 동의한다는 주장을 그 자체로 무엇이 사실임을 증명하는 것처럼 사용하는 것은 논리적 오류다. '합의'라는 말은 사실 과학적 용어로는 타당하지 않다. 이는 법적 규제, 행동강령, 결정절차 등과 같은 정책에 대한 동의와 관련된 사회적·정치적 용어다. 좋은 정책은 검증된 사실에 근거하여 민주적이길 희망하면서 만들어진 결정이다. 사실(Facts)은 과학에 의해 결정된다. 고인이 된 마이클 크라이튼(Michael Crichton, 소설 《쥬라기 공원》 작가)은 "만약 그것이 합의라면 그것은 과학이 아니다. 만약 그것이 과학이라면 합의가 아니다"라고 말했다.[20]

역사를 되돌아보면 탁월한 과학자들은 잘못된 합의로 인한 반대에 부딪혔다. 갈릴레오(천문학), 멘델(유전학), 다윈(진화론), 아인슈타인(물리학) 등 그들의 발견은 모두 엄청난 반대에 직면했다. 젊은 시절 교수 자리도 없이 특허 사무원에 불과했던 아인슈타인이 '상대성 이론(Theory of Relativity)'을 발표했을 때, 그는 『아인슈타인에 반대하는 100명의 저자(100 Authors Against Einstein)』라는 제목의 책으로 반박 당했다. 이에 대한 아인슈타인의 반응은 한 저널리스트에게 설명했듯이, "내가 만약 틀렸다면, 한 명(저자)으로도 충분했을 것이다"였다.[21]

이것이 주는 교훈은 누군가 기후변화에 관해 압도적인 합의를 주장하면서 토론하기 시작하면, 그 주장 자체가 잘못되었기 때문에[22] 상대방은 그 주제를 토론하지 말아야 한다는 것이다. 광신적 종교 운동이나 기타 집단 히스테리가 그런 것처럼 집단 망상도 합의다.

이산화탄소

이산화탄소는 지구의 모든 생명체가 살아가는 데 가장 중요한 물질이다. 이유는 모든 생명체는 탄소를 기반으로 하고 있으며 이산화탄소는 탄소의 원천이기 때문이다. 녹색식물은 광합성을 통해 이산화탄소에 물을 더해 포도당과 같은 당분을 생산한다. 이렇게 생산된 당분은 식물 자체뿐만 아니라 광합성 작용을 하지 못하는 우리 인간을 포함한 모든 동물들에게 에너지를 제공한다. 원리는 정말 이렇게 간단하다. 하지만 이산화탄소는 눈에 보이지 않고, 광합성과 에너지 사용에 관련된 반응도 동식물 세포의 분자 수준에서 일어나기 때문에 사람들이 직접 눈으로 볼 수 없다.

나는 언젠가 자기 집 화초는 가까이에서 말을 할 때 더 잘 자란다고 하는 사람을 비웃은 적이 있다. 어떻게 그 말을 믿을 수 있나? 식물은 청각 능력이 없다. 하지만 나는 사람이 숨을 내쉴 때 나오는 공기에는 약 40,000ppm의 이산화탄소가 있다는 사실을 알게 되었다. 40,000ppm은 보통 공기 중에 있는 이산화탄소의 100배다. 우리가 화초 가까이에서 말을 할 때는 그야말로 농축된 비료를 뿜어주는 것이다.

이산화탄소는 지구 생성 초기 아주 뜨거웠던 시기에 있었던 대규모 화산 폭발로부터 나왔다. 지구의 핵을 녹게 하는 열은 주로 우라늄, 라돈, 토륨, 칼륨과 같은 동위 원소의 방사성 붕괴로 인해 발생한다. 이 방사성 원소 중 일부는 46억 년의 지구 역사 동안 훨씬 더 낮은 수준으로 붕괴하였거나 완전히 소멸하기도 했다. 그래서 현재 화산 활동으로 배출되는 이산화탄소의 양은 지구 생성 초기보다 몇 배나 더 적다.

모든 '기후 대재앙' 낭설은 인간이 대기로 너무 많은 이산화탄소를 배출하고 있으며, 이것은 지구를 생명체가 살아가기에는 너무 덥게 할 것이라는 주장에 근거하고 있다. 이 두 가지 주장 모두 다 명백한 거짓이다.

우리가 화석연료를 사용하기 훨씬 이전인 1억 5천만 년 동안 대기 중의 이산화탄소 수치는 서서히 그리고 꾸준히 감소하고 있었다. 이 시기 동안, 약 2,000~2,500ppm이었던 이산화탄소는 마지막 빙하기가 절정에 이르렀던 2만 년 전에는 180ppm까지 내려갔다. 이는 아마 46억 년 전 지구가 생성된 이후 가장 낮은 수치이자, 적어도 5억 년 동안 가장 낮은 수치였다. 마지막 빙하기 절정으로부터 빠져나오는 1만 년 동안 기후가 따뜻해졌고, 그로 인해 바다가 수온 상승으로 이산화탄소를 배출하게 되어 마침내 대기 이산화탄소는 280ppm에 이르렀다. 이 수치를 1850년 무렵의 '산업화 이전' 수준이라고 한다. 이때부터 화석연료를 사용하면서 배출된 이산화탄소가 오늘날 415ppm까지 상승한 대부분을 차지하기 시작했다.

415ppm도 지금의 생명체가 지구에서 살아온 대부분 기간에 있었던 이산화탄소 수치보다 여전히 훨씬 낮다는 점을 주목할 필요가 있다.¶ 그림 14는 지금의 생명체 활동이 시작될 당시 이산화탄소는 약 6,000ppm이었으며, 이는 오늘날보다 약 15배는 높았음을 보여준다. 그 후 이산화탄소 수치는 석탄기(Carboniferous Period)에 약 500ppm으로 내려갔으며, 쥐라기(Jurassic Period)에 다시 약 2,500ppm으로 회복되었다. 석탄기에는 어떤 요인으로 이산화탄소가 감소했는지는 확실하지 않다. 이 시기에는 나무와 숲의 출현이 대기로 많은 양의 이산화탄소를 흡수했지만, 그것만으로 이산화탄소가 그렇게 엄청나게 감소했음을 설명하지 못한다.

기후 대재앙을 지지하는 사람들은 우리가 1850년대 이전의 이산화탄소 수치는 무시하길 원한다. 이는 산업혁명 이전의 수치 280ppm과 비교했을 때 415ppm이 '높은 것처럼' 보이려고 하는 것이다. 그래프 맨 오른쪽에 나타난 아주 작은 상승세는 인간에 의한 부분을 나타낸다. 하지만 여기 나타난 이산화탄소 수치는 여전히 지난 5억 7천만 년 동안 감소해온 가장 낮은 수치 중 하나라는 것에 불과하다. 기후위기론자들은 일반 대중들이 지난 170년 동안이 우리가 이산화탄소에 대해 알고 있어야 할 모든 것을 말해준다고 생각하도록 세뇌되기를 원한다. 우리가 그림 14에서 볼 수

¶ '현대 생명체'는 약 5억 7천만 년 전에 다세포 생명체가 처음으로 진화한 캄브리아기 시대를 의미한다. 그 이전의 약 30억 년 동안 존재했던 모든 생명체는 단세포 미생물로서 바다에만 살았을 것이다. 아마 육지의 물에 살았더라도 마찬가지였을 것이다. 생명체는 약 4억 4천만 년 전까지만 해도 육지에는 존재하지 않았다.

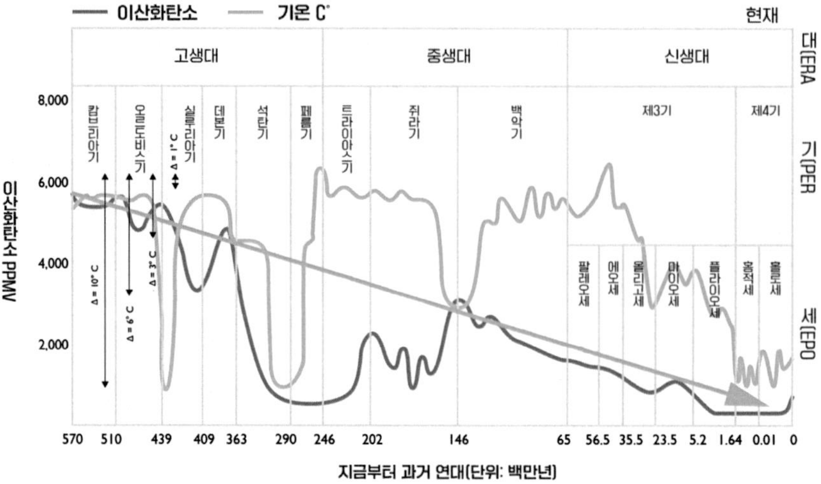

그림 14.

지구 기온과 이산화탄소의 5억 7천만 년 동안 기록을 보면 기온은 특별한 추세 없이 오르내리고 있다. 이산화탄소 수치는 인간에 의한 배출로 증가하기 전에 이미 280ppm까지 95% 이상 감소한 것을 보여준다. 맨 오른쪽의 작은 상승세는 최근에 인간이 미친 영향을 나타낸다. 이산화탄소와 기온 사이에 아무런 상관관계가 없었던 수천만 년의 기간이 있었음을 주목해야 한다. 이는 원인과 결과 관계에 반하는 것이다.*

*Nasif Nahle, "Cycles of Global Climate Change," Biology Cabinet journal Online, July 2009. Referencing C. R. Scotese, Analysis of the Temperature Oscillations in Geological Eras, 2002; W. F. Ruddiman, Earth's Climate: Past and Future, New York, NY: W.H. Freeman and Co., 2001; Mark Pagani, et al., "Marked Decline in Atmospheric Carbon Dioxide Concentrations during the Paleocene," Science 309, no. 5734 (2005): pp600-603.

있듯이, 이산화탄소에 관해서는 그보다 훨씬 많은 것들이 있다.

근본적인 의문점은 이산화탄소가 지구 기온을 '조절하는 손잡이(Control Knob)'라는 주장의 타당성 여부다.[23] 그림 14는 이산화탄소와 기온이 서로 동기화(시간을 함께하는) 관계에 있는 시기보다 대부분 그렇지 않은 시기에 있음을 명확히 보여주고 있다. 지구의 오랜 역사는 이산화탄소와 기온 사이에 강력한 인과관계가 있다는 주장을 뒷받침하지 않는다. 실제로 그 주장은 여기에서 나온 결론과 상반된다. 우리는 5억 7천만 년의 지구 역사 가운데 지난 170년 동안 이산화탄소와 기온이 동시에 상승하는 것에는 인과관계가 있다고 들어왔다. 그렇지 않다. 기후 역사는 인과관계가 없음을 보여주고 있다.

그림 14는 이산화탄소와 기온이 1억 4천6백만 년을 기점으로 이전 3천만 년과 이후 1억 년 동안 동기화 관계에서 완전 100% 벗어나 있음을 보여준다. 일례로 실루리아기와 페름기처럼 장기간 정반대로 움직이고 있는 시기들이 있다. 지난 170년 동안 이산화탄소와 기온이 동시에 상승했다는 것은 결코 강력한 인과관계를 뒷받침하지 않는다. 실제로 그 결론을 거부하기에 충분하다.

'상관관계'와 '인과관계'의 관계는 애매하다. 그 둘을 구별할 수 있는 차이는 인과관계는 강한 상관관계를 요구하지만, 두 요인이 강하게 연관된 것 같은 상관관계가 나타나더라도 인과관계를 입증하지 못한다는 것이다. 예를 들어 두 요인의 상관관계는 흔히 제3의 요인으로 인해 발생한다. 이에 대한 아주 재미있는 예는, 아이스크림 소비와 상어 공격 간의 높은 상관관계다. 분명히 이 두 요인 중 어느 것도 다른 요인을 유발하지 않는다. 이 둘은 양쪽 다 영향을 줄 수 있는 제3의 요인인 더운 날씨와 추운 날씨에 의해 야기된다. 더운 날씨에 사람들은 해변에 가서 아이스크림을 먹고 바다에서 수영하고 누군가는 상어의 공격을 받는다. 겨울에는 사람들이 거의 아이스크림을 먹거나 바다에서 수영하지 않기 때문에 상어 공격 빈도 또한 낮다. 어떤 요인이 다른 요인의 원인이 된다는 인과관계 얘기를 들을 때 이 예를 기억하는 것이 좋다. 상관관계와 인과관계의 차이를 탁월하게 설명하는 6분짜리 TEDx Talk이 있다.[24] 유사한 것으로 그럴싸한 상관관계(Spurious Correlations)라는 정말 웃기고 재미있는 웹사이트가 있다. 여기서는 두 요인 간의 강력한 상관관계들을 여러 가지 보여주고 있지만, 이들은 분명히 인과관계가 아님을 보여준다.[25]

이산화탄소의 역사에 관한 이 부분을 결론짓기 위해, 내가 결코 답변을 들어본 적이 없는 질문이 하나 있다. 만약 이산화탄소가 한때는 4,000ppm이었다가, 또 다른 때는 2,000ppm이었고, 여전히 또 다른 시기에는 1,000ppm에 이르고, 그러고 나서는 홍적세 동안 수차례에 걸쳐 190ppm에서 280ppm까지 오르내렸다면, 왜 '산업혁명 이전'의 280ppm이 대기에 있어야 하는 일종의 이산화탄소 기준치로 여겨지는 것일까? 지구상의 생명체들은 이산화탄소 수치가 분명 훨씬 높은 다른 시기에서도 잘 번성했다. 한 기후위기 운동단체는 지구에 불행한 일이 일어나기 전에 350ppm을 임계점으로 인식하도록 단체 이름을 스스로 350.org로 정하기도 했다. 하지만 2020년에 이산화탄소 수치는 415ppm으로 측정되었고, 그로 인한 가장 큰 영향은 식물의 성장률이 크게 증가한 것이다.

엄청난 이산화탄소의 감소 – 왜 일어났나?

그림 14를 다시 보면, 인간의 화석연료 사용으로 인한 이산화탄소를 다량 방출하기 전, 이산화탄소가 실제로 지난 5억 년 동안 가장 낮은 수준으로 감소했다는 사실이 최근 시기(가장 가까운 지난 시대)에 분명히 나타나고 있다.

앞서 언급했듯이 약 1억 5천만 년 전부터 이산화탄소는 지구 생명체 역사상 가장 낮은 수준으로 꾸준히 감소해 왔다. 마지막 빙하 극대기인 2만 년 전, 이산화탄소 수치는 약 180ppm으로 떨어졌다. 이는 식물이 이산화탄소 결핍으로 죽기 시작하는 수준보다 겨우 30ppm 높은 수치다. 이산화탄소 150ppm 이하는 식물이 생존하기에 충분한 농도가 아니다. 이는 동물이 산소 부족으로 질식하는 것과 같은 현상이다. 그림 15는 만약 이산화탄소의 감소가 수백만 년 동안 그래왔던 궤적을 따라 계속된다면, 결국 이산화탄소는 식물성장을 지탱해줄 수 없는 수준으로 떨어질 것을 보여준다. 이것은 지구상의 모든 살아있는 종의 생존을 위협할 것이기 때문에 전혀 바람직한 결과가 아니다. '너무 많은' 이산화탄소가 있다고 주장하는 사람들이 이런 사실을 눈치챘을 것이라고 생각할 수도 있다.

대기에는 부피 비율로 산소가 20.5%(205,000ppm), 이산화탄소가 0.0415%(415ppm) 있다. 만약 대기에 산소가 6%(60,000ppm)이면, 인간은 의식을 잃고 사망한다. 반면에 많은 식물은 이산화탄소 0.015%(150ppm)까지 생존할 수 있고, 그 선을 넘으면 이산화

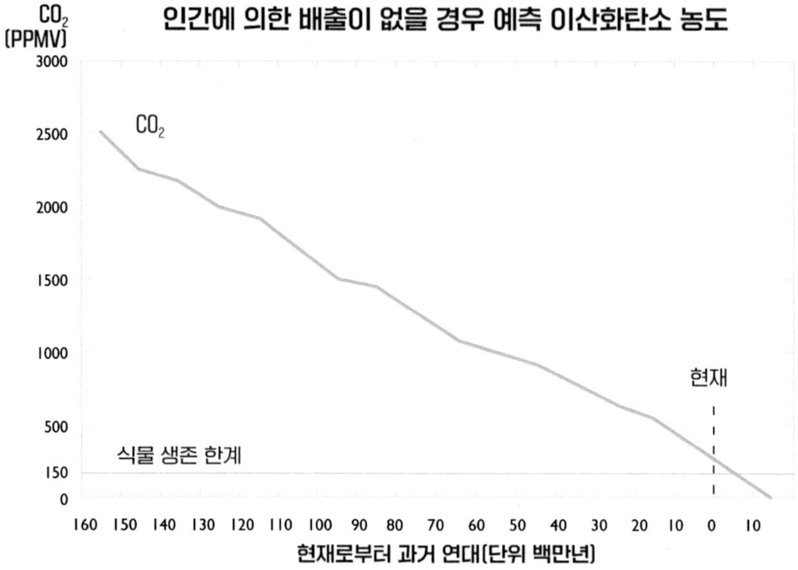

그림 15.

지난 1억 5천만 년 동안 대기 중 이산화탄소의 꾸준한 감소. 2만 년 전 마지막 빙하기 절정(LGM: Last Glacial Maximum)에는 이산화탄소가 180ppm까지 떨어졌다. 이는 식물이 죽기 시작하는 수치보다 겨우 30ppm 높은 기록을 나타냈다. 화석연료와 시멘트 생산으로 인한 인위적 이산화탄소 배출은 이러한 추세를 역전시키고 지구 탄소 순환의 균형을 회복했다. 인간은 지구 생명의 구원자이지 파괴자가 아니다.

탄소 결핍으로 죽게 된다. 이는 식물은 생존 필수 가스를 취하는 데 인간보다 400배(60,000/150=400)나 더 효율적이라 말할 수 있다. 놀랍게도 어떤 물고기는 바닷물의 산소 농도가 2ppm일 때도 생존할 수 있다. 그래서 그러한 물고기는 필수 가스를 취하는 데 인간이 대기로부터 필수 가스를 취하는 것보다 30,000배나(60,000/2=30,000) 더 효율적이다.

이처럼 장구한 세월에 걸쳐 이산화탄소가 감소하고 있는 원인에 대한 것은 기후 대재앙을 지지하는 자들에게는 관심이 없는 것 같다. 이는 아마 그들이 지금의 이산화탄소가 너무 높다는 것을 우리에게 확신시키려고 하고 있고, 지금이 지구 역사상 이산화탄소 수치가 가장 낮은 시기 중 하나라는 것은 자신들의 주장을 뒷받침하지 못한다는 것을 인식하고 있기 때문일 것이다. 하지만 이것이 지구의 현실이라는 것에는 의심의 여지가 없다. 해양 퇴적물 코어(Sediment Core) 시료는 수억 년 전으로 거슬러 올라간 이 역사적 기록을 간직하고 있으며 퇴적물은 거짓말을 하지 않는다. 지구의 지질학적 역사를 아는 과학자들은 이 데이터에 동의한다. 기후위기론자들은 이 불편한 진실에 관해 단지 언급하고 싶지 않을 뿐이다.

지구의 장구한 역사를 일축하는 방법은 "오랜 옛날에는 이산화탄소가 이렇게 높았고, 그때 인간은 존재하지 않았다"라고 헤드라인을 장식하는 것이다.[26] 이 헤드라인은 사실이다. 인간은 약 2백만 년 전까지 존재하지 않았다. 하지만 인간의 조상 유원인(Hominid)은 이산화탄소가 500ppm 이상이었던 2천5백만 년 전부터 생존했었다. 이산화탄소는 1억 5천만 년 전 2,500ppm에서 감소하기 시작하여 약 5백만 년 전에 이르러서는 오늘날의 수준인 415ppm이 되었다. 또 포유류를 포함한 모든 동물이, 이산화탄소가 2,000ppm 이상인 시기에서도 수백만 년을 살아왔는데 415ppm이 상당히 위험하다고 하는 것은 터무니없는 말이다.

사실 이산화탄소 415ppm도 식물의 최대 성장을 보장할 만큼 충분히 높지 않기 때문에 대부분 식물은 성장률과 생산성에 제한을 받는다. 이는 사실상 거의 모든 상업적 온실 재배 농가에서 병에 든 이산화탄소를 사거나 천연가스나 프로판 가스를 이산화탄소로 전환시키는 이산화탄소 발생기를 구매하는 것도 이 때문이다. 작물 수확량과 최상의 경제성을 고려했을 때, 대부분 온실 작물의 최적 이산화탄소 수치는 800~1,200ppm이다. 다시 말해서 식물은 이산화탄소 농도가 현재 지구 대기의 2~3배일 때 왕성하게 잘 자란다. 이산화탄소가 1,000ppm이면 광합성은 50% 증가한다.[27] 이산화탄소를 2,000ppm까지 더 높이면 성장률이 더욱 올라가지만 약 1,000ppm 이상에서는 이산화탄소 공급에 들어가는 비용으로 인하여 돌아오는 소득이 감소하기 때문에 경제성이 결정 요인이 된다.

이것을 다른 시각에서 보면, 들판에서 자라는 모든 농작물이 충분한 물과 영양분을 공급받고 있다면 대기 중 이산화탄소의 부족으로 성장이 제한된다는 것을 의미한다. 이는 충분한 물과 영양분 그리고 햇볕을 받는 모든 야생식물에도 마찬가지다. 야생식물 또한 오늘날 역사적으로 낮은 이산화탄소 수치로 인해 성장이 제한된다. 단지 야생식물이 매우 건조한 지역이거나 햇볕이 충분하지 않는 곳, 또는 척박한 토양에서는 이산화탄소가 식물의 성장을 제한하는 요소가 되지 않는다. 하지만 전 세계 대부분 식물은 이산화탄소에 굶주리고 있다.

그렇다면 지난 5억 7천만 년 동안 지구 대기의 이산화탄소 농도가 원래 수치의 4% 이하, 즉 6,000ppm에서 마지막 빙하기에 최저치인 200ppm 미만으로 떨어진 상황이 어떻게 발생했을까? 그 답변은 매우 놀랍다.

지난 1억 5천만 년 동안 대기 이산화탄소 농도가 꾸준히 감소했다는 사실은 이 오랜 기간 이산화탄소가 대기로 배출된 양보다 더 많은 양이 대기로부터 사라졌다는 것을 명확히 보여준다. 그렇다면 사라진 이산화탄소, 더 구체적으로 대기에 있던 이산화탄소는 어디로 간 것일까(그림 16)?

수치는 모두 페타그램(Petagrams=Gigaton, 10억 톤) 단위로 표현되었다. 그림에 나타난 주요 사항들은 다음과 같다.

- 식물과 토양은 지구 전체 대기에 있는 탄소의 두 배 이상을 함유하고 있다. 대기의 이산화탄소 농도가 5~10배 더 높았을 때는 그렇지 않았다.
- 수심 200~300m 정도의 바다 표수층에 있는 이산화탄소는 대기에 있는 양과 거의 같지만, 전체 바다에 있는 양은 대기보다 45배나 많다. 많은 양의 대기 이산화탄소가 해수면을 통해 바다로 흡수되고, 비록 적은 양이지만 바다에서도 화산 활동으로 이산화탄소가 배출된다.
- 식물이 봄과 여름에 성장하면서 흡수한 이산화탄소는 연간 기준으로 따지면 가을과 겨울에 분해되면서 배출하는 것과 양적으로 거의 균형을 이룬다. 이 현상은 남반구보다 육지가 훨씬 많은 북반구에서 지배적으로 나타난다.
- 인간이 화석연료 사용으로 이산화탄소를 배출하기 시작한 이래로, 특히 1950년경부터 식물은 더 빨리 자라고 매년 지구 전체의 바이오매스를 증가시키기 시작했다. 이것은 식물이 매년 배출하는 이산화탄소량보다 더 많이 흡수하고 있다

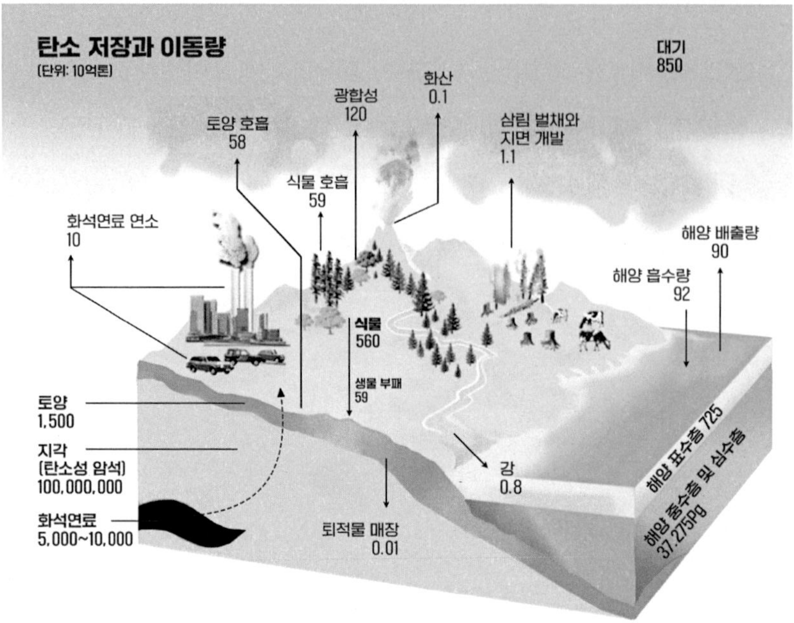

그림 16.

2020년을 기준으로 한 지구의 탄소 순환에서 탄소의 흐름(빨간색)과 저장(파란색)을 표현한 그래프. 인간의 화석연료 사용으로 인한 배출량은 화산 발생량의 100배 되는 것으로 추정된다. 화산은 대기로 배출되는 이산화탄소의 원천이었으며 초기 지구에서는 상당 부분 바다로 흡수되었다. 지난 1억 5천만 년 동안 이산화탄소는 퇴적물로 사라졌고 화산은 그 손실을 보충할 만큼 충분한 이산화탄소를 배출하지 않았다. 글로벌 탄소 프로젝트(Global Carbon Project), 2010*(화석연료 배출 및 대기 함량은 2019년으로 업데이트됨).

*Jennifer LaPan, "Workshop Preps Educators to Train Next-Gen Carbon Researchers," NASA, May 12, 2013

는 것을 의미한다. 이것은 '글로벌 녹색화' 또는 '이산화탄소 시비효과'로 알려져 있다. 여기에 관한 내용은 이 장의 다른 부분에서 다룰 것이다.

석탄, 석유, 천연가스와 같은 화석연료에 들어있는 탄소는 대기의 6~12배가량 되는 것으로 추정된다. 이러한 탄화수소의 탄소는 육지와 바다에 있는 식물에 의해 대기로부터 흡수됐고, 그 후 매몰되어 수백만 년 동안 탄소 순환에서 사라졌다. 화석연료를 사용할 때 우리는 이산화탄소를 원래 그것이 있었던 대기로 다시 돌려보내는 것이다. 우리가 배출함으로써 지난 1억 5천만 년 동안 이산화탄소가 감소하고 있는 것에 종지부를 찍었고 전 세계 탄소 순환의 균형을 되찾아주기 시작했다. 간단하게 말해서 우리는 이산화탄소가 계속 감소하여 식물이 생존할 수 없을 아주 낮은 정도까지 줄어들 것이라고 믿지 못할 이유가 없다. 이런 의미에서 우리 인간은 실제로 생명의 구원자이지 기후 재앙론자들이 주장하는 파괴자가 아니다.

그러나 정말 놀라운 숫자는 석회암, 대리석, 백악(Chalk)과 같은 '탄소성 암석(Carbonaceous Rocks)'이 10^{17}톤의 탄소를 함유하고 있다는 것이다. 이러한 광물질은 조개, 산호, 게, 미세한 플랑크톤과 같은 해양 석회화 생물 종이 내부의 부드러운 생체를 보호하는 껍질 형태의 갑옷을 만들기 위해 생산한 탄산칼슘(또는 $CaCO_3$)으로 구성되어 있다. 탄산칼슘은 바닷물에 용해된 이산화탄소와 칼슘이 결합하여 만들어지기 때문에 수중 탄소가 제거된다.

탄산칼슘 결정체를 만드는 능력을 '생광물화(Biomineralization)'라고 하며, 이는 5억 7천만 년 전 캄브리아기 초기에 수많은 다양한 해양 생물 종에서 진화했다. 이러한 퇴적물들은 지구 대기에 있는 탄소의 118,000배, 그리고 대기, 바다, 식물, 토양에 있는 모두를 합친 것보다 2,400배나 많은 탄소를 함유하고 있다. 대기, 바다, 식물, 토양에 있는 탄소는 연간 또는 다년 주기로 이 모든 요소 사이에서 활발하게 이동하기 때문에 '자유 탄소(Free Carbon)'라고 불릴 수 있었다. 매장된 화석연료와 특히 탄소성 암석에 있는 탄소는 이러한 물질로 변하기 이전인, 수백만 년 전에는 살아있는 생명체에 한때 유용했지만, 이제는 생명체에 사용될 수 없기 때문에 '갇힌 탄소(Trapped Carbon)'라고 불리게 되었다. 과학자들은 갇힌 탄소를 '격리된 탄소(Sequestered Carbon)'라고 부른다.

석회질 껍질을 스스로 만들 수 있는 능력이 발달된 다양한 종들은 다음과 같다: 단세포 식물성 플랑크톤(Coccolithophores), 단세포 동물성 플랑크톤(Foraminifera), 연체동물, 산호, 모든 갑각류(참게, 새우, 바닷가재, 따개비) (그림 17).

이렇게 탄소를 함유한 암석들은 화산작용으로 지구 내부의 용암이 지표로 흘러나와서 형성된 화강암이나 현무암 같은 화산암이 아니다. 이런 암석 대부분은 생명체에 의해 만들어졌으며 지표면의 방대한 영역을 차지하고 있다. 지난 5억 년 동안 수심 1,880m 미만의 바다가 있었던 곳, 예를 들어 북아메리카의 대평원 같은 지역은 대규모 석회암 매장지가 있다. 석유와 가스를 채취하기 위해 파쇄한 일부 셰일 퇴적물은 10~60% 석회암을 함유하고 있는데, 대부분 석회화 해양생물이 죽었을 때 해저에 가라앉은 껍질에서 나온 것이다. 석유와 가스는 퇴적물의 깊은 곳에서 껍데기 안에 있는 살아있는 유기체의 부드러운 부분이 열에 의해 변형된 것이다.

지금 우리는 대기의 이산화탄소가 1억 5천만 년 동안 감소해온 맨 끝 지점에 있고, 다양한 해양생물 종이 수백만 톤의 이산화탄

그림 17.

부드러운 내부 생체를 보호하기 위해 이산화탄소와 칼슘을 결합하여 탄산칼슘 껍데기를 만드는 능력이 진화된 매우 다양한 해양 석회화 종 가운데 몇 가지 예. 왼쪽으로부터 시계방향으로: 미세한 식물성 플랑크톤(Coccolithophores, 가장 중요한 해양 일차 생산자 중 하나); 조개, 굴, 달팽이와 같은 연체동물; 동물성 플랑크톤(Foraminifera, 식물성 플랑크톤을 먹이로 하는); 해양 석회화의 약 50%를 차지하는 산호초; 그리고 그림 중앙에는 게, 새우, 바닷가재와 같은 갑각류.

소를 바다로부터 소비하여 암석을 형성한 것이 주원인이라는 사실은 대부분 사람에게는 처음 듣는 새로운 이야기다. 이는 전 세계의 교육, 언론, 그리고 우리의 많은 정치 및 과학 기관들의 안타까운 현실을 보여주는 증거다. '생명에 관한 학습'을 다루는 기관에서 앞으로 해야 할 일이 많다고만 해두자.

이산화탄소가 계속 감소해온 현상을 설명할 수 있는 것으로 해양 석회화 생물종에 관련된 이 특정 이론보다 내가 더 확신할 수 있는 것은 별로 없다. 그리고 생물종의 숫자만 봐도 자명하다. 이것은 컴퓨터 모델이나 1850년 이전에 일어난 일은 상관없다는 믿음에도 근거하지 않는 하나의 만들어진 '이론'이다. 내가 이 이론을 처음으로 대중 앞에서 발표한 곳은 2016년 10월 영국 런던 지구온난화 정책포럼(Global Warming Policy Forum)의 연례 강연이었다. 그 후 2017년 3월에 그 주제에 관해 전문가 검토를 거친 학술 논문으로 게재했다. '기후 대재앙'을 옹호자들 중 아무도 내 논문을 반박하려 들지 않았다. 그들은 이 이론에 대해 반박할 근거가 없어 그저 못 본 척 무시하는 것이다.[28]

이산화탄소가 나쁜 이유로 감소한 것이 아니라는 점이 흥미롭다. 이는 수많은 해양생물이 이산화탄소와 칼슘을 결합하여 자신들의 부드러운 몸을 보호하는 껍질을 만드는 능력이 진화하면서 나타난 완전히 우연한 결과였다. 이러한 진화는 석회화 생물에게 엄청난 생존 장점을 부여했다. 하지만 생명체가 진화를 통해 발달시킨 생존의 장점이 궁극적으로 생명체 자체에 끔찍한 위협이 될 수 있다는 사실이 매우 아이러니하다. 한편으로 인간이 오늘날 사용하는 에너지의 80%를 공급하는 화석연료를 발견한 것은 의도치 않게 이산화탄소 감소를 종식했다. 이것은 앞으로 이산화탄소를 거의 모든 식물, 나아가서 모든 생명체에 훨씬 더 유익한 옛날 수준으로 되돌릴 가능성을 보여준다. 하지만 우리가 이산화탄소 배출량을 증가시킬 의도가 없었다고 해서 수백만 년에 걸쳐 일어난 감소 끝에 지구의 모든 생명체를 위한 가장 중요한 물질의 보충이라는 지구 역사상 가장 긍정적인 발전을 인정하지 않거나 축하하지 말아야 하는 것을 의미하지 않는다.

에너지를 얻기 위해 화석연료를 태우는 것은 앞으로 몇 세기 동안 이산화탄소가 감소하는 것을 간신히 막아줄 것이지만, 마지막에는 화석연료는 희소해지고 미래의 문명은 필요한 에너지 대부분을 원자력으로 전환할 것이다. 일단 바람직한 수준, 즉 800~1,000ppm에 도달하면 대기의 안정된 수준을 유지하기 위해 오늘날처럼 많은 이산화탄소를 배출할 필요는 없을 것이다. 원자력은 화석연료처럼 이산화탄소를 직접 배출하지 않기 때문에, 생명체에 최적인 수준을 대기에 유지하기 위해 이산화탄소 배출의 직접적인 원천으로 화석연료를 대체할 수 없다.

이번에는 석회암과 백악(Chalk, 백색 연토질 석회암)이 구원자가 된다. 석회암과 백악은 시멘트 생산에 계속 사용될 것이고 따라서 많은 양의 이산화탄소를 계속해서 생산할 것이다. 현재 시멘트 생산은 인간에 의한 이산화탄소 배출량의 5%를 차지한다. 석회암을 석회와 이산화탄소로 전환하기 위해 앞으로 수천 년 동안 원자력과 태양 에너지를 모두 사용할 수 있다.[29] 인간은 식물과 해양생물이 대기로부터 흡수하고 가까운 미래에도 계속 사라질 이산화탄소의 일부를 되돌려 보냄으로써 앞으로 수천 년 동안 생명의 수호자가 될 수 있다. 아마도 먼 훗날 언젠가 모든 나라는 연간 이산화탄소 배출 할당량을 정하는 조약에 가입하게 될 것이다. 우리는 이산화탄소를 반기고 공경해야 한다.

온실효과

눈에 보이지 않는 또 다른 것이 이산화탄소의 온실효과다. 이는 분명 매우 중요한 요소다. 온실효과 또한 물리학이 절대로 기초적이거나 단순한 것이 아님을 잘 상기시켜준다. 이산화탄소는 지구상의 모든 생명체에 필수적이다. 이에 비해 온실효과는 지구를 생명체에 적합하도록 따뜻하게 만든다. 이 현상은 태양으로부터 들어오는 복사선(열)이 지구로부터 빠져나가 다시 우주로 돌아가는 속도를 지연시키기 때문에 나타난다.

주요 온실가스는 대기 수분(습기), 이산화탄소, 메탄이다. 대기 수분은 특정 지역에서 이러한 가스들의 상대적인 양에 따라 온실효과의 65~90%를 차지하는 것으로 추정된다. 어떤 기후 웹사이트에서는 대기 수분이 주요 온실가스라는 사실을 언급하지 않고 있다.[30] 대기의 수분도 눈에 보이지 않는다.

어떤 사람들은 대기에는 온실처럼 유리 천장이 없다고 지적하면서 이 현상을 '온실효과'라고 하는 비유에 대해 비판적이기도 하다. 온실의 온난화는 대부분 유리 천장이 태양에서 들어온 열이 온실 밖으로 빠져나가는 대류 현상을 방지하기 때문이다. 대기 수분, 이산화탄소, 메탄에 의해 발생하는 온실효과는 이러한 대기 중의 가스로 인해 열이 땅으로 다시 복사되어 지표면의 냉각 속도가 늦어지기 때문이다. 결국 '온실효과'는 이러한 가스의 영향에 대한 적절한 의미를 표현하는 것은 아니지만, 기후변화 문헌에서 사용되는 용어다. 이러한 가스는 냉각되는 것을 감소시키지만 온

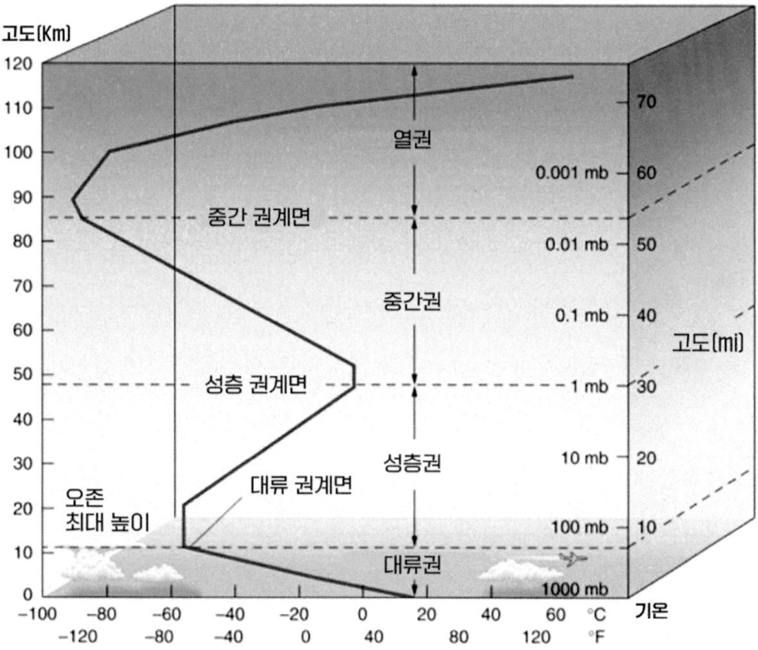

그림 18.

대기의 층을 나타내는 그래프. 거의 모든 날씨는 평균 고도가 11km인 대류권에 국한되어 있다. 대류권계면에서 대류를 멈추게 하는 역전 현상이 일어난다. 대류권계면 위에 있는 열이 우주로 되돌아가는 유일한 방법은 주로 이산화탄소를 통한 복사다.

실과는 완전히 다른 메커니즘에 의해 발생한다.

하지만, 대기에는 실제로 일종의 천장 같은 것이 있다. 그것은 대기(Atmosphere)의 맨 아래층에 해당하는 생명체가 살아가는 대류권(Troposphere)의 꼭대기에 있다. 대류권과 그 위층인 성층권 사이의 경계는 권계면(Tropopause)이라 불린다(그림 18). 권계면은 지표면에서 위쪽으로 열을 이동하는 대류(Convection)의 흐름을 막는 강한 장벽이다. 이 장벽에서 대류는 온실의 유리와 유사하지만 이와 다른 메커니즘에 의해 차단된다. 권계면은 지구 대기권에서 가장 강한 역전 현상이 나타나며, 대류권 하층의 역전 현상과 마찬가지로 공기와 구름이 위로 올라가는 흐름과 그 안에 들어있는 열의 이동을 막아준다. 이 현상은 천둥구름(Thundercloud)이 형성되어 열을 하늘로 운반하기 때문에 육안으로 관찰할 수 있다. 구름이 권계면과 만나면, 구름은 꼭대기에서 '모루 구름(Anvil Cloud 또는 적란운[Cumulonimbus])'을 형성하며 평평해진다(그림 19).

대류권과 성층권이 만나는 지점을 대류권계면이라고 한다. 성층권에서는 고도에 따라 기온이 상승한다. 이는 오존 형성 과정에서 열이 발생했기 때문이다. 여기서 더운 공기가 차가운 공기 위에 놓이게 되는 것을 기온역전이라 한다. 이것의 효과는 기온역전이 대류권 꼭대기에서 기류 흐름을 막으면서 적란운 위에 모루가 형성되어 가장 확실히 나타난다(그림 19).[31]

대기에서 열이 공간 이동하는 세 가지 주요 메커니즘은 대류(Convection), 전도(Conduction), 복사(Radiation)다. 대류는 권계면에서 작용이 끝난다. 전도는 기체에서는 주요 역할을 하지 못하며, 그나마 높이 올라가면서 기체 입자가 희박해지기 때문에 작용이 끝난다. 따라서 열이 마침내 원래 왔던 곳인 우주로 다시 돌아가는 유일한 메커니즘은 복사에 의한 것이다. 흥미롭게도 이산화탄소는 지표면 가까이에서는 물 분자에 비해 상대적으로 약한 온실가스이지만, 대기에서 복사로 열을 다시 방출하는 데 주요 역할

그림 19.

대류 현상이 대류권계면에서 끝나는 전형적인 예. 공기 입자가 위로 올라가는 것을 막는 기온역전 때문에 공기 중의 열이 더이상 상승하지 못한다.

을 담당하는 분자다. 대류권계면 위로는 물 분자가 거의 없기 때문에 이산화탄소는 태양으로부터 들어오는 열과 균형을 맞추기 위해 지구를 식히는 가장 큰 역할을 한다. 우리가 환경운동가, 주류 언론, 많은 정치인, 그리고 '기후 과학자'¶로부터 듣는 "이산화탄소가 위험한 지구온난화를 유발한다"는 이야기 대부분은 실제로 입증되지도 않은 낭설에 지나지 않는다. 이산화탄소가 태양열

¶ "기후 과학자"라는 용어는 일종의 속임수다. 기후 연구에는 대기 물리학, 해양학, 지질학, 고생물학, 진화 생물학, 천체 물리학, 기상학 및 생물학(생명 과학)의 모든 측면을 포함한 많은 분야가 포함된다. 기후위기론자들의 진영은 전문지식과 거의 무관하게 '기후 과학자'라는 용어를 자신과 이에 동의하는 사람들을 지칭한다. 따라서 기후 과학자의 반대는 '기후위기를 부정하는 자'가 되는 셈이며 관심을 기울일 가치가 없는 자로 인정된다. 이러한 배경은 그들이 '기후 과학자'의 97%가 동의한다고 말하는 근거 중 일부이다. 이는 그들이 누가 기후 과학자이고 누가 아닌지 결정할 수 있다고 생각하기 때문이다. 과학은 이런 식으로 작용하지 않는다.

을 우주로 되돌리고 기온의 균형을 맞추는 중요한 역할을 하는 것은 확실하고, 또 이것은 전적으로 긍정적인 기능이다.

지구가 안정된 기온을 유지하기 위해서는 태양으로부터 복사되는 것과 같은 양의 열이 지구로부터 우주로 배출돼야 한다. 지구의 기후가 냉각될 때는 태양으로부터 들어오는 것보다 더 많은 열이 우주로 다시 빠져나가고, 반대로 지구가 따뜻해졌을 때는 우주로 다시 빠져나가는 것보다 더 많은 열이 지구로 들어온다는 의미다. 이 현상은 바다가 육지나 대기보다 훨씬 더 느리게 가열되고 냉각됨에 따라 즉시 발생하지 않는다. 이것으로 인해 들어오는 태양 복사에 대한 지구의 반응은 가변적인 지연 시간을 갖는다. 따라서 지구 기온의 미래 추세를 정확하게 모델하거나 예측하는 것은 매우 어렵고 거의 불가능하다.

태양열 대부분은 구름이 없는 대기를 쉽게 통과하는 단파 복사이며, 구름이 있어도 일부 열은 여전히 통과하여 지표면까지 내려온다. 그러나 지구가 태양보다 훨씬 더 차갑기 때문에, 우주로 돌아가는 열은 눈에 보이지 않는 장파복사(적외선)다. 이 중 대부분은 온실가스에 의해 차단되어 모든 방향으로 재방사되며 일부는 그것이 방출된 땅이나 수면을 향해 아래로 내려간다. 이 현상은 장파복사 에너지가 우주로 되돌아갈 때 여러 번 반복되며, 온실가스에 의해 지속적으로 흡수되고 다시 방출된다. 이것은 적외선 에너지를 우주로 다시 보내는 속도를 늦춰 대기는 따뜻하게 된다.

온실효과는 지구의 냉각 속도를 느리게 하기 때문에 온실가스가 없는 경우보다 기온을 약 33°C 이상으로 상승시킨다.[¶] 현재 지구의 평균 기온은 약 14.9°C로, 이는 인간의 기준으로는 그렇게 따뜻하지 않다. 온실효과가 없고 평균 기온이 -18°C였다고 상상해 보자. 온실효과가 없었다면 생명체는 절대 존재하지 않았을 것이다. 그런데도 기후위기론자들은 이산화탄소와 메탄 같은 온실가스를 '오염물질'이라고 부른다. 온실가스는 사실 지구상에 생명체가 존재할 수 있는 핵심 이유 중 하나다.

기후위기론자들이 온실효과를 수분이 아닌 이산화탄소와 메탄에 대해 과장할 수 있는 이유 중 하나는 각 온실가스에 의한 정확한 기온 상승량을 직접 측정하는 것이 사실상 불가능하기 때문이다. 이는 부분적으로는 그들이 재방사하는 파장이 경우에 따라 겹치기도 하고, 또 수분 농도는 위치와 시간에 따라 끊임없이 변화하기 때문이기도 하다.[32] 하지만 이런 한계와 상관없이 수증기가 단연코 지배적인 온실가스라는 것은 아주 명백하다.

세 가지 온실가스의 상대적인 중요성을 객관적으로 평가하기는 어렵다. 실제로 수분 자체는 다른 온실가스보다 대기 중에 훨씬 더 풍부하지만, 기온에 아무런 영향을 미치지 않는다고 말하는 사람들도 있다. 심지어 어떤 이는 이산화탄소와 메탄의 상승이 더 높은 기온으로 이어져 대기 수분이 많아지기 때문에 결국 수분이 기온에 '긍정적 피드백 효과'를 줄 것이라는 확신을 갖고 주장하기

¶ 33°C는 매우 큰 온도 상승으로 보이지만 절대온도 영(0)도 K가 -273°C인 켈빈 척도로 표현하면 실제 상승은 255°K에서 288°K로, 즉 약 13% 상승한 것이다.

도 한다. 하지만 '부정적 피드백 효과'도 동시에 가능하다. 왜냐하면 기온이 올라가면 더 많은 수분을 구름의 형태로 있게 하여 이산화탄소와 메탄으로 인한 기온 상승의 일부 또는 전부를 역전시키기(냉각시키기) 때문이다. 오늘날, 구름은 모든 햇빛의 약 25%를 우주로 반사해, 구름이 없는 것보다 지구를 더 차갑게 만든다. 하지만 만약 온난화로 인해 구름의 비율이 증가한다면, 이것은 추가적인 이산화탄소로 인한 영향의 일부 또는 전부를 없앨 수 있다. 구름은 더 많은 대기 이산화탄소 증가로 인한 미래의 결과를 예측하려고 할 때 '와일드 카드(만능 패)'로 가장 잘 표현될 수 있다. 그림 20을 참고하여 지금부터 20년 후 특정 날짜의 지구의 구름 패턴과 범위를 예측할 수 있는 컴퓨터 모델을 구축하려 한다고 상상해 보라. 미래의 기후 예측이란 거의 불가능하다는 사실을 알 수 있다. 캐나다 음악가 조니 미첼(Joni Mitchell)은 자신의 곡 '지금 나는 양면을 본다(Both Sides Now)'에서 다음과 같이 지혜로운 가사를 썼다.

> 나는 지금 구름의 위와 아래 양면을 보았다.
> 어쩐지 구름은 여전히 나에게 환상으로 남는다.
> 나는 정말 구름을 모르겠다.[33]

> 기후 시스템은 비선형 혼돈 시스템의 결합이어서 미래 기후 상태에 대한 장기적 예측은 불가능하다.
>
> – 기후변화 정부 간 패널(IPCC) – 2018년 5월[34]

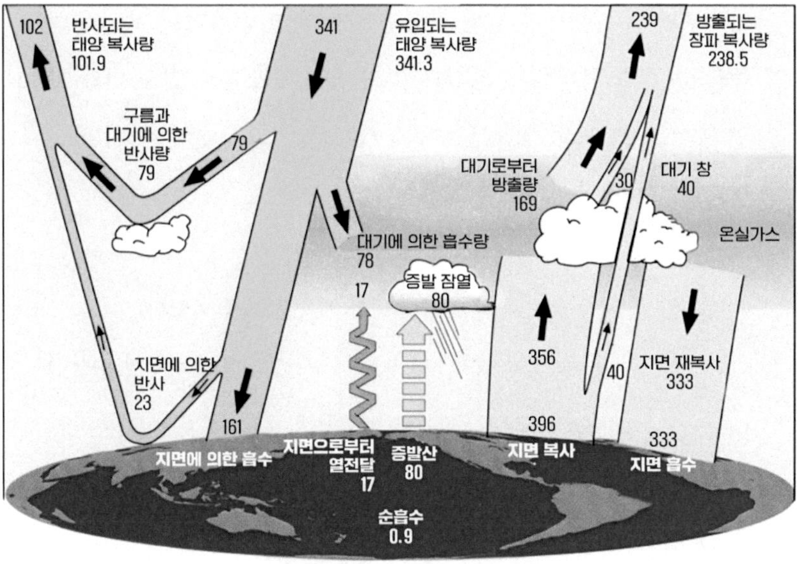

지구의 에너지 흐름(단위: W/m²)

그림 20.

들어오는 태양 복사와 나가는 장파(적외선) 복사의 다양한 흐름이 밝혀져 있지만, 이 모든 흐름을 정확하게 정량화하는 것은 간단한 문제가 아니다. 이러한 흐름 대부분은 눈에 보이지 않으며, 이를 측정하려면 계측기가 필요하다. 대기에서 온실가스의 재복사량(Back Radiation)은 유입되는 태양 복사 총량만큼 크다는 점에 주목해야 한다. 여기서 일어나는 재복사는 태양 복사의 영향을 최대로 확대하여 지구 온도를 33°C까지 상승시킨다. 또 대기와 지표면에 흡수되는 유입 복사의 총량은 나가는 장파 복사의 양(235W/m^2)과 같다. 이것은 온난화 또는 냉각화가 일어나지 않는 상태에 해당하며, 온난화에서 냉각화로 또 반대로 전환되는 현상이 매번 발생할지도 모른다.* 지구는 생명이 존재했던 대부분 시간보다 지금이 이미 더 냉각되었지만, 위기론자들은 지구는 앞으로 절대로 다시 냉각되는 일이 없다고 우리를 믿게 하려고 한다. 이 다이어그램을 통해 미래 기후를 예측하는 것은 어려울 뿐만 아니라 거의 불가능하다는 것을 알 수 있다(Trenberth, et al.**).

* J. T. Kiehl and K. E. Trenberth, (1997), "Earth's Annual Global Mean Energy Budget" Bulletin of the American Meteorological Association, 78: pp197-208.

** K. E. Trenberth, et al., "Estimates of the global water budget and its annual cycle using observational and model data," Journal of Hydrometeorology, 8:758-769, 2009.

IPCC가 언급한 "미래에 대한 예측은 어렵다"는 매우 정확한 표현이다. 하지만 기후모델에 이미 수십억 달러가 지출되었고, 거의 대부분의 기후 모델은 실제 일어난 것보다 크게 과장된 것으로 입증되었다. 그 엄청난 돈은 IPCC가 언급한 요소들로 인해 미래 기후 예측을 할 수 없는 모델보다는 기후변화 그 자체에 좀 더 생산적으로 사용될 수 있었을 것이다.

> 예측은 매우 어렵다. 특히 미래에 대한 예측은 더욱 어렵다.
>
> – 닐스 보어(Niels Bohr), 1922년 노벨 물리학상 수상자

이산화탄소와 지구의 녹색화

한편 이산화탄소는 기후위기론자들에 의해 '오염물질'로 낙인 찍혔다. 심지어 오바마 대통령 때는 미연방환경보호청(USEPA)에 의해 법정 '오염물질'로 지정되었다. 그 외 여러 국가는 이산화탄소를 기후와 문명에 크게 나쁜 영향을 주는 물질로 취급하고 있다. 하지만 이산화탄소는 생명의 보조자 또는 생명의 본질이며, 우리가 지구 대기의 이산화탄소 농도를 증가시킴에 따라 식물이 살아가는 데 매우 긍정적인 요소임이 증명되고 있다. 이러한 부분이 이산화탄소 증가에 대한 논쟁에서 매우 주요한 쟁점이 되는 것이다. 이산화탄소의 증가는 전적으로 부정적인가? 일부는 부정적이며 일부는 긍정적인가? 아니면 전적으로 긍정적인가? 나는 후자의 사고 진영에 있으며 나는 긍정적인 측면에 대해 자신 있게 주장할 수 있다고 믿는다.

인간의 배출로 증가한 대기 이산화탄소 농도가 촉진한 '지구의 녹색화'는 제법 오랜 기간 알려져 왔다. 단지 170년 동안의 기후 변화를 근거로 해서 이산화탄소는 지구온난화의 원인이고 '기온 조절 스위치'라는 완전히 부정적이라는 증명되지 않은 가설이 있을 뿐이다. 이와 반대로, 이산화탄소의 '지구 녹색화' 효과는 의심할 여지 없이 사실로 입증되었으며, 이는 컴퓨터 모델, 거짓 합의, 조작된 '이야기'와는 달리 실제 관측에 기초한다.

이산화탄소 농도의 증가로 인한 식물성장 변화에 관한 최고 실험 중 하나는 웹사이트 CO2science.org의 설립자인 셔우드 이드소(Sherwood Idso)에 의해 실시되었다(그림 21).

그림 21.

나무 네 그루가 플라스틱 울타리 안에서 각기 다른 이산화탄소 농도를 제외하고는 모두 같은 조건에 따라 재배되었다. 이는 우리가 거의 기아 상태의 대기 이산화탄소 농도를 약 50%가량 증가시켜(280ppm에서 415ppm으로) 지구가 푸르게 변한 이유를 설명하고 있다. 이 실험을 통해 이산화탄소가 더욱 최적의 수준으로 계속 상승함에 따라 나무, 식량 작물, 기타 식물이 훨씬 더 많이 성장할 여지가 있다는 것을 알 수 있다. 835ppm 정도의 이산화탄소 농도는 나무들이 385ppm일 때보다 두 배 이상 자랄 수 있게 해준다. 이 사진은 대기 이산화탄소가 약 385ppm이었던 2009년에 촬영되었다.

지구가 '녹색화(식물의 바이오매스 증가)'되고 있다고 발표한 최초의 과학기관은 2013년 호주 연방과학산업연구기구(CSIRO: Commonwealth Science and Industry Research Organization)였다(그림 22).[35] 이는 미국의 항공 우주국(NASA:National Aeronautics and Space Administration)에서도 확인되었다(그림 23).[36] 최근에 이루어진 이 두 기관의 공동연구는 인간에 의한 배출로 대기에 증가한 이산화탄소는 전 세계적으로 이전 추정치의 거의 두 배인 31±4%가량 바이오매스를 증가시켰다고 결론지었다.[37]

이산화탄소가 지난 170년 동안 지구 평균 기온을 1.0℃ 상승시킨 주요 원인이라는 것을 인정하더라도(무엇이 원인이든 기온이 상승한 것은 좋은 것이다), 증가한 이산화탄소가 식량 작물과 나무의 성장, 그리고 기타 많은 자연환경에 미친 영향이 훨씬 더 유익하다. 하지만 기후위기론자들은 『뉴 사이언티스트(*New Scientist*)』 잡지의 터무니없는 다음 기사와 같이 녹색화를 무시하고, 깎아내리고 심지어 비난하기까지 한다.

> 천천히 따져보자. 프린스턴대 생물학자 이라클리 롤라제(Irakli Loladze)에 따르면, 우리는 이산화탄소 수치가 증가함에 따른 잠재적인 파괴적 결과를 간과했을지도 모른다. 이산화탄소가 식물에는 요긴한 것일 수 있지만, 더 높은 가스 수치는 인간이 영양실조에 걸리는 대유행 병을 일으킬 수도 있다.

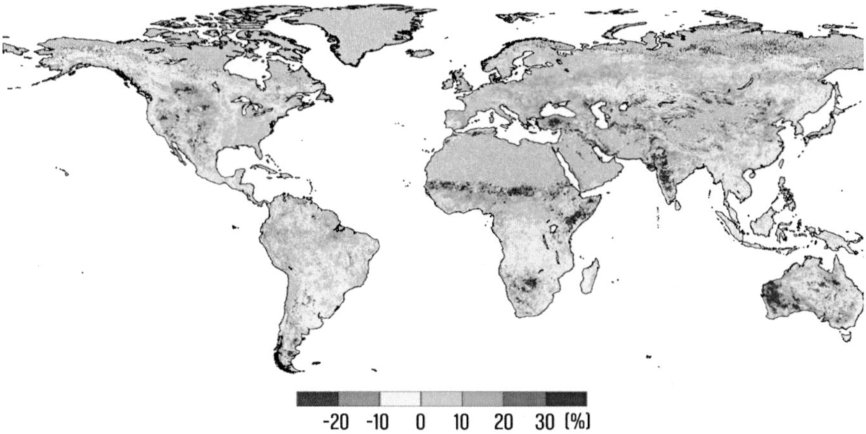

그림 22.

호주 연방과학산업연구기구(CSIRO)에서 발표한 1982~2010년 사이 지구 전반에 걸쳐 나타난 녹색화 정도. 대기 이산화탄소가 계속 증가함에 따라 우리는 전 세계 식물의 바이오매스가 계속 증가하는 것을 기대할 수 있다.

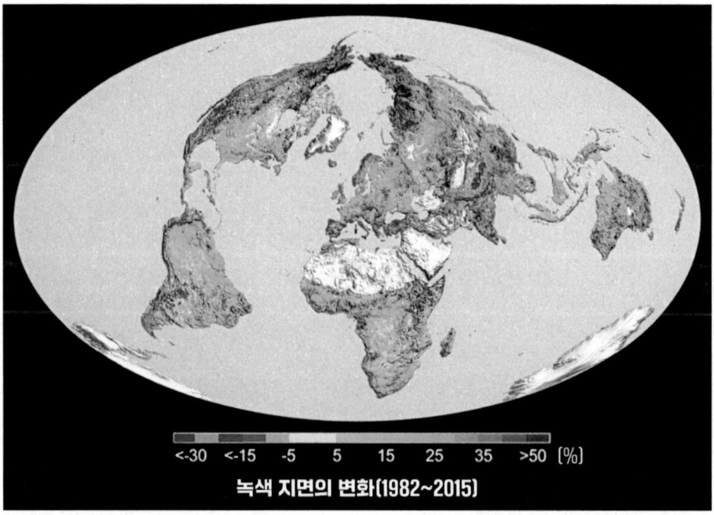

그림 23.

인간의 배출로 대기 이산화탄소 수치가 더 높아져 식물의 성장이 증가한 광대한 지역을 표현한 미국 NASA의 녹색화되는 지구. 초록이 무성한 지구는 생명체가 더 풍요로운 세상이다.

첫째, 이는 황당한 소리다. 정말 빨리 자라는 식물은 단지 더욱 많은 먹거리만 제공할까? 실제 그렇지만, 여기서는 그 양이 문제가 아니다. 롤라제는 우리가 이러한 식물들이 제공하는 먹거리의 질을 깊이 우려해야 한다고 생각하고 있다. 그의 분석에 따르면, 이산화탄소가 높은 환경에서 자라는 작물은 영양학적으로 아무것도 없으며, 철, 아연, 셀레늄, 크롬과 같은 필수 미량 영양소가 없다. 만약 롤라제의 말이 맞다면, 우리는 어디든 사방에 먹거리는 있지만 먹을 것이 없는 세상으로 향하고 있다는 말이다.[38]

앞에 나온 기사는 오래전 타블로이드판에 실렸던 『사이언스(*Science*)』 지의 완전한 가짜 뉴스이다. 20여 년 전 『내셔널 지오그래픽(*National Geographic*)』에 과학적 증거도 없이 대멸종이 시작된다고 했던 기사와 별 차이가 없다. 어떤 식물이든 '필수 영양물질이 결핍되면' 필수 영양물질의 부족으로 빨리 죽게 될 것이다. 모든 식물과 동물들은 인간과 마찬가지로 필수 영양물질이 필요하다. 증가한 이산화탄소가 식물들을 더 빨리 자라게 할 때 식물들이 더 많은 다른 영양물질이 있어야 하는 것은 사실이다. 그래서 숙련된 농부들이 하는 것처럼 식물에 더 많은 영양분을 제공해야 한다. 그것이 바로 '비료'에 들어있는 것이다. 만약 식물에 특정한 필수 영양물질, 예를 들어 질소를 주지 않는다면, 그 물질은 성장 제한 요소가 된다. '제한 요소'라는 개념은 생물학에서 가장 중요한 원리 중 하나다. 철과 같은 필수 미네랄과 베타카로틴과 같은 필수 영양소는 식물이나 동물에게 제공되어야 한다. 그렇지 않으면 식물이나 동물이 자라지 않을 것이다. 만약 단 한 가지를 제외한 다른 모든 영양물질을 과잉 공급한다면, 그 부족한 영양물질은 성장을 제한하는 요소가 된다.

왜 이 주장이 거짓인지 더 쉽게 설명할 방법이 있다. 만약 이 주장이 사실이라면, 상업적인 온실에서 생산된 모든 먹거리는 '영양가가 없을 것'이다. 나는 앞에서 온실 농가에서 수확량을 최대로 하기 위해서는 이산화탄소 농도를 800~1200ppm으로 높이는 것이 일반적인 재배 과정이라고 언급했다. 이 수치는 현재 대기 이산화탄소 농도의 2~3배에 해당한다. 이 경우, 재배 농가에서는 식물이 더 빨리 자라고 더 많은 먹거리를 생산할 수 있도록 필요한 영양물질의 함량을 높이기 때문에 온실 재배 작물의 인체 영양가는 손실이 없다. 다음은 전문 영양사가 토양 없이 수경 재배되는 온실 작물에 대해 말한 것이다.

> 수경 재배된 야채가 전통방식으로 재배된 것보다 영양가가 높고 낮음에 관해 일반화하는 것은 불가능하다. 다시 말하면, 영양가가 높고 낮음의 일부는 재배종에 따라 달라질 것이고, 일부는 성장 배양액에 달려있다. 수경재배에서는 배양액의 영양물질 농도를 높임으로써 야채의 영양소 함량을 실제로 증가시킬 수 있음을 나는 강조하고 싶다.

전통 농법이든 수경재배든, 이러한 영양물질의 많은 것들은 일단 농산물이 수확되고 나면 감소하기 시작한다. 앞서 유기농 농산물에 대해 언급한 적이 있듯이 이는 수경 농산물도 동일하게 적용된다. 농산물의 신선도는 그것이 재배된 방법보다 사용된 영양물질의 질에 더욱 많은 영향을 받을 수 있다. 소비자가 사는 지역에서 수경 재배로 생산된 상추나 토마토는 운반에 일주일씩이나 소요되는 전통 농법이나 유기 농법보다 생산에서 소비까지 걸리는 시간이 짧기 때문에 영양가가 더 높을 수 있다.[39]

따라서 진실은 토양 없이 온실에서 재배된 먹거리도 충분한 영양 물질만 공급하면 실제로 더 좋은 영양가를 함유할 수 있다는 것이다. 오늘날, 야외 농지에서 재배하는 농부들은 지난 150년 전보다 거의 50%나 증가한 이산화탄소의 혜택을 받고 있는데, 이는 작물의 수확량을 약 30% 증가시킨 것으로 해석된다. 이는 생산자와 소비자 모두에게 대단히 바람직하다.

식물의 성장이 빨라지는 것만이 공기 중의 더 많은 이산화탄소로 인한 유일한 혜택은 아니다. 높은 농도의 이산화탄소는 식물이 물을 더욱 효율적으로 사용하게 한다. 1850년경 이산화탄소 농도가 약 280ppm이었을 때, 식물들은 성장에 필요한 이산화탄소를 섭취하기 위해 부단히 애를 써야 했다. 그처럼 낮은 수치는 식물이 공기로부터 이산화탄소를 섭취하는 기공(Stomata)이라는 구멍을 잎에 더 많이 만들어야 했다. 기공은 증산(Transpiration) 과정을 통해 식물이 수분을 대기로 방출하는 곳이다. 이산화탄소가 높을 때는 식물이 기공 수를 적게 만들고 기공을 자주 닫는다. 이렇게 되면 수분 손실이 줄어든다. 결과적으로 식물은 이산화탄소 수치가 낮을 때는 너무 건조해서 살 수 없었던 곳에서도 생존 가능하게 된다. 오늘날 전 세계 많은 지역이 이전에는 식물이 살 수 없을 정도로 매우 건조했지만, 이제는 초원과 야생 숲으로 바뀌고 있다.[40] 물론 이 또한 기후위기론자들에게는 부정적인 변화로 보여져 왔다.[41] 그들이 단순히 자연의 변화를 반대하는 것처럼 느껴질 수 있다. 하지만 그들은 다른 목적 때문에 부정적이다. 그들은 현재 우리가 신뢰할 수 있고 저렴한 화석연료로 공급되고 있는 총 에너지의 80%를 포기하고 이를 풍력과 태양광과 같은 불안정하고 값비싼 에너지로 대체하는 것을 원하기 때문이다. 그들의 계획은 너무 치졸해서 당연히 반대해야 한다.

녹화 추세의 매우 흥미로운 것 중 하나는 세계에서 인구가 제일 많은 두 국가, 중국과 인도가 세계 바이오매스(생체량) 증가에 가장 크게 기여하고 있다는 것이다.[42] 이는 주로 나무 심기와 식량 작물 생산을 통해 이루어지고 있다. 중국의 녹화는 과거 벌채되었던 삼림에서 이루어지는 대규모 식목 사업에 의한 것이다. 또 두 나라 모두 많은 인구를 먹여 살리기 위해 집약 농업을 시행하는 것도 기여하고 있다. 물론 이산화탄소의 상승은 대부분 식물을 이전보다 훨씬 더 빨리 자라게 함으로써 이 모든 인간 활동(식목과 집약 농업)의 효과를 증폭시킬 것이다(그림 24).

그림 24.

중국과 인도가 지구 녹화에 가장 크게 기여하는 것으로 확인된다. 이는 식목과 집약 농업, 그리고 이산화탄소 시비효과가 복합적으로 작용했기 때문이다. 이러한 것들에 더해, 지난 300년 동안 지구 평균 기온이 약 1.0℃ 상승한 것도 긍정적인 요소다.

제 4 장

지구의 **기후 역사**가 교활하게 조작되었다

Fake Invisible Catastrophes and Threats of Doom

지구의 고기후는 남극대륙과 그린란드에서 채취한 빙핵과 심해 퇴적물을 이용하여 최대 5억 7천만 년 전까지 추정할 수 있다. 또 지구 공전궤도, 자전축, 세차운동의 주기로 수백만 년 전까지, 인류 문명사로 수십만 년 전까지 비교적 정확하게 밝혀낸다. 하지만 기후위기론자들은 가짜 재앙을 만들기 위해 기후 역사를 교활하게 조작했다. 그 조작의 내막을 폭로한다.

지구에 생명체가 얼마나 오래 존재했는지 그리고 현재 우리는 기후 역사에서 어디쯤 있는지에 대해 아는 것이 매우 중요하다. 이를 진지하게 연구해본 사람이라면 누구라도 지금 우리는 장구한 지구의 기후 역사에서 매우 추운 시기에 살고 있다는 사실을 알게 된다. 지금은 홍적세(Pleistocene) 빙하기에 있지만, 대부분 기후위기론자들은 우리가 홍적세 빙하기는 이미 끝났고 지구는 대재앙 수준으로 더워질 것이라고 믿어주길 바란다.[1] 하지만 그들이 만들어낸 가상 소설은 전혀 타당성이 없다.

홍적세 빙하기 - 지구의 거대한 냉각

홍적세 빙하기(Pleistocene Ice Age)는 공식적으로 에오세 최대 온난기(Eocene Thermal Maximum) 이후 5천만 년의 냉각기를 거쳐

260만 년 전에 시작됐다. 260만 년은 지질학적으로 비교적 짧은 기간이지만, 수천만 년은 지질학적으로도 상당한 기간에 해당함에 주목할 필요가 있다. 46억 년 전 지구가 형성된 이래로 460번의 천만 년이 흘렀고 생명체가 처음 등장한 지 최소 350번의 천만 년이 지났다. 기후위기설과는 반대로, 우리는 지금 여전히 홍적세 빙하기에 있으며 언제 끝날지 전혀 알 수 없다. 만약 빙하기에 대한 증거가 필요하다면 남극과 북극이 거대한 빙하로 덮여있고 바다도 얼어있다는 것을 참고하면 된다. 사실, 우리가 홍적세에서 비교적 짧은 기간의 많은 간빙기 중 한 시기에 있지만, 그렇다고 하더라도 우리는 대부분의 지구 역사와 비교하면 여전히 기록적으로 기온이 낮은 시기에 살고 있다.

30년 전, 우리는 시대를 앞서가는 많은 지식인으로부터 극지방의 만년설은 얼마 가지 않아(지금보다 훨씬 전) 녹아버릴 것이라는 말을 들었다. 하지만 만년설은 지금까지 녹지 않았고 가까운 시기에도 분명 그런 일은 일어나지 않을 것이다. 이 장의 후반부에서 우리는 훨씬 더 많은 시간을 거슬러 올라갈 것이다. 그러나 지금은 지난 5천만 년 동안 지구가 지속적으로 상당히 냉각되어왔다는 사실을 아는 것이 중요하다. 이것은 우리가 기후위기론자들로부터 들어온 주장과는 완전히 반대되는 것이다. 그들은 현재 진행되고 있는 약간의 온난화 과정을 '기후 비상사태' 또는 '기후위기'라고 선언하고, 앞으로 우리가 지금처럼 계속 간다면 생명의 종말이 올 것이라 예측하고 있다. 기후위기론자들이 지금의 지구가 너무 덥다고 하는 것은 아이러니하다. 이유는 오늘날 우리가 살고 있는 시기는 지구상에 생명체가 존재한 대부분 기간보다 실제로 더 추울 뿐 아니라, 역사적으로 생명체는 지금처럼 추운 시기보다 상대적으로 더 따뜻했던 시기에 훨씬 잘 번창했기 때문이다.

그림 25의 그래프는 가장 악명 높은 기후위기론자 중 한 사람인 제임스 한센(James Hansen)이 2008년에 만든 것이다.[2] 나는 그가 이러한 기후 역사를 이해하면서도 어떻게 지구가 온난화 대재앙을 향해가고 있다고 지금까지 계속 설파하고 다니는지 결코 이해할 수 없다. 하지만 그래프 자체는 아주 이해하기 쉽다. 5천만 년에 걸친 냉각기가 이어지면서, 생명체는 수천만 년 동안 지구 어느 곳에도 얼음이 없었던 시기부터 높은 산에는 보통 만년설이 있고 양쪽 극지방에는 연중 얼음이 덮여 있는 오늘날까지 계속되고 있다.

남극 빙하는 남반구가 북반구보다 수백만 년 더 빨리 냉각되면서 약 3천3백만 년 전에 생성되기 시작했다. 주원인은 남반구가 북반구에 비해 육지가 적고 바다 면적이 훨씬 넓기 때문이다. 이후 8백만 년 동안 약간의 온난화가 있었고, 다음 1천만 년 동안은 변화가 없었고, 마지막 1천2백만 년은 기온이 급감하면서 홍적세 빙하기로 들어갔다.

북극보다 훨씬 추운 남극을 보자. 남극은 오늘날보다 약 6°C 더 따뜻할 때 얼기 시작했다. 그래서 기온이 2°C 정도 상승한다고 해서 남극대륙이 녹아내릴 일은 없다. 남극대륙은 극지방을 순환하는 한류(온도가 낮은 해류)로 둘러싸여 있고, 그 한류는 북쪽에서 내려오는 난류가 대륙 가까이 오지 못하게 한다. 앞으로 북극에서

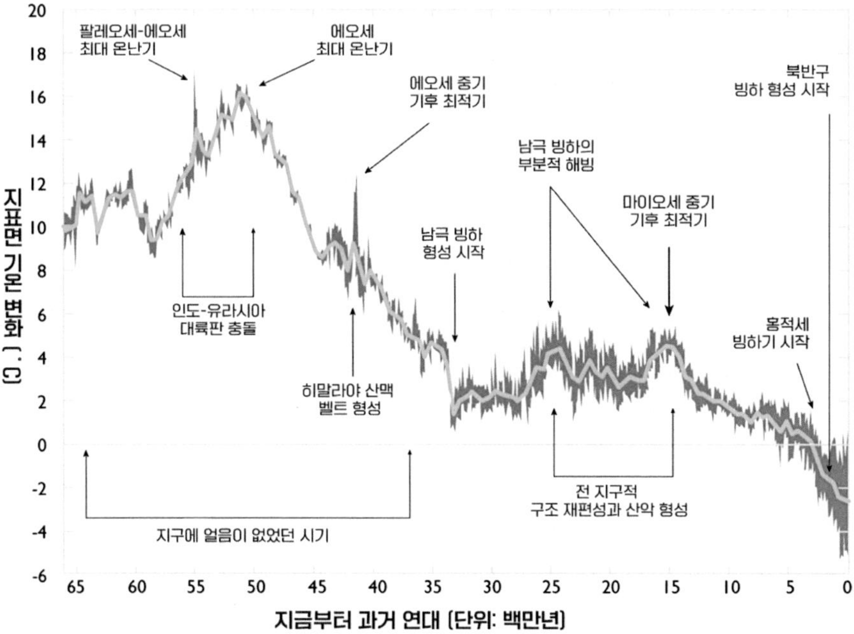

그림 25.

카루 빙하기(Karoo Ice Age)가 끝난 이후부터 남극 빙하가 시작된 3천3백만 년 전까지, 지구에는 2억 년 넘게 얼음이 전혀 없었다. 기온은 현재 기준으로 한 차이다. 지금의 홍적세 빙하기는 약 260만 년 전 북극이 얼면서 시작되었다. 1850년부터 지금까지 1.2℃의 매우 약한 온난화는 행성의 긴 역사에 비하면 하찮은 것이다.*

* Hansen, et al., "Target Atmospheric CO2: Where Should Humanity Aim?, "The Open Atmosphere Science Journal," 2008, 2, pp217-231.

얼음이 더 녹을 수는 있다. 하지만 앞으로 다가올 세기에 남극이나 북극에서 얼음이 없어진다는 것은 사실상 불가능한 이야기다.

지구가 지금의 홍적세 빙하기 수준으로 추웠던 이전 시기는 카루 빙하기의 끝 무렵에 해당하는 약 2억 6천만 년 전이었다. 이후 간빙기 동안 1억 4천5백만 년 전의 짧은 냉각시기를 제외하면 지구는 불가마 시대(Hothouse Age)에 있었다. 이 시기에는 남북극에 얼음이 전혀 없었고 극지방의 땅은 숲으로 덮여 있었고 따뜻했다. 카루 빙하기는 3억 6천만 년 전부터 2억 6천만 년 전까지 약 1억 년 동안 지속됐다. 홍적세 빙하기 또한 그렇게 오래 지속되지 않을 것이라는 보장은 없다. 우리는 빙하기에 관해서 미래 기후를 쉽게 예측할 수 없다. 빙하기는 역사적으로 일정한 패턴이 없다. 일부 사람들은 지각판의 이동이 해류를 변화시키고, 그로 인해 열 분포 패턴이 바뀌는 것이 원인이 될 수 있다고 생각한다. 하지만 이것이 확실한 정설은 결코 아니다.

홍적세에 있었던 가장 가까운 시기의 최대 빙하는 북미 대륙 전체에 걸쳐 지금의 미국과 캐나다 국경 남쪽까지 뻗어 있었다(그림 26). 이 거대한 빙상(Ice Sheet)은 오늘날 남극대륙의 빙상과 거의 같은 크기였다. 2만 년 전에 최고조였던 이 빙하기 동안 지금의 보스턴과 몬트리올이 각각 1.25km와 3.3km 두께의 얼음 아래 있었다(그림 27). 그 이후부터 홀로세라 불리는 지금의 간빙기가 시작될 때까지 있었던 지구의 기후변화에 비하면 지금 일어나고 있는 변화는 전혀 아무것도 아니다. 약 7,000년 전 저위도와 중위도의 모든 빙하가 녹자 해수면은 120m 상승했다. 그 후 해수면은 홀로세 간빙기 중 지난 7,000년 동안 비교적 작은 기온 변동으로 몇 10cm씩 위아래로 오르내렸다(그림 29). 빙하기 정점에서 이 간빙기로의 변화는 진짜 인정할 만한 기후변화였다. 1850년 이후 1.2°C의 기온 상승으로 인해 발생한 이 간빙기 동안의 오르내림은 정말 사소한 현상의 작은 부분에 지나지 않으며 아주 정상적이다.

많은 사람은 2만 년 전에는 북아메리카의 반 이상을 뒤덮었던

그림 26.

2만 년 전 마지막 빙하기가 최고조에 달했을 때 캐나다 전역과 미국 북부 국경 전 지역을 뒤덮었던 빙상을 표현한 것. 당시 해수면은 120m 아래였기 때문에 인간이 신대륙에 처음으로 이주할 수 있게 했던 베링 육교(Bering Land Bridge)가 수면 위로 드러났다(그림 28 참고).

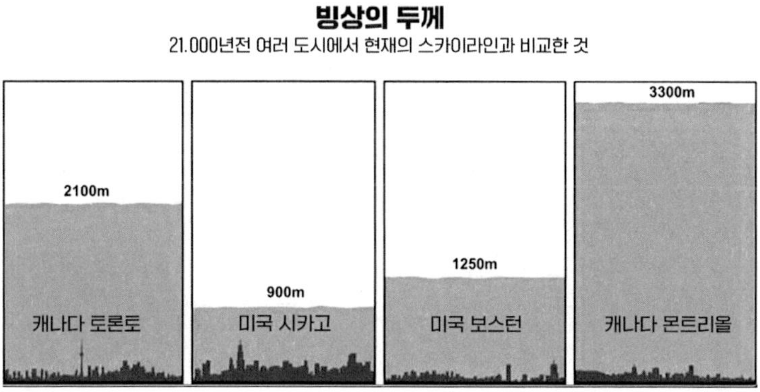

그림 27.

현재 북미 4개 도시의 2만 년 전 빙상의 두께를 표현한 것. 도시의 스카이라인이 진짜 기후변화가 어떤 것인지 잘 보여준다.

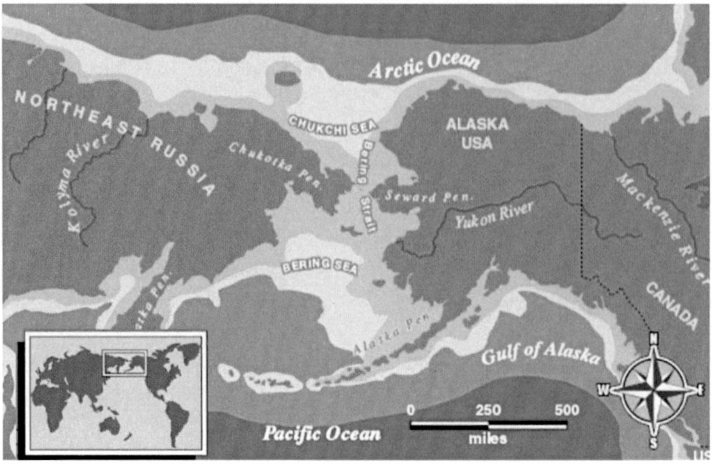

그림 28.

2만 년 전에 있었던 마지막 최대 빙하 시기의 베링 육교 지도. 당시 사람뿐만 아니라 순록(Caribou), 얼룩이리(Timber Wolf), 북미 큰 사슴(Moose), 갈색곰(Grizzly Bear)도 아시아 대륙에서 아메리카 대륙으로 이주함. 아메리카 대륙의 생물종인 말과 낙타는 아시아 대륙으로 이주함.

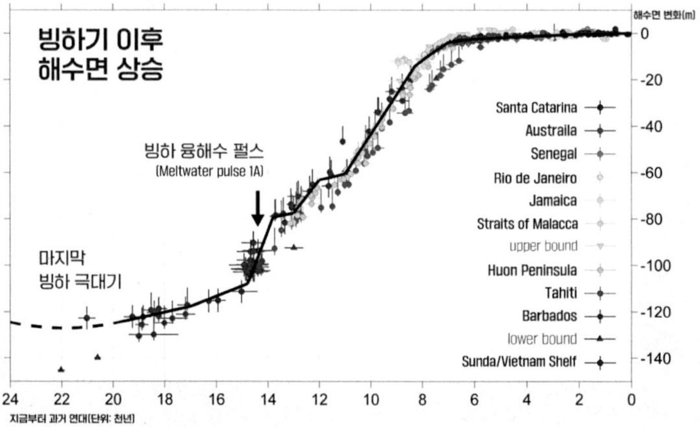

그림 29.

지금부터 가장 가까운 빙하 극대기 이후에 120m 해수면 상승. 이후 지난 7000년 동안 지구의 해수면은 여러 차례의 기온 변화에 따라 소소한 오르내림이 반복되었다.

얼음이 이후 녹아내렸고, 우리는 지난 1만 년 동안 따뜻한 간빙기에 있었기 때문에 이제 홍적세 빙하기가 끝났다고 믿는다. 이렇게 믿는 것은 가장 최근의 빙하 극대기(LGM: Last Glacial Maximum)와 홍적세 빙하기를 혼동하기 때문이다. 지난 260만 년 동안 지구에서 그래왔던 것처럼 홍적세 빙하기(Ice Age)에 있었던 45개의 빙하 발생(Glacial Advance) 중 가장 마지막 것이다. 실제로 홍적세 빙하기는 지금도 왕성히 진행 중이다. 그러므로 '마지막 빙하의 발생(빙하 극대기)'은 '빙하 발생의 끝'을 의미하는 것이 아니고 단지 '가장 최근의 빙하 발생'이라는 점을 유의해야 한다.

기후에 관해서 소위 권위자라는 많은 사람이 홍적세 빙하기가 끝났다고 주장하는 것은 말이 안 된다. 캘리포니아대 고생물학 박물관(University of California, Museum of Paleontology)에 있는 아래의 인용문을 이용하여 그들은 의도적으로 '빙하기(Ice Age)'와 '빙기(Glacial Period)'를 혼동하게 만든다.[3]

> 홀로세는 지구 역사에서 지금과 가장 가까운 11,700년 동안에 붙여진 이름이다. 이 기간은 마지막 빙하 기간(Glacial Epoch) 또는 '빙하기(Ice Age)'가 끝난 이후를 말한다. 이 기간에는 소규모 기후변화가 있었지만, 일반적으로 홀로세는 빙하기 사이에서 비교적 따뜻한 기간으로 계속되어오고 있다.

첫째, 그들은 '마지막 빙하 기간(Glacial Epoch) 또는 '빙하기(Ice Age)'를 지칭한다. 그런데 그들이 이 기간을 빙하기 전체를 말하는 것인지, 아니면 홍적세 빙하기에서 가장 최근에 있었던 빙하 극대기를 말하는 것인지는 알 수 없다. 그러더니 그들은 "홀로세는 빙하기(Ice Age) 사이에 비교적 따뜻한 시기였다"라고 언급하고 있다. 이것은 지금의 이 간빙기 이후 또 다른 '빙하기'가 올 것이라고 분명히 암시한다. 이 홀로세 간빙기는 그 이전에 있었던 약 44 차례의 간빙기와 근본적으로 다르지 않기 때문에 이렇게 말을 하면 안 된다. 홀로세처럼 과거 몇 차례의 간빙기는 이름이 붙여졌다. 또한, 그 저자들은 '빙기(Glacial Period)'를 언급할 때 '좀 더 긴 빙하 기간(Glacial Epoch)'이라는 단어를 잘못 사용한다. 홍적세 빙하기(Ice Age)는 긴 빙하 기간(Epoch)이지만 그 기간에 있었던 빙하 발생(Glacial Advance)은 그렇지 않다. 그것들은 홍적세 빙하기 내의 여러 번 반복되는 사이클이다.

기후위기론자들은 1920년대 동유럽 세르비아 천문학자 밀루틴 밀란코비치(Milutin Milankovitch)의 위대한 발견에 관해 거의 언급하지 않는다.[4,5] 그는 가스로 둘러싸인 거대한 행성들(특히 목성과 토성)의 위치에 따른 중력 효과는 지구 운동 패턴의 세 가지 주요 요소에 규칙적인 사이클을 유발한다고 판단했다.

- 태양 주위를 도는 100,000년 주기의 지구 공전 궤도 변화. 궤도는 타원형에서 원형에 가까운 모양으로 변하기 때문에 태양으로부터의 거리가 달라진다.
- 태양에 대한 지구 축의 기울기 또는 '각도'는 22.1~24.5도로 변하며 41,000년의 주기를 갖는다. 이로 인해 극지방을 향하

는 태양 복사가 다소 차이 난다.

- 지구가 자전하면서 축을 중심으로 흔들리는 세차운동이 26,000년 주기로 일어난다. 이것은 북극성(North Star)도 항상 그 자리에 있지 못하고 다른 별들이 차례대로 그 자리를 차지하게 된다는 것을 의미한다.

이 중 첫 번째 두 사이클은 홍적세 동안 일어난 지금의 기후 사이클과 관련이 있다. 1970년대부터 1990년대 중반에 러시아, 일본, 유럽연합, 덴마크를 포함한 여러 나라 과학자들로 구성된 연구팀들이 남극과 그린란드에서 심층 빙핵을 채취하기 시작하면서 밀란코비치의 이론에 관심을 갖게 되었다. 이들이 채취한 빙핵들로부터 다양한 요소들(특히 온도, 이산화탄소, 메탄)의 과거 상태가 결정될 수 있었다. 남극대륙의 빙핵은 깊이 3,000미터 이상 굴착됐으며, 이것으로부터 80만 년 동안의 남극 기후와 이산화탄소의 과거가 밝혀졌다. 이러한 것들과 다른 요소들의 시간적 주기는 밀란코비치의 지구 공전 궤도 10만 년 이심률(Orbital Eccentricity) 주기를 근접하게 따르고 빙하 최대 시기와 간빙기와도 일치한다는 것이 즉시 명백해졌다. 그때까지는 홍적세 빙하기 안에서 빙하가 발생하는 주기에 대한 명확한 설명이 없었지만 빙핵 관측치로 인해 태양 주위를 도는 지구 궤도의 형태 변화와 관련이 있다는 사실이 분명해졌다.

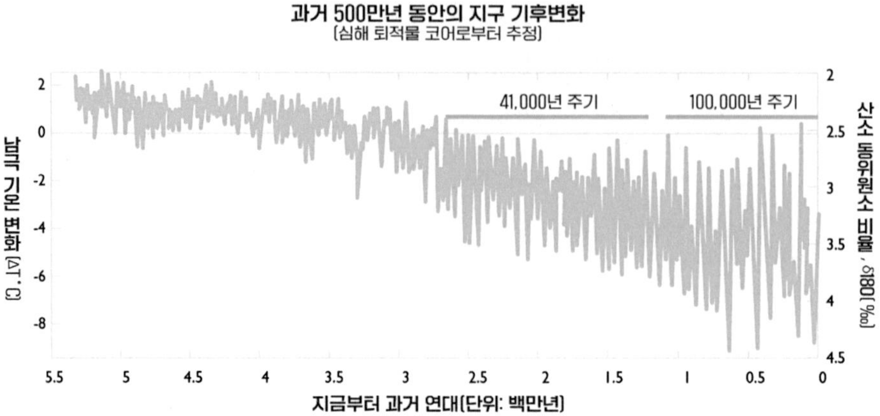

그림 30.

해양 퇴적물 코어의 플랑크톤 분석으로 만들어진 지구의 기온 그래프 기온은 남극 보스토크 빙핵 측정치 등가로 환산되었다. 홍적세 빙하기는 태양을 향한 지구축의 기울기가 변하면서 41,000년 주기의 최대 빙기(Glacial Maximum)로 시작됐다. 약 1백만 년 전, 최대 빙기는 태양 주위를 도는 지구의 공전 궤도를 따라 100,000년 주기로 바뀌었다. 왜 이런 변화가 일어났는지는 밝혀지지 않았다.

홍적세 빙하기 첫 160만 년 동안의 빙하 주기는 41,000년 간격이었다. 빙하 주기는 태양의 위치에 대한 지구축의 기울기 변화와 완벽하게 일치한다는 것이 5백만 년 전으로 거슬러 올라가는 해양 퇴적물 코어(Sediment Core) 분석을 통해 마침내 밝혀졌다. 궤도 변화 주기가 100,000년으로 전환된 것은 약 1백만 년 전이다(그림 30). 이 전환은 수많은 기후변화의 반복처럼 납득할 만한 설명이 없기 때문에 '홍적세 수수께끼(Pleistocene Conundrum)'로 알려져 있다.

수년 동안 기후위기론자들은 빙하 주기가 끝나면서 나타난 기온 상승이 시기적으로 함께한 이산화탄소 증가에 의한 것이라고 여겼다. 그들은 두 요인이 강한 상관관계를 보일 때, 상관성은 어떤 것이 원인이고 어떤 것이 결과인지 보여주지 않는다거나, 두 요인 사이에 아무런 인과관계가 없다는 것을 말해주지 않는다는 사실은 생각하지 못했다. 그들은 이산화탄소가 기온 조절 스위치라는 낭설의 중심에 있었기 때문에 그저 이산화탄소가 그 원인이라고 추측했을 뿐이다. 하지만 그들의 추측은 틀렸음이 드러났다.

실제로 이것은 앨 고어(Al Gore)의 영화 『불편한 진실(An Inconvenient Truth)』에서 가장 잘못된 정보의 핵심이었다.[6] 앨 고어는 각 주기에서 지구 기온이 6~8°C씩 오르고 내리는 빙하 주기에서 이산화탄소와 기온의 높은 상관관계가 잘 나타난 그래프를 가리키며 다음과 같이 말했다.

> 이산화탄소와 기온의 관계는 매우 복잡하다. 하지만 다른 모든 것보다 훨씬 더 중요한 관계가 하나 있다. 이산화탄소가 더 많으면 기온은 더 따뜻해진다. 왜냐하면 이산화탄소는 태양으로부터 나오는 열을 더 많이 내부에 가두기 때문이다.[7]

그는 심지어 초등학교 6학년 학생도 이 정도는 알아차릴 수 있는 것이라면서 그렇게 뻔한 결론에 의문을 제기하는 사람들을 조롱하면서 청중을 웃음바다로 만들었다.

당시 과학자들에게는 빙하 주기가 처음에는 41,000년 주기, 그 다음에는 100,000년 주기의 밀란코비치 이론과 일치한다는 것이 잘 알려져 있었음에도, 앨 고어가 그 영상에서 밀란코비치 이론을 언급하는 장면은 어디에도 없다. 앨 고어 역시 밀란코비치 이론에 대해 잘 알고 있었을 것이다. 하지만 그것은 이산화탄소와 기온의 관계에 있어 '매우 복잡한' 측면 중 하나이기 때문에 언급을 피했을 것이다.

이제 우리는 어떻게 지구의 공전 궤도와 기울기 각도의 작은 변화가 이러한 주기와 일치하며 이산화탄소가 100ppm 정도 오르내릴 수 있게 되는지 그 연관성에 대해 생각하게 된다. 하지만 태양으로부터의 거리를 차이 나게 하는 궤도의 변화가, 태양 복사가 지표면에 도달하는 위도를 달리하게 하는 자전 기울기의 변화와 함께하면서 지구의 기온 체계를 실제로 바꿀 수 있었다. 그리고 지구의 대기 온도 변화는 바다의 온도 변화를 유발하게 된다. 바다의 온도가 떨어지면 더 많은 이산화탄소를 흡수하고, 온도가 올라가면 더 많은 이산화탄소를 배출한다. 바다는 대기보다 약 45배나 많은 이산화탄소를 가지고 있기 때문에 바다의 이산화탄소 1% 정도의 작은 변화는 대기 이산화탄소를 대략 50% 정도를 변화시킨다. 밀란코비치 주기에 따라 발생하는 100ppm의 변화는 180ppm의 50%를 약간 넘고, 바다 이산화탄소의 1%를 약간 웃돌고 있다. 따라서 이러한 수치는 설득력이 있다.

기온이 원인이고 이산화탄소는 빙하 주기 동안에 일어나는 결과라는 이 가설에 대한 결정적인 증거가 있다. 그것은 남극대륙에서 채취한 빙핵 데이터를 상세하게 분석해보면 기온 상승은 이산화탄소가 증가하기 평균 800년 전에 일어난다는 사실이다. 인과관계의 법칙 중 하나는 결과는 절대로 원인에 앞서 나타나지 않는

그림 31.

남극대륙에서 채취한 빙핵이 보여주는 15만 년에서 10만 년 전까지 데이터. 빙하 극대기에 기온이 상승하여 에미안(Eemian) 간빙기로 넘어갈 때 기온 상승이 이산화탄소 증가보다 먼저 일어나는 것이 확실하다.

다는 것이다. 따라서 이산화탄소가 기온의 뒤를 따른다는 사실은 이산화탄소가 원인이 아니라는 점을 보여준다. 상당히 긴 지연 시간을 보이는 이유는 대기가 따뜻해지면 비교적 빠르게 일어날 수 있지만, 바다는 대기보다 1,000배나 많은 열을 함유하고 있기 때문에 식거나 더워지기까지 훨씬 더 오래 걸린다. 그림 31에 제시한 15만 년 전부터 10만 년 전의 빙핵 자료는 이산화탄소가 기온을 뒤따른다는 것을 분명히 보여준다.[8]

요약하자면, 260만 년 동안의 홍적세 빙하기는 이 기간 대기 이산화탄소 농도는 온난기와 냉각기 주기에 의한 기온과 평균 800년의 시차를 두고 바다가 방출하거나 흡수하는 현상에 의해 결정되었다는 충분한 증거를 제공한다(그림 31).

홀로세 간빙기

오늘날 우리는 홀로세 간빙기에 있다. 홀로세 간빙기는 마지막 빙하 극대기를 벗어나 약 10,000년 동안 기온 상승 후 11,700년 전에 시작됐다. 홀로세는 지구 역사의 0.00025%에 해당하며, 우리가 '인류문명'이라 여기는 거의 모든 것을 포함한다. 홀로세는 훨씬 오랜 기간의 홍적세 빙하기와 비교해 비교적 따뜻한 시기임에도 불구하고, 현생 인류의 대부분 역사에 비해 넓게 보면 여전히 추운 시기에 해당한다.

홀로세를 세부 단계로 나누는 여러 가지 방법이 있다. 여기서는 주디스 커리(Judith Curry) 교수의 블로그에 올린 두 논문에서 채택된 명명법을 사용할 것이다.[9,10] 그 논문들은 아주 좋은 그림들을 많이 사용하고 있을 뿐 아니라 잘 기술되어 있기 때문에 꼼꼼히 읽어 보기를 권하며, 그중 몇몇 그림은 이 책에도 사용했다.

홀로세 간빙기는 세 단계로 나눠진다. 급속한 온난화가 일어난 초기 2,000년, 이후 4,000년 동안 이어진 홀로세 기후 최적기(Holocene Climatic Optimum), 그리고 그 뒤를 이은 6,000년 동안의 신빙하기(Neoglacial)다. 또 퇴적물에서 채취한 꽃가루 지표에 따라 식물 생장 기간을 다섯차례로 나눈다: ① 선보레알(Pre-Boreal), ② 보레알(Boreal), ③ 아틀란틱(Atlantic), ④ 아보레알(Sub-boreal), ⑤ 아아틀란틱(Sub-Atlantic)(그림 32).

적어도 과거 몇 차례의 간빙기를 보면 빙하 극대기를 벗어나 약 10,000년 동안 기온이 상승하고 그 기간 초기에 간빙기 최대 기온

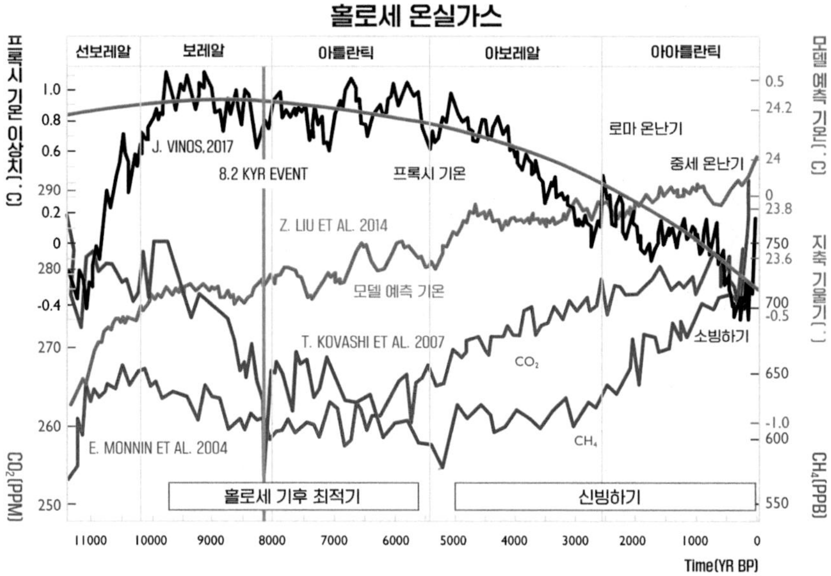

그림 32.

다소 복잡하긴 하지만 여기에는 홀로세 기간에 관한 많은 주요 정보가 있다. 검은색 선은 주로 해양 퇴적물 코어에서 밝혀진 기온을 나타내며, 이는 마르콧 연구진(Marcott et al)이 수집한 데이터를 비뇨스(Javier Viños)가 다시 분석한 것이다. 빙하 극대기 마지막에 온난화가 일어나는 기간이 선보레알(Pre-Boreal) 시기다. 기후 최적기는 보레알(Boreal)과 아틀란틱(Atlantic)이며 신빙하기(Neoglacial)는 아보레알(Sub-Boreal)과 아아틀란틱(Sub-Atlantic)이다. 지금까지 '온난화 대재앙' 낭설을 들었던 수많은 사람에게는 지난 5,000~6,000년 동안 기후 냉각이 계속되는 단계(Net Cooling Phase)에 있었고, 소빙하기(Little Ice Age)에서 벗어난 최근 겨우 300년 동안 온난한 시기에 있었다는 사실은 굉장히 놀라울 것이다. 그림의 빨간색 선은 대기 이산화탄소를 나타낸다. 기후 최적기가 거의 끝나가는 무렵부터 기온이 내려가기 시작했지만, 이산화탄소 농도는 260ppm에서 280ppm으로 증가했음을 보여주고 있다. 이것은 높은 이산화탄소 농도는 항상 높은 기온을 초래한다고 믿는 사람들의 예상과는 반대되는 것을 의미하기 때문에 이 현상을 홀로세 수수께끼(Holocene Conundrum)라고 한다. 하지만 이 현상은 지구 자전축의 기울기가 41,000년의 주기로 태양 일사량이 극지방을 향해 비추는 위도가 변한다는 것(그림의 보라색 선)과 아주 상관성이 있음을 보여주기 때문에 밀란코비치 이론에 적합하다. 파란색 선으로 표현된 메탄(CH_4)도 이산화탄소와 함께 증가하는 온실가스지만 온난화에 영향을 주지 못하고 있다. 그리고 녹색 선은 증가한 이산화탄소와 메탄이 지구온난화를 유발한다는 가정 아래 프로그램한 컴퓨터 모델이 당시 조건을 입력할 때 예측할 가능성이 높은 값을 나타낸다. 이산화탄소가 기후위기를 일으키고 있다는 주장을 따르는 사람들에게는 여기서 보여준 11,500년의 지구 역사는 매우 불편할 것이다.

* Javier, "Nature Unbound III: Holocene climate variability (Part A)," Climate Etc., April 30, 2017.

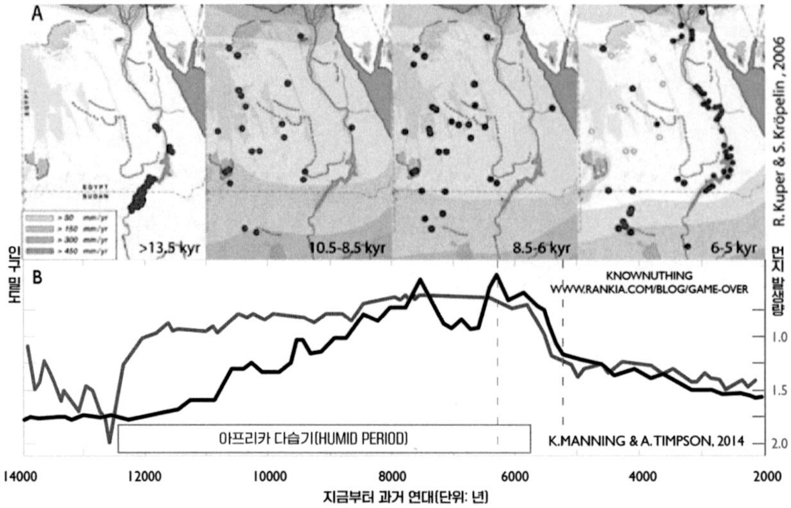

그림 33.

14,000년 전부터 2,000년 전 사이에 있었던 기후. 10,000년 전부터 6,000년 전까지의 기후 최적기 동안 최대 녹화 기간과 인구분포를 시기별로 보여주는 일련의 동부 사하라 지도를 주목하라. 빨간 점은 주로 가축 사육에 의존했던 정착지다. 신빙하기(Neoglacial)가 시작되면서 사하라는 이전 빙하기 동안 그랬던 것처럼 다시 사막이 되었다. 그러고 나서 당시 인구는 이집트 제국의 부상과 함께 나일강 계곡으로 몰려들었다. 이 그래프는 정착 생활로 인한 인구밀도는 검정색, 가축에 의한 먼지는 빨간색 선으로 보여준다.*

* Javier, "Nature Unbound III: Holocene climate variability (Part A)," Climate Etc., April 30, 2017.

에 도달하는 것이 일반적이다. 기후 최적기 동안 지구의 평균 기온은 오늘날보다 최소한 1°C는 더 따뜻했다. 그리고 적어도 지리적 차원에서 보면, 사하라 사막과 인접 지역들이 녹지였고, 지금과 가까운 6,000년 동안의 신빙하기(Neoglacial)보다 훨씬 습했다. 사하라 사막의 광활한 지역에 마을과 가축을 기르는 목동이 있었다(그림 33). '기후 최적기'라는 용어는 110,000년 전에 있었던 간빙기 이후 가장 쾌적한 기후였기 때문에 붙여졌다.

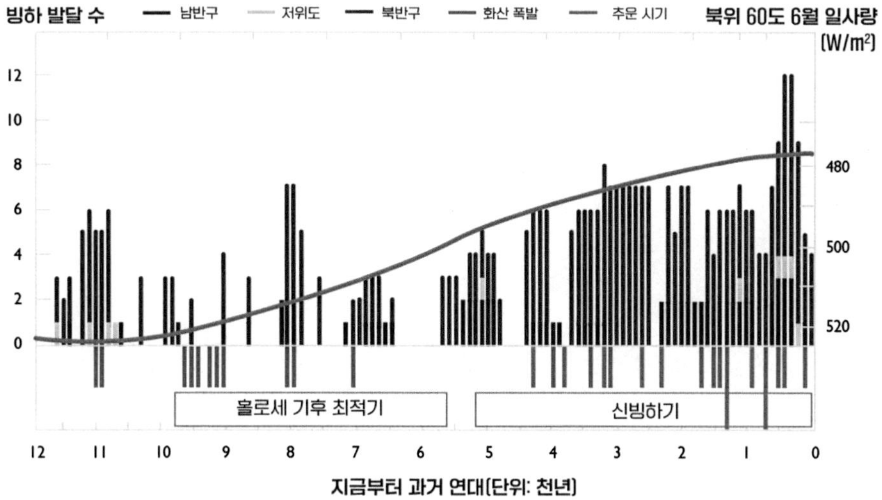

그림 34.

이 그래프는 지난 12,000년 동안 지구의 17개 주요 빙하 지역에서 100년 동안 빙하 확대가 발생한 횟수를 보여준다. 빨간색 막대는 북반구의 12개 구역을 파란색 막대는 남반구의 4개 구역, 노란색 막대는 저위도 1개 구역을 나타낸다. 회색 선은 지구축의 경사(기울어진 정도) 변화에 따른 북위 60도에서 태양의 일사량 변화를 보여준다. 지구축의 기울기와 빙하의 확대 사이의 상관관계는 놀랍다.*

*Javier, "Nature Unbound III: Holocene climate variability (Part A)," Climate Etc., April 30, 2017.

홀로세의 신빙하기는 비교적 안정적으로 온난했던 기후 최적기가 끝나고 있음을 나타낸다. 신빙하기는 홀로세가 시작된 이래 가장 추운 기간으로 기온이 점차 내려가는 것이 특징이다. 소빙하기는 바이킹이 남부 그린란드에 정착하여 농사를 지었던 중세 온난기 이후 찾아온 시기로 서기 1650~1700년경에 이르러 가장 추웠다. 우리는 지금 현대 온난기(Modern Warm Period)에 있지만, 오늘날은 홀로세 기후 최적기만큼 따뜻하지 않다. 이러한 사실은 그림 34의 빙하 발달 수가 신빙하기에 오면서 증가하는 것이 잘 보

중부 잉글랜드 기온 및 세계 이산화탄소 배출량(1659~2009)

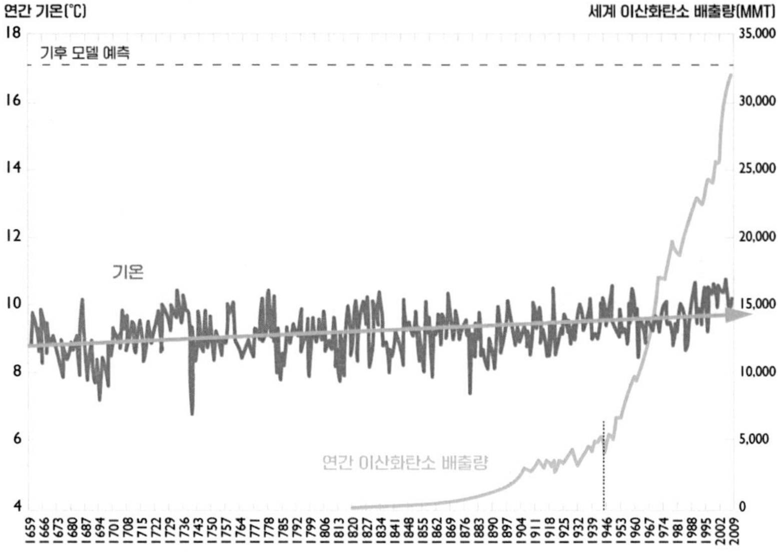

그림 35.

이 그래프는 영국 잉글랜드 중부지역에서 가장 오랫동안 온도계를 이용하여 연속 측정한 기온을 보여준다. 지난 300년 동안 기온이 지속적으로 천천히 상승하고 있음을 볼 수 있다. 1850년부터 시작된 이산화탄소 배출의 기하급수적인 증가는 기온 상승과 일치하지 않는다. 1694년부터 1729년까지의 기온 급상승은 1900년 이후에 나타난 어떤 상승 시기보다 길고 뚜렷했다. 이것은 이산화탄소로 인한 기후 대재앙 낭설을 뒷받침하지 않는다. 이산화탄소 연맹(CO2 Coalition)은 1900년부터 2018년까지의 통계 분석을 발표하여 이 기간 이산화탄소가 기온 상승의 원인이 아님을 분명히 보여주었다.*

*Caleb Rossiter, PhD, “Equal Warming, 1900 to 1950 versus 1950 to 2018: Why the UN Knows the First Half was Natural,” CO2 Coalition, April 9, 2020.

여주고 있다. 만약 지난 6,000년의 패턴이 반복된다면, 현대 온난기는 500년 주기에 따라 약 150년 후에는 다시 추워질 것이다.

현대 온난기는 소빙하기가 절정에 달했던 1700년경에 시작되었고, 기후는 다시 따뜻해지기 시작했다. 1700년부터 1850년까지 인간의 이산화탄소 배출량은 무의미한 수준이었음에도 과거 기록은 그때의 지구도 1850년부터 지금까지와 거의 같은 정도로 온난

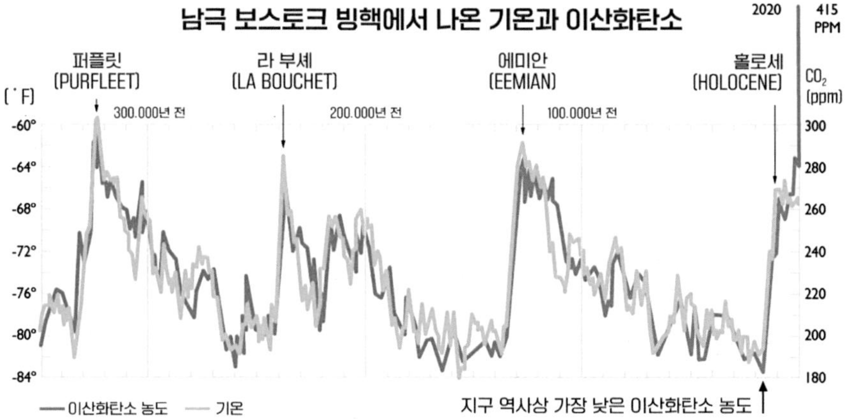

그림 36.

남극대륙의 보스토크 빙핵(Vostok Ice Core)에서 관측된 기온과 이산화탄소 데이터를 보여주는 그래프는 지금과 가장 가까운 시기에 있었던 네 번의 100,000년 주기 빙하기와 간빙기 기후를 보여준다. 홀로세 이전에 있었던 세 번의 간빙기는 지금보다 모두 더 따뜻했으며 이산화탄소 수치가 산업혁명 이전의 홀로세와 비슷함에도 불구하고 해수면이 상당히 높았다. 2020년에 이산화탄소 수치가 415ppm까지 상승했음에도 불구하고 기온이 이산화탄소처럼 그렇게 극적으로 상승하고 있다는 징후는 없다.

화되었음을 보여주고 있다(그림 35). 그런데도 "이산화탄소가 지구의 기온을 조절한다"라는 주장을 옹호하는 사람들은 매우 짧은 기간의 상관관계가 아주 오랜 기간의 인과관계를 의미한다는 황당한 추론을 하고 있다. 인과관계는 상관관계와 다르지만 그들은 그렇게 생각하고 있다.

에미안(Eemian)이라는 홀로세 이전의 간빙기는 13만 년 전부터 11만 5천 년 전까지 약 1만 5천 년 동안 지속되었다(그림 36). 에미안 간빙기 동안 해수면은 오늘날보다 약 5~8m 높았다.[11] 당시 이산화탄소 농도는 오늘날보다 더 추웠던 산업혁명 이전인 1750년과 거의 같은 단 280ppm에 불과했음에도 지구의 기온은 오늘날

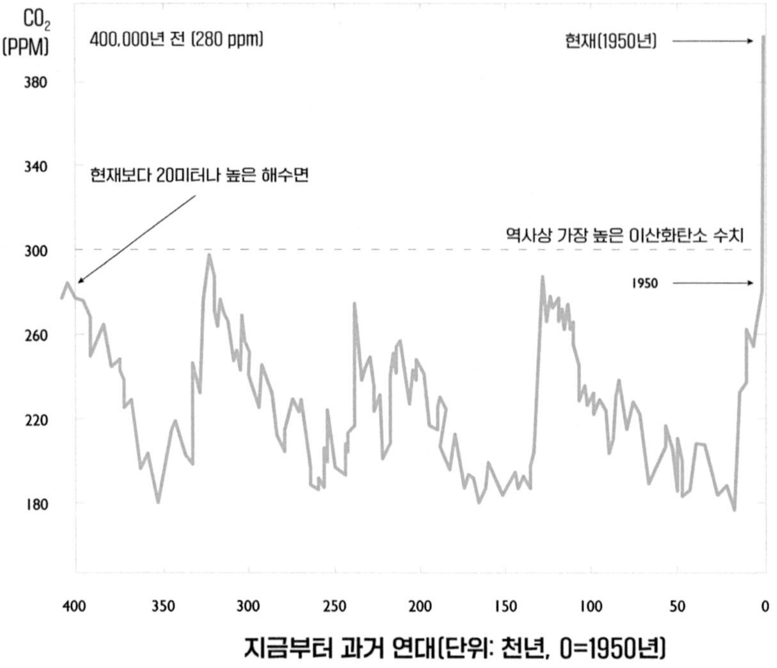

자료 출처: NASA.gov

그림 37.

NASA가 채택한 이 그래프에서 두 가지 중요한 점을 알 수 있다. 첫째, 오늘날 우리가 사는 이 시기와 비슷한 40만 년 전 간빙기의 이산화탄소 농도는 산업혁명이 있기 전과 같은 280ppm이었지만 해수면은 지금보다 20m나 높았다. 둘째, 지난 150년 동안 이산화탄소가 400ppm 이상으로 급속히 증가했지만, 서서히 상승하는 해수면 속도에는 어떤 변화도 없었고 기온도 급격히 상승하는 이산화탄소를 따르지 않았다. 이 두 가지만으로도 이산화탄소가 약간의 지구 기온상승과 느린 해수면 상승의 원인이라는 주장의 타당성에 관해 의심할 수밖에 없다.

보다 2~4°C 더 높았다(그림 37). 이것만 봐도 이산화탄소가 오늘날 지구온난화의 주된 원인이라는 주장은 전혀 신빙성이 없다.[12] 에미안 이전에 있었던 두 차례의 간빙기인 라부셰트(La Bouchet)와 퍼플릿(Purfleet) 역시 홀로세보다 더 따뜻하고 해수면도 높았다. 2020년 이산화탄소 수치가 415ppm을 기록한 홀로세도 여전히 훨씬 더 춥고, 해수면 또한 이산화탄소 수치가 280~300ppm을 기록했던 이전의 세 차례 간빙기보다 훨씬 낮다. 그뿐만 아니라 오늘날 우리가 사는 이 시기와 비슷한 40만 년 전에 있었던 간빙기에도 이산화탄소 농도는 산업혁명이 있기 전과 같은 80ppm이었지만 해수면은 지금보다 20m나 높았다(그림 37). 기후위기론자들은 산업혁명 이전의 기후에 대한 무수히 많은 사실에 대해서도 그랬듯이 그들은 이러한 역사적 사실에 관해 아무런 답변도 없이 그저 모른 척할 뿐이다.

층서학 국제위원회

> 층서학(Stratigraphy)이란 - 지층의 순서와 상대적 위치, 그리고 관련 지질학적 연대를 연구하는 지질학의 한 분야[13]

층서학 국제위원회는 국제지질과학연맹(International Union of Geological Sciences)에서 가장 크고 오래된 조직이다. 이 조직은 암석층, 퇴적물, 화석에 관한 연구를 통해 지질학적 및 진화학적 변화가 많은 시기를 구별하고 명명하는 역할을 한다. 이것은 그들에게 지구 역사 46억 년 전체를 다루는 책임을 부여하는 것을 의미한다. 그들은 수년간 훌륭한 일을 해왔고 그들의 기록 보관소에는 화산에서 소행성, 빙하기, 생명체의 모든 진화과정까지 수많은 현상에 대한 사실에 입각한 방대한 정보들이 담겨 있다. 하지만 이

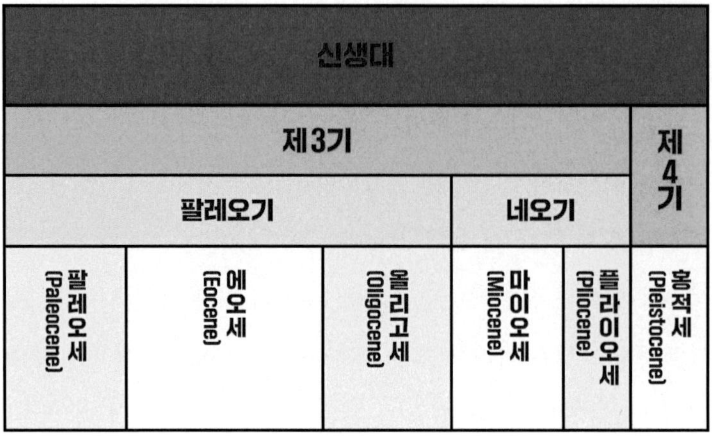

그림 38.

이것은 신생대(Cenozoic)에 관한 층서학 국제위원회가 홀로세 간빙기를 시대(Epoch)라는 이름으로 변경하는 것을 결정하기 전에 있었던 연대표다. 홀로세는 다른 44번의 간빙기와 마찬가지로 홍적세 시대(Epoch)의 일부로 취급되었다. 위원회의 웹사이트에는 홀로세가 시대(Epoch)로 선언된 시기에 관한 기록은 없는 것으로 보인다. 합동 인터넷 검색을 종합적으로 한 결과 이러한 변경이 언제 이루어졌는지, 왜 이루어졌는지에 대한 정보가 제공되지 않은 것으로 밝혀졌다.

자료: https://ucmp.berkeley.edu/cenozoic/cenostrat.html.

러한 학자들조차 기후위기론자들의 교활한 전략을 막아내지 못했다. 기후위기론자들은 과거에는 기후가 절대로 이렇게 변하지 않았지만 현재 인류가 변화시키기 때문에 지구의 연대 이름을 명명하는 방식에 급격한 변화가 필요하다고 주장하고 있다. 기후위기론자들은 인류가 화석연료 사용을 중단하지 않으면 확실한 파멸을 향해가고 있다고 맹신하고 있다. 그래서 그들은 재앙적인 '질병'보다 현대 문명사회에 훨씬 더 나쁜 화석연료에 대한 '해결책'을 요구하고 있다.

그림 38과 39에서 볼 수 있듯이, 홍적세 빙하기 260만 년은 이제 끝났다고 선언하고 홀로세 간빙기가 뒤를 잇는 것으로 되어 있

누대	대	기	세	단기	GSSP	과거 연도 (백만 년)
현생대	신생대	제4기	홀로세 (Holocene)	Meghalayan		현재
				Northgrippian		0.0042
				Greenlandian		0.0082
			홍적세 (Pleistocene)	Upper		0.0117
				Chaivanian		0.129
				Calabrian		0.774
				Gelasian		1.80
		신제3기	플라이오세 (Pliocene)	Piacenzian		2.58
				Zanclean		3.600
			마이오세 (Miocene)	Messunian		5.333
				Tortonian		7.246
				Serravallian		11.63
				Langhian		13.82
				Burdigalian		15.97
				Aquitanian		20.44
		고제3기	올리고세 (Oligocene)	Chattian		23.03
				Rupelian		27.82
			에오세 (Eocene)	Priabonian		33.9
				Bartonian		37.8
				Lutetian		47.8
				Ypresian		56.0
			팔레오세 (Paleocene)	Thanetian		59.2
				Selandian		61.6
				Danian		66.0

그림 39.

이것은 현재 위원회의 웹사이트에 게시된 신생대 구분이다. 이 자료는 홍적세 빙하기는 끝났다고 선언한 것이 반영되어 있다. 실제로 그러한 판단을 내릴 만한 아무런 근거가 없다. 홀로세는 홍적세에 일어났던 44번의 간빙기와 근본적으로 다른 것이 전혀 없다. 과거에는 없었던 홀로세와 홍적세를 지금은 서로 다른 연대(Age)로 분리했다는 점을 주목해야 한다. 여기에 사용한 연대는 대부분 수백만 년 또는 수천만 년 동안 지속되었던 연대들보다 시간상으로 훨씬 짧다. 그 이전에 있었던 약 44번의 간빙기는 홍적세 내에 명시조차 하지 않았다.

자료: https://stratigraphy.org/icschart/ChronostratChart2020-01.jpg.

다. 홀로세는 홍적세에 있었던 44개 또는 다른 간빙기들과 함께 최근에 있었던 간빙기 중 하나에 불과하지만 이를 앞에 있었던 간빙기들과 분리시켜 두었다. 그래서 홍적세(Pleistocene Epoch)와 홀로세(Holocene Epoch)를 동격화시켜 시대(Epoch)라는 단어를 사용하고 있다. 기후학적으로 볼 때 홀로세는 이전의 간빙기들과 전혀 다르지 않다. 앞에서 설명하였듯이 실제로 홀로세는 지금보다 따뜻했던 홀로세 기후 최적기(Holocene Climatic Optimum) 동안에도 이전 세 번의 간빙기만큼 따뜻하지 않았다. 그리고 홀로세 기간은 지난 6000년 동안 상당한 냉각추세가 나타났었지만, 층서학 국제위원회는 기후위기론자들의 압력에 깨끗이 굴복했고 이전의 수많은 간빙기가 어떤 공식적인 명칭이 없었음에도 불구하고 지금의 간빙기를 시대(Epoch)라 선언했다. 홀로세를 비롯한 나머지 간빙기들도 단지 홍적세 빙하기의 일부일 뿐이다. 다른 간빙기 중 어느 것도 시대(Epoch)라고 선언하지 않았으며 홀로세 이전 단지 몇 차례의 간빙기만 이름을 달았을 뿐이다.

홀로세 간빙기를 시대(Epoch)로 선언하는 주된 근거는 인류문명의 출현으로 인간이 기후를 극적으로 변화시켜 또 다른 빙하 극대기 출현이 사실상 불가능할 것이라는 믿음 때문으로 보인다. '인간의 시대'는 지구 지질학, 지구 기후의 완전한 변화를 유발했고, '제6의 대멸종'을 촉발하고 있다는 생각이 표면적으로 드러나 있다.[14] (대멸종에 관한 내용은 제6장의 주제가 될 것이다.)

그러나 인류는 어떤 식으로든 기후를 정상 상태에서 벗어나도록 아무런 변화도 실제로 일으키지 않았고 앞으로 변화시킬 것이라는 확실한 증거도 없다. 오늘날 지구의 기후는 간빙기 기후로서 전혀 특이하지 않다. 따라서 홀로세를 시대(Epoch)로 지정한 것은 과학적으로 정직하지 못하며, 과학적 이유보다 정치적, 재정적 이유로 그렇게 된 것이 분명하다. 그 결정은 외부에서는 보지 못하게 숨겨졌고 변경 이유에 대한 설명이 전혀 없다는 사실이 이러한 주장을 뒷받침한다. "층서학 국제위원회가 언제 홀로세를 시대(Epoch)로 선언했는가?"에 대한 인터넷 검색 결과는 전혀 나오지 않고, 그들은 변경 원인을 찾는 데도 전혀 신경을 쓰지 않는다. 이 질문에 답변을 준다면 우리는 감사할 것이다. 내가 그들에게 이메일로 이러한 질문을 했지만 아무런 답변이 없었다.

하지만 상황은 기후위기론자들에게 불리하게 돌아갔다. 최근 몇 년 동안 기후위기론자들은 홀로세 간빙기 시대(Epoch)의 종식을 선언하고 말 그대로 인간 시대를 의미하는 '인류세(Anthropocene)'라는 새로운 시대의 도래를 선언하기 위한 강력한 로비 활동을 벌여왔다. 한 가지 제안은 핵무기 실험에서 나온 방사성 원소가 바다와 육지 퇴적물에서 처음 관찰된 1950년에 새로운 시대가 시작되었다고 선언하는 것이다. 층서학 국제위원회의 소위원회는 2018년 전체 이사회에 인류세의 채택을 공식적으로 권고했다. 고맙게도 이사회는 거절했고, 대신 홀로세를 세 개의 새로운 연대(Age), 그린란디안 연대(Greenlandian Age), 노스그립피안 연대(Northgrippian Age), 메갈라얀 연대(Meghalayan Age)로 나누었다. 인류세 지지자들은 자신들의 숭고한 큰 뜻에 대한 모욕이라고 생각하고 아연실색했다. 영국 런던의 지구온난화 정책포럼(Global

Warming Policy Forum)은 "찻잔 속의 태풍을 문서화하는 데 탁월한 역할을 했다"라고 한 잡지 『The Australian』의 편집장 그레이엄 로이드(Graham Lloyd)의 말이 이 상황에 적합하다고 했다.[15]

결국 이것은 캘리포니아 버클리대학교 연구원들이 저지른 작은 실수로 조용해졌다. 그들이 "그러나 전체적으로 따져보면, 홀로세는 '빙하기 사이'에 나타난 비교적 따뜻한 시기였다"라고 한 말은 홀로세 이후 또 다른 빙하기가 올 것을 암시한다. 홀로세는 원래 상태로는 많은 간빙기 중 하나로 남아있어야 하는 것은 의심의 여지가 없다. 그렇지 않고 기후가 급격히 변화했다는 충분한 증거가 있다면 사실 홍적세로부터 영원히 벗어나는 것이다. 그렇게 되려면 현대 온난기(Modern Warm Period) 300년 동안 나타난 1.2°C의 기온 상승이 아닌 최소 5°C 정도 상승해야 한다. 이중 어느 것도 인간의 이산화탄소 배출로 인한 것으로 입증될 수 없다. 그렇게 상승하더라도 장구한 역사적 현상에서는 여전히 정상 범위 안에 있다. 오늘날 지구에 사는 모든 생물 종의 조상이 살았던 에오세 최대 온난기(Eocene Thermal Maximum)는 지금의 지구 평균보다 10°C 높았다. 당분간은 홍적세가 끝났다는 증거는 없다. 지금까지 나타난 것이 홍적세에 관한 전부다.

가짜 기후 대재앙 캠페인이 사회에 미치는 영향

더 많은 이산화탄소는 우리가 의존하는 식물을 비롯한 모든 생명체에 전적으로 이롭다. 그런데 '기후 대재앙과 투쟁'이라는 정책은 사회와 환경에 엄청난 위협이 된다. 정책 목록 최상위에 있는 것은 광범위하게 채택되고 있는 '재생 에너지'다. 특히 풍력과 태양광은 시설에 전혀 재생 가능한 것이 없다. 이 두 가지 신뢰할 수 없는 기술로 인해 전기 가격은 두 배로 올랐다. 일부 국가에서는 더 많이 올랐다.

우리가 무엇을 제조하거나 운반할 때마다 에너지 비용이 들어가게 된다. 열대지방을 제외한 모든 곳에서는 단지 살아가는 것만으로도 막대한 에너지 비용이 든다. 에너지는 사회와 경제의 모든 것을 지탱해주고 있다. 인구의 75% 이상이 식량 생산이라는 힘든 일에 종사하는 생계형 농업으로 돌아가기를 원하지 않는 한 우리는 화석연료 대량 사용을 계속하거나 대형 원자력 발전소의 수를 현재 전 세계에 건설된 440개의 약 20배로 늘려야 한다. 여기에 관해서는 제9장에서 더 자세히 다룰 것이다.

'기후 대재앙'을 막기 위해 내려진 거의 모든 결정은 부유한 사람들보다 가난한 사람들에게 훨씬 더 부정적인 영향을 미치고 있다. 가난한 사람들이 문제다. 그들의 피부색과는 아무런 상관도 없다. 그들은 가족을 위해 식료품 구입을 우선으로 해야 할 때 가장 먼저 전기 사용을 중단해야 하는 사람들이다. 이러한 상황은 세계은행과 같은 국제기구가 채택한 청정 화석연료발전소에 투자를 금지하는 정책을 적용하는 아프리카 국가들에게는 특히 그렇다. 입지 조건이 좋은 곳에서 아주 값싼 수력발전을 제외하고, 화석연료는 대부분 지역에서 가장 경제적이고 안정적인 전기 공급원이다.[16] 세계은행은 다음과 같이 말했다.

> 세계은행은 각 국가의 필요에 가장 적합하도록 경제적으로 현명하고 맞춤형 접근법을 구현할 수 있도록 지원하기 위해 최선을 다하고 있으며, 안정적이고 저렴한 전기 서비스의 확대를 가속화하고 에너지 빈곤을 종식시키는 데 도움이 될 수 있는 기술과 금융, 그리고 정책 혁신을 지원하는 일에 전념하고 있다.

하지만 세계은행은 그와 반대로 다음과 같이 언급하기도 했다.

> 세계은행 그룹은 2010년 이후 새로운 석탄화력발전소에 자금을 지원하지 않았으며, 가동 중인 석탄화력발전소는 없다. 세계은행은 탄광을 폐쇄하는 것을 도와 석탄 사용으로부터 전환하는 국가를 지원하고 관련 지역사회를 위한 그러한 전환을 보장할 것이다.[17]

달리 말하면 세계은행은 세계 어느 곳보다 빈곤층이 많은 지역에 지금보다도 훨씬 더 비싸게 전기를 만들겠다는 것이다.

제 5 장

빙하가 녹아내려 **북극곰**이 멸종위기에 처했다

Fake Invisible Catastrophes and Threats of Doom

1973년 북극 인접 5개국(캐나다, 덴마크, 노르웨이, 구소련, 미국)이 북극곰 보호 조약을 체결했다. 이후 무분별한 사냥이 금지되면서 북극곰 개체 수는 계속 증가해왔다. 하지만 기후위기를 조장하여 금전적·정치적 이익을 추구하려는 집단들은 개체 수가 줄어들었고 조만간 멸종될 것이라 선동한다. 앵벌이 하는 북극곰의 진짜 이야기를 알아본다.

여기 남녀노소를 가리지 않고 끊임없이 집단의식을 주입시키는 지구 종말에 관한 이야기가 있다. 이것은 모든 가짜 뉴스 가운데 진짜 최고봉이다. 북극곰이 기후변화를 비롯한 그 무언가에 의해 멸종 위기에 처했다는 전혀 사실이 아닌 주장이 바로 여기에 해당된다.

사실, 지구상에 북극곰이 존재하는 유일한 이유는 바로 기후변화 때문이다. 유럽산 갈색곰(European Brown Bear, 북미에서 Grizzly Bear로 불림)은 약 15,000년 전 아시아에서 베링육교(Bering Land Bridge)를 건너 인간과 함께 아메리카로 건너온 야생 동물 중 하나다. 하지만 그 이전, 홍적세 빙하기(Pleistocene Ice Age) 중 한 빙기(Glacial Period)에, 북극곰(*Ursus maritimus*)은 갈색곰으로부터 눈과 얼음에서 위장하기 유리한 하얀 털을 가진 별개의 종으로 진화했다. 북극에는 곰들이 먹을 수 있는 식물이나 열매가 거의 없었기 때문에 신진대사가 육식성으로 변했다. 지리적 분리 이후 수십만 년이 지나고 매우 다른 식습관을 가졌음에도 불구하고 갈색곰

그림 40.

대부분의 곰 종과는 달리, 북극곰은 바다가 사는 곳이기 때문에 '바다 곰(Sea Bears)'이라는 별명을 갖고 있다. 빙하가 줄어들어 북극곰이 물에 빠져 죽어가고 있다는 발상은 분명 가짜 뉴스다.* 해빙(바다 빙하)은 수천 년 동안 매년 여름이면 줄어들었다. 당연히 북극곰도 때로는 사람처럼 익사할 수도 있다. 실제로 매년 120만 명의 사람들이 익사하고 있지만 이는 분명 기후변화로 인한 것이 아니다. 어이구, 그런데도 정작 세계보건기구는 기후변화로 인한 홍수 때문에 더 많이 익사할 것으로 예측하고 있다.**

* David Derbyshire, "Scientist who claimed polar bears were drowning is investigated for 'scientific misconduct,'" Daily Mail, July 28, 2011.

** World Health Organization, "Climate change and health," February 1, 2018.

(Grizzly Bear)은 가끔 북극곰과 성공적으로 교미를 하고, 비록 자주 일어나지는 않았지만 생존 가능한 새끼를 낳았다.[1]

만약 5천만 년 전에 시작된 지구 냉각화가 약 5백만 년 전부터 북반구에서 더욱 심화되지 않았다면 북극곰은 오늘날 존재하지 않았을 것이다. 오늘날 북극에 살고 있는 많은 동식물 종들은 모든 생명체가 전반적인 생명의 역사를 통해 그랬던 것처럼, 새로운 기후에 맞춰 진화와 적응을 했거나 아니면 더 따뜻한 기후로 이동했을 것이다. 최근 수십 년 동안 북극곰의 개체 수는 북극 전역에서 엄청나게 증가했지만 우리는 언론을 통해서 이런 사실을 결코 알 수 없다.

제3장에 있는 그래프를 다시 한번 살펴보도록 하자(그림 41).

지구가 5천만 년의 냉각 시기 끝자락에 있다는 것은 논쟁의 여지가 없다. 하지만 이 사실은 간단히 묵살되고 지난 300년 동안에 있었던 상대적으로 아주 미미한 기온 상승으로 대체되고 있다. 이 정도의 온도상승은 진화의 적응 측면에서 그다지 의미가 없다. 하지만 약 20년 전 북극곰의 '멸종'에 대한 근거 없는 이야기가 날조된 이후로 대중들에게는 알려지지 않은 비교적 최근의 다음과 같은 국제 협약이 있다.

나는 과거 100~1,000여 명의 고학력의 과학계 및 산업계 전문가들을 대상으로 강연을 할 때, 종종 "당신들 중 얼마나 많은 분이 1973년에 모든 북극지방 국가들이 체결한 북극곰 사냥 금지 국제조약에 대해 알고 계십니까?"라고 묻곤 했다. 이때 한 사람이라도 손을 드는 것은 상당히 이례적이었다. 이는 언론에서 그 조약에 대해 거의 언급하지 않았기 때문이다. 언론은 북극곰을 연구하기 위해 매년 몇 주 동안 북극에 가는 연구비를 정부로부터 지원받는 '과학자'들의 종말론적 예측을 앵무새처럼 따라 하고 있다.

이 조약은 1973년 11월 15일 노르웨이 오슬로에서 캐나다, 덴마크, 노르웨이, 구소련, 미국 정부에 의해 협의되고 국제법으로 비준되었다.[2] 이 조약은 북극곰이 서식하고 있는 모든 국가를 포함하고 있다. 덴마크도 자국 영토인 그린란드에 북극곰이 살기 때문에 포함되었다. 이 조약은 취미로 사냥을 하는 사람들에 의해 죽어가는 북극곰 수가 증가하고 그로 인해 전체 개체 수가 급격히 감소하고 있음이 나타나자 그에 대한 대응책이었다. 노르웨이와

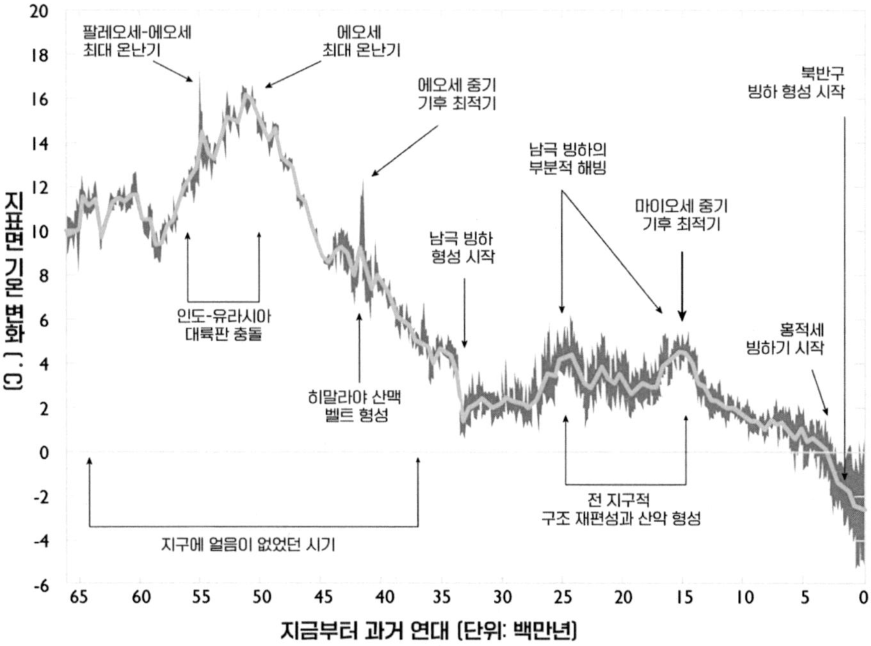

그림 41.

지난 6천5백만 년 동안의 지구 기온 그래프. 양쪽 극지방 부근의 육지는 얼음도 없고 숲이 우거져 있었으며 바다는 훨씬 더 따뜻했을 때의 에오세 최대 온난기(Eocene Thermal Maximum)를 보여주고 있다. 유라시아 갈색곰(Grizzly Bear)은 약 3~4백만 년 전 빙하가 형성되지 않았던 시기에는 최북단(Far Northern)에 서식하던 종이었다. 그 후 얼마 지나지 않아 갈색곰으로부터 북극곰이 진화했다. 유전자를 이용한 많은 연구들이 이 진화가 일어난 시기를 명확히 규명하려고 노력해왔지만, 지금까지 모두가 약 4~5백만 년 전에서 13만 4천 년 전에 이르는 광범위한 추정치들만 내놓고 있다. 가장 타당성이 있는 추정치는 60만 년 전에서 16만 년 전 사이로 보고 있다.* (Hansen, et al.)**

*Frank Hailer, et al., "Nuclear genomic sequences reveal that polar bears are an old and distinct bear lineage," PubMed, April 20, 2012.

** Hansen, et al., "Target Atmospheric CO2: Where Should Humanity Aim?", The Open Atmosphere Science Journal, 2008, 2, pp217-231.

같은 회원국은 북극곰 사냥을 전면 금지했지만, 캐나다와 같은 일부 회원국은 사냥에 엄격한 제한을 두고 사냥꾼들은 이누이트족(Inuit) 가이드를 동행하도록 했다.

지난 20여 년간 기후위기론자들의 말과는 달리, 이 조약은 지난 세기 동안 이루어진 가장 성공적인 보전계획 중 하나였음이 입증되었다. 1973년 북극곰은 개체 수가 6,000~12,000마리 정도로 적었던 것으로 추정되었다. 2020년 현재, 공식적인 추정치는 22,000~31,000마리지만 그보다 훨씬 높을 것으로 예상된다. 아마도 47년 전에 비해 4~5배는 더 많을 것이다.[3] 실제로 환경운동가, 정치인, 언론 및 수많은 과학자들은 진실을 말하기보다는 자신들의 금전적 정치적 이익을 추구하기 위해 의도적으로 잘못된 정보에 근거하여 캠페인을 벌여왔던 것이다. 그들은 일반인들이 독자적인 관측을 통해서는 입증할 수 없는 가짜 재앙을 꾸며낸 것이다. 이산화탄소가 얼음을 녹이는 원인인지 알 수 없고, 녹아내리는 얼음이 곰에게 위협이 되는지도 알 수 없으며, 일반 대중이 북극 부근에 사는 모든 북극곰을 헤아리는 것도 마찬가지로 불가능하다.

해빙이 녹게 되면 북극곰이 멸종 위기에 처하게 된다는 널리 퍼져있는 주장을 살펴보자. 『내셔널 지오그래픽』은 굶주린 북극곰의 이미지를 이용하여 "이것이 기후변화의 모습이다"라며 그런 식의 주장을 선도해왔다(그림 42).[4] 그 주장에 대해 이의가 제기되자 편집자들은 거의 9개월이 지난 후 왜 그 사진의 곰이 특별히 굶주리고 있었는지 모른다고 인정했다. 하지만 그들은 여전히 북극곰들은 보통 기후변화로 인해 해빙이 녹아 굶어 죽는다는 주장으로 되돌아갔다.[5] 이것은 『내셔널 지오그래픽』의 사진작가가 굶주린 곰을 단 한 마리만 발견한 것으로 오늘날 북극곰이 일반적으로 살찌고 건강하다는 수많은 직접적인 증거와 완전히 모순된다. 물론, 운 좋은 북극

그림 42.

2017년 12월호 『내셔널 지오그래픽』에 실린 굶주린 북극곰 비디오 영상의 한 장면. 『내셔널 지오그래픽』은 북극곰이 기후변화로 굶어 죽는 것이라고 주장할 근거가 없음을 인정하는데 거의 9개월이 걸렸다. 이 영상은 230만 명이 유튜브로 시청했다. 그 영상은 2020년 11월 3일 현재까지도 여전히 올라와 있다.*

*"Heart-Wrenching Video: Starving Polar Bear on Iceless Land," National Geographic, December 11, 2017.

곰은 나이가 많을 때까지 살아남게 되고, 그 나이가 되면 결국 대부분은 굶어 죽게 된다. 이것은 북극곰들이 자연 사망에 이르는 흔한 원인이다.[6] 세상에는 야생의 늙은 북극곰을 위한 요양원은 없다. 분명, 『내셔널 지오그래픽』의 편집자들은 이 사실을 모르고 있다.

북극에 해빙이 많으면 북극곰의 먹이가 되는 물개가 더 많아질 것이라는 추론이 만들어졌고 그 추론은 계속 강조되고 있다. 이것은 북극의 생태계를 이해하지 못하고 있음을 반영하고 있다. 해빙이 있는 곳, 특히 수년 동안 아주 두꺼운 얼음층이 있는 바다는 북극해의 생태계 먹이 사슬에서 가장 근본인 식물성 플랑크톤을 성장시키는 햇빛이 수중에 얼마 들어가지 못한다. 일부 플랑크톤 종은 해빙 아래에서 자랄 수 있지만, 이는 양적으로 매우 적다. 특히 여름철, 바다의 상당 부분이 얼음으로 덮여있지 않을 때는 플랑크톤의 성장이 왕성하다. 만약 식물성 플랑크톤이 적으면 그것을 먹고 사는 동물성 플랑크톤이 적을 것이고, 만약 동물성 플랑크톤이 적으면 물고기도 적을 것이다. 만약 물고기가 적으면 물개도 적을 것이고, 물개의 수가 적으면 북극곰의 수도 적어질 것이다. 이것이 먹이 사슬이 작동하는 방식이다.

그러므로 해빙이 증가하면 물개와 북극곰이 저절로 늘어나는 것은 아니다. 물개가 증식하는 최적의 조건은 '바다 전체가 얼음인 상태'와 '얼음이 전혀 없는 상태' 사이 어디에 존재하는 것이 분명하다. 1973년 조약 체결로 북극곰 개체 수가 이전에 비해 4~5배 증가한 것을 보면, 우려할 만한 근거도, 멸종 예측에 대한 근거도 확실히 없다. 다음은 수잔 크록포드(Susan Crockford)의 논문『2019년 북극곰 현황 보고(State of Polar Bear Report 2019)』의 한 구절이다.

2007년에서 2015년 사이, 여름철 해빙(바다 얼음)은 1979년과 비교하여 평균 약 38% 감소했다. 이는 21세기 중반까지도 예상하지 않았던 급격한 감소였다. 크리스틴 헌터(Christine Hunter)와 동료들은 2007년 만약 2050년까지 그러한 여름철 해빙 감소가 10년 중 8년(또는 5년 중 4년) 동안 나타난다면 북극곰 개체 수는 크게 감소할 것이라며 다음과 같이 선언했다. 이는 지역적으로 북극곰 하위 개체군 19개 가운데 10개가 사라질 것이며, 전 세계적으로 10,000마리 미만이 남게 될 것이다(67% 감소). 2016년부터 2019년까지 여름철 해빙이 이런 패턴을 이어가고 있지만, 최근 연구에 따르면 북극곰 개체 수의 감소는 일어나지 않고 있다. 이는 여름철 해빙 상태가 USGS(US Geological Survey)의 생물학자들이 추정하는 것처럼 북극곰의 생존에 그렇게 아주 절대적이지 않다는 것을 의미한다. 여름철 해빙이 현저하게 감소했음에도 불구하고 추크치해(Chukchi Sea) 북극곰은 계속 번성하고 있으며, 2019년 가을 랭글섬(Wrangel Island)의 곰을 조사한 결과, 2016년 미국의 곰들과 마찬가지로 곰의 개체 수는 아주 많고, 건강하며 번식력이 좋은 것으로 나타났다. 이와 유사하게, 노르웨이 원로 생물학자인 존 아르스(Jon Aars)에 따르면 스발바르(Svalbard) 지역의 북극곰은 2016년부터 2018년 사이 유별나게 해빙이 줄어들었음에도 불구하고 영향이 없는 것으로 나타났으며, 2019년에도 별다른 차이가 없는 것이 입증되었다.[7]

이것은 여름철에 과도한 해빙의 양은 실제로 바다의 최대 생산성에 장애가 될 수 있다는 것과, 겨울과 봄에 북극곰들이 물개를 사냥하기 위해 해빙으로 돌아갈 수 있는 한 여름철 해빙의 최소화가 생산성을 더 높이는 것을 확실히 입증하는 것이다.

'얼음 없는' 북극에 관한 대부분 예측은 항상 '여름철'에 관련되어 있다. 일년 내내 얼음이 없는 북극이 되려면 홍적세 빙하기가 끝나거나 지금부터 약 5백만 년에서 1천만 년 전의 기후로 돌아가야 한다. 북극은 여름철에도 얼음이 지속되어 왔을 뿐만 아니라, 겨울과 봄에는 얼음으로 두껍게 뒤덮여 있었다(그림 43).

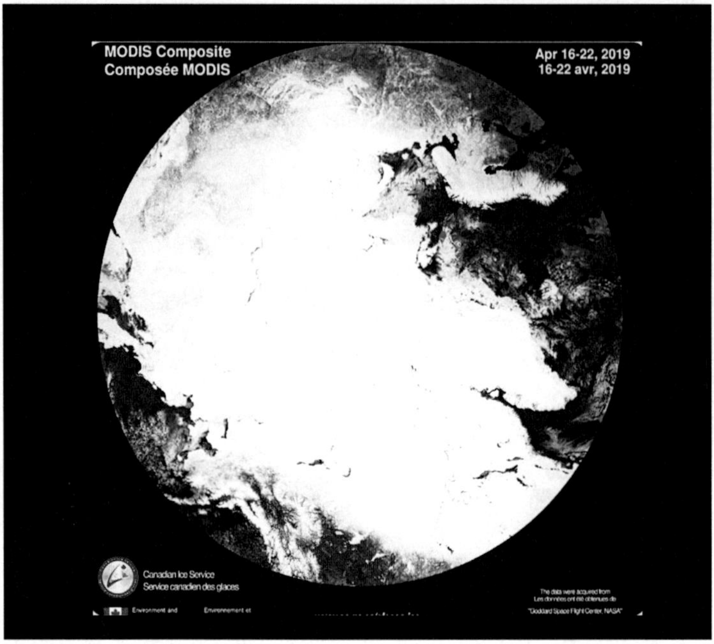

그림 43.

2019년 4월 16일부터 22일까지 북극과 그 이외 지역의 얼음과 눈의 규모를 보여주는 사진. 가까운 미래에 북극에서 겨울철 얼음이 사라질 것이라는 징후는 없다. 따라서 북극곰의 급격한 감소나 멸종에 대한 예측은 전혀 근거가 없다.

아주 최근까지도, 그와 반대되는 많은 증거가 있음에도 불구하고, 과학자들은 계속해서 북극곰 개체 수의 감소를 예측해왔다. 캐나다 빅토리아(Victoria)의 수잔 크록포드(Susan Crockford) 박사의 노력 덕분에, 그러한 과학자들은 북극곰 개체 수는 여전히 아주 많을 뿐만 아니라, 가장 최근 통계 조사에 의해 나타난 바와 같이 북극곰의 개체 수도 계속 증가하고 있다는 사실을 받아들일 수밖에 없었다(그림 44).

그러나 진실을 알리기 위한 수년에 걸친 크록포드 박사의 투쟁

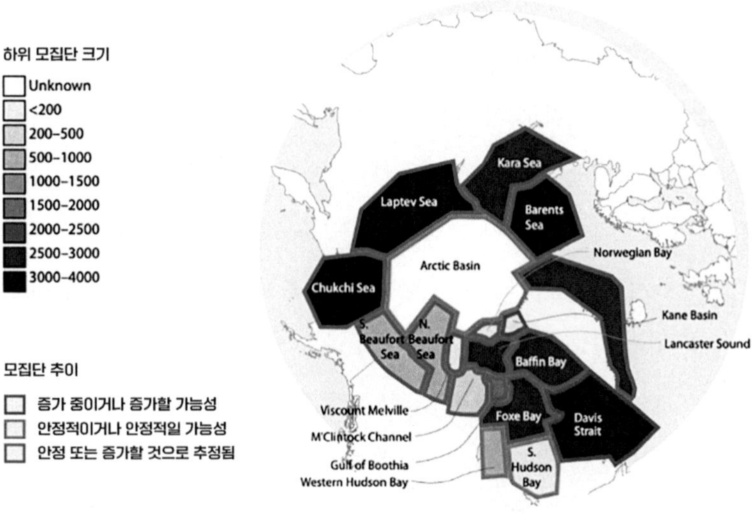

그림 44.

북극곰의 조기 멸종을 예측해 온 과학자들은 마침내 북극곰이 멸종위기에 처해 있지 않다는 것을 알게 되었다. 수잔 크록포드 박사는 지칠 줄 모르고 진실을 말하고 집필한 것에 대한 공로를 인정받을 수 있다. 1973년 북극곰의 무분별한 사냥을 중단하는 조약이 체결된 이후 개체 수가 증가하고 있기 때문에 기후변화로 인해 북극곰이 여전히 멸종 위기에 처해 있다는 계속되는 주장을 절대로 믿을 수 없다.

이 순탄한 것만은 아니었다. 2017년 4월, 『Bioscience』 학술지는 제프리 하비(Jeffrey A. Harvey) 외 13명이 작성한 'Internet Blogs, Polar Bears, and Climate Change Denial by Proxy'라는 제목의 논문을 게재했다.[8] 이들 중 두 명은 북극곰 전문가 그룹(Polar Bear Specialists Group)의 일원이다. 이 블로그에 참여하려면 그룹에 동의해야 한다. 그룹의 의견에 동의하지 않으면 퇴출당한다. 그 중 한 명은 기후 재앙 낭설에 동조하지 않는 과학자들은 누구든 악랄하게 공격하는 것으로 알려진 마이클 만(Michael E. Mann)이었다.

그는 분명 북극곰 전문가가 아니다. 크록포드 박사의 이름은 그 논문에서 19차례나 언급되었고, '과학을 부정하는 자'라는 딱지가 붙었다. '부정하는 자'라는 단어는 그 논문에 31번이나 사용되었고, 그 대부분은 크록포드 박사를 언급하는 것이었다. 그 논문은 기후변화와 북극곰에 관한 수많은 '블로그(개인 웹사이트)'에서 '과학적 기반의 블로그'와 '부정하는 자 블로그'로 나뉘어져 올려졌다. 읽는 자들은 크록포드 박사의 블로그가 어느 범주에 속하는지 알아내는 것은 어렵지 않을 것이다. 전반적으로 그것은 기존의 공격자들이 했던 악의적인 비방들이었다. 나는 크록포드 박사의 웹사이트를 적극 추천한다.[9]

권위 있는 학술지가 '부정하는 자(Denier)'라는 단어가 정확히 무엇을 의미하는지 명시하지 않은 채 그것을 사용하면서 노골적으로 심한 정치적 공격을 하는 것은 매우 드문 일이다. 이는 크록포드 박사가 북극곰의 개체 수와 여름철 해빙에 대한 그들의 주장에 동의하지 않는다는 것을 의미한다고 추론할 수 있다. 현재, 거의 대부분의 북극곰 개체 수는 안정적이고 증가할 가능성이 크며 실제로 증가하고 있다. 여름철 해빙은 2007년에서 2019년 사이 눈에 띄게 줄어든 것으로 알려져 있다. 이는 예측했던 것보다 몇십 년 일찍 발생했다는 것이다. 빙하 전문가들은 2050년까지 북극 해빙은 감소하지 않으리라고 예측했었다. USGS(미국 지질조사국) 생물학자들은 2007년 대대적인 북극곰 개체 수의 감소를 예측했지만 실제 감소는 일어나지 않았다.[10] USGS의 예측이 틀렸다고 지적한 크록포드 박사의 결론은 옳았다.[11] 그렇다면 그녀를 '부정하는 자'라고 비난한 이 무리들은 무엇인가? 2018년에 나온 그 학술지의 '정정 사항'에서 저자들은 다음과 같이 언급했다.

> 크록포드는 해빙이 북극곰의 개체군 변화에 미치는 영향을 독자적으로 연구한 적도 없고 권위 있는 학술지에 논문도 발표하지 않았다.[12]

다음은 크록포드 박사가 앤서니 와츠(Anthony Watts, 기상전문기자, 기후위기론을 부정하는 'wattsupwiththat' 블로그 운영)와의 인터뷰에서 답한 내용이다. 인터뷰 내용은 오늘날 기후위기론자들과 정치적 극단주의자들 사이에 만연해 있는 배척문화(Cancel Culture, 망신주기 문화)의 예로서 읽을 가치가 있다.[13] 다음은 인터뷰 내용이다.

> 종 분화에 관한 저의 박사학위 논문은 북극곰 논의가 포함되어 있습니다(Crockford 2004).[14] 또한 나는 권위 있는 학술지에 북극곰이 주 내용인 진화에 관한 논문을 게재했습니다(Crockford 2003).[15] 뿐만 아니라 북극곰의 이종교배에 관해서 참고문헌들과 함께 두 공식적인 논평을 남겼습니다(이렇게 해서 당시 두 학술지에서 다루어지게 된 것입니다). 어떤 이들은 심사위원 검토가 철저히 이루어지지 않았다고 주장하지만, 학술지에서 심사를 거친 것입니다. 이는 블로그에 댓글 다는 것과는 다른 것이며, 승인을 받아야 했던 것입니다. 저는 심사위원의 검토를 받은 학술지에 북극곰의 주요 먹이인 얼룩큰점박이 물개(Ringed Seals)에 대한 논문도 개재했습니다(Crockford and Frederick 2011).[16] 그리고 추크치해(Chukchi Sea) 북극곰의 서식지인 베링 해빙(Bering Sea

ice)의 고생물학에 대한 심사위원 검토를 통과한 논문도 있습니다 (Crockford and Frederick 2007).[17]

심사를 통과한 이러한 논문들이 북극곰에 관한 현장이나 실험실의 연구 결과가 아니고 북극곰에 완전히 초점을 맞추고 있는 것은 더욱 아닙니다. 하지만 논문에서 북극곰 서식지의 역사, 북극곰의 주요 먹이 생태와 생리, 그리고 북극곰의 종으로의 진화에 관한 부분을 다루고 있습니다. 이것은 북극곰에 관한 동물학, 생태학, 유전학, 생리학, 행동양식, 그리고 생활사에 관한 확고한 이해가 필요합니다. 저는 북극곰에 관한 학술지 논문의 정의가 북극곰에 관한 것만을 의미한다고 생각하지는 않습니다. 이러한 주제들은 모두 북극곰의 생물학과 연관된 부분이고 나의 전문성과 무관한 것으로 묵살될 수 없습니다.[¶]

하지만 불행하게도 크록포드 박사에게 아주 나쁜 상황이 오고 있었다. 첫째, 크록포드 박사는 수년간 강연이 있었음에도 보수를 받지 못했으며, 그녀가 외부로부터 '편파적'이라고 비난 받게 되자 빅토리아대 강사처(University of Victoria's Speaker's Bureau)에서 제외되었다. 그러던 중 2019년 10월, 빅토리아대는 그녀가 15년간 유지했던 객원교수(Adjunct Professor) 재임용을 거부했다. 아무

¶ 박사학위를 수여하는데 논문 자체가 특정 영역에 관한 연구나 조사가 이루어지지 않았다는 점에 주목할 필요가 있다. 예를 들어, 박사학위 논문의 주제가 북극곰이라 하더라도 '북극곰 박사학위'라는 것은 없다는 것이다. PhD는 'Doctor of Philosophy' 또는 일반 영어로 '지혜를 사랑하는 사람'을 의미한다. 이것은 좁은 학문 분야 이상의 것을 의미하며, 오히려 지식 탐구에서 광범위한 주제를 연구, 해석 및 이해하는 능력을 나타낸다.

런 이유도 없었다. 대학은 뻔뻔스럽게도 "빅토리아 대학은 말과 행동 모두에서 학문의 자유와 학문적 이슈에 대한 자유로운 토론을 지지한다"라고 선언했다.[18] 현재 그녀는 아무 대학에도 소속되어 있지 않기 때문에, 연구비를 신청할 수도, 대학 도서관을 이용할 수도, 다른 대학 소속 과학자들과 협력할 수도 없다. 크록포드 박사는 대학이 그녀에게 내린 결정을 '밀실에서 재판 과정도 없이 행해진 학술적 교수형'이라고 했다.[19]

북극 지역에는 약 15만 명의 이누이트족이 살고 있다. 캐나다에 약 65,000명, 그린란드에 약 50,000명, 그리고 알래스카와 러시아에는 각각 약 16,000명씩 살고 있다.[20] 그들의 역사는 3~4천 년 전으로 거슬러 올라간다. 그들은 조상 대대로 북극곰을 한두 번은 보았다. 오늘날, 대부분의 이누이트 사람들은 연중 계속 작은 해안가 마을에서 보낸다. 그들은 그곳에서 일생을 보내며 대부분 식량을 그곳에서 조달하고 있다. 유럽인들과 접촉이 있기 전까지만 해도 그들은 북극곰으로부터 고기, 털, 뼈를 구했다. 그들의 썰매를 끄는 개들은 북극곰들이 창을 피하지 못하게 둘러싸고 공격을 하거나 곰의 겨울집에 있는 암컷을 사냥하곤 했다. 이러한 방법은 지금은 실행되지 않지만, 이누이트 사람들은 북극곰에 대한 강한 관심을 유지하고 있는데, 특히 마을 사람들이 곰의 공격으로 사망할 때 그렇다.

캐나다 북동부 지역에 있는 누나부트(Nunavut) 주는 추운 기후로 인해 나무가 없는 곳이다. 대부분의 캐나다 이누이트족은 이곳에 살고 있다. 누나부트 주의 수도 이칼루트(Iqaluit)는 배핀섬(Baffin Island)에 있다. 2018년 11월, 누나부트 주정부는 북극곰이 너무 많아 마을 주민들의 안전을 위협하고 있다는 북극곰 관리 계획 초안을 제출했다(그림 45).[21] 캐나다 정부는 즉시 "과학적 증거와 부합하지 않는다"라는 모호한 주장을 펼쳤지만[22], 이를 뒷받침하는 어떠한 증거도 제시하지 못했다.

북극곰과 함께 살고 북극곰 때문에 사망한 친척이나 친구의 장례식에 참석해야만 했던 사람들조차도 북극곰이 가짜 기후 재앙의 상징으로 만들어졌다는 사실에 지금까지 이의를 제기하지 못하게 되어 있었다. 나는 대중 매체의 음울한 시대에 신선한 바람이 되는 맥클린 잡지(Maclean's Magazine)에 실린 'To Kill a Ploar Bear'라는 기사를 강력 추천한다.[23] 맥클린 잡지에 나온 기사의 이 짧은 구절은 많은 내용을 담고 있다.

> 말리키(Malliki)는 사람들의 주거지는 아주 멀리 떨어져 있고 사냥은 거주지 내에서만 제한되기 때문에 북극곰은 사람의 방해 없이 수백 킬로미터에 달하는 해안선 전역을 돌아다닌다고 말한다. 그는 "북극곰의 수가 증가하고 있어요. 하지만 유감스럽게도 곰을 관찰하는 생물학자들은 볼 수 없다"고 말한다. "과학자들은 남쪽에 살고 있어요. 그들은 이곳에 1~2주 왔다가 다시 내려가지요. 그들은 북쪽에 대해서는 아무것도 모릅니다."

누나부트 주정부 북극곰 공동 관리계획(Nunavut Polar Bear Co-Management Plan) 최종안은 2019년 9월에 발표되었다.[24] 인터

CTV NEWS
Bob Weber, The Canadian Press
Published Monday, November 12, 2018 4:11AM EST

'So many bears:' Draft plan says Nunavut polar bear numbers unsafe

There are too many polar bears in parts of Nunavut and climate change hasn't yet affected any of them, says a draft management plan from the territorial government that contradicts much of conventional scientific thinking.

HUFFPOST

NEWS 11/12/2018 08:50 EST | Updated 3 hours ago

Nunavut Draft Plan Says There Are Actually Too Many Polar Bears In Territory

Scientists say only one population of bears is growing; Inuit say there are nine. Environment Canada says four populations are shrinking; Inuit say none are.

그림 45.

여기서 우리는 북극곰에 관해 수천 년의 경험 지식이 있고 연중 이들과 살아가고 있는 사람들의 생각을 알 수 있다. 이 경우 '전통적 지식'은 과학의 기초가 되는 개인의 관찰에 근거한다.

넷을 샅샅이 검색한 결과 이 계획을 최종적으로 채택한 것에 관한 보도는 단 한 건뿐이었다. 보도한 언론은 누나부트 주 빅토리아섬에 있는 인구 1,766명의 케임브리지 베이(Cambridge Bay)라는 마을에서 발행되는 신문이었다.[25]

기후위기를 조장하기 위하여 북극곰을 감성적 상징으로 자주 이용하는 것은 기부금을 받으려는 환경운동가들, 독자를 찾는 언론, 표를 구걸하는 정치인들, 멸종의 두려움을 영구화하여 연구비를 매년 받으려는 과학자들의 가장 전형적인 사욕추구 사례 중 하나다. 이러한 엘리트층은 일반적으로 서태평양 산호초(Great Barrier Reef, 제2장)와 같이 아주 멀리 떨어져 있는 상징적인 야생생물과 자연의 아름다움을 그들의 경제적 정치적 지원을 끌어내기 위해 사기 조작(Fraud)에 이용하고 있다. 일반 대중은 이러한 주장을 개인적으로는 관찰할 수 없기 때문에 그들의 정확성을 확인할 방법이 없다.

'북극곰 멸종' 사기극의 전모가 마침내 드러난 것처럼 보였을 2020년 7월 20일에, 북극곰은 2100년에 이르러 멸종되거나 거의 멸종에 이르게 될 것이라고 주장하는 여러 명이 공동 저술한 논문 한 편이 『Nature Climate Change』 학술지에 게재되었다. 주 저자인 피터 물나(Peter K. Mulnar)는 토론토대학교 지구변화 개량생태학연구소(Laboratory of Quantitative Global Change Ecology) 소장이다. 그의 주된 관심사는 기후변화가 대형 포유류에 미치는 영향이다.

이 논문의 저자는 연구의 목적을 다음과 같이 기술하고 있다.

> 우리는 여기서 북극곰이 성체 생존과 새끼 출생에 영향을 받거나 개체수가 급속히 감소하기 전까지 먹이를 먹지 않고 견딜 수 있는 최대 날짜를 추정하여 장래 개체군에 미칠 것 같은 영향의 성격, 시간, 우선순위를 결정한다. 지구 시스템 모델의 결과로부터 추정하여 예상되는 얼음 없는 일수와 먹이 없이 견딜 수 있는 날짜의 교차점을 찾는다.[26]

문제의 핵심은 북극곰이 금식의 지나친 부정적 영향으로 멸종에 이를 정도로 번식력이 감소하지 않고 얼마나 오랫동안 먹이를 먹지 않고 견딜 수 있는가이다. 물론, 컴퓨터 모델이 북극곰의 개체 수 감소로 이어질 '해빙이 없는 날의 수'를 예측하는 데 관여한다. 여기서 여름철 해빙이 없는 날과 겨울철 해빙이 없는 날을 구

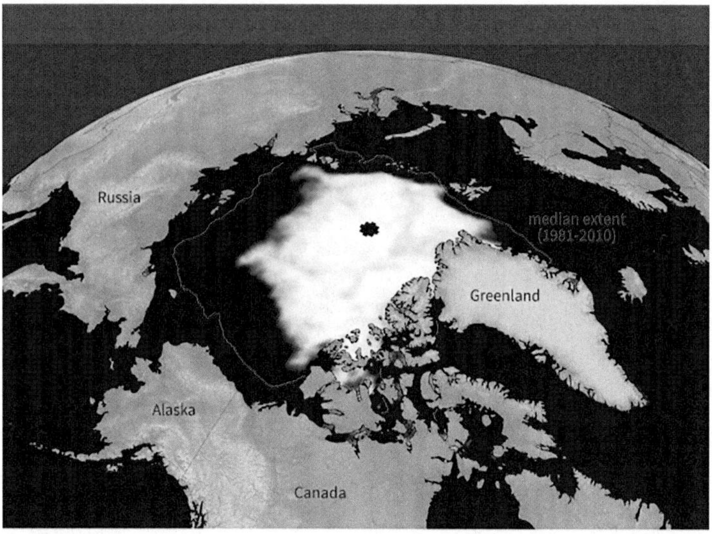

그림 46.

이 그림은 2019년 9월 18일의 해빙 크기를 나타낸다. 이때부터 일반적으로 북극의 해는 더 짧아지고 추워짐에 따라 해빙이 다시 늘어난다. 따라서 이때가 해빙의 크기가 가장 작은 시기다. 빨간색 선은 1980년부터 현재까지의 여름철 최소 해빙 범위 평균값을 나타낸다. 해빙은 2007년 이후 매년 비슷한 최저치로 줄어들었다. 이는 북극 생태계의 생산성에 도움이 될 것이다.

분하지 않는 대표적인 예를 보자. 북극곰은 여름철이면 육지로 올라오지만, 동면하지 않는 한 '먹이를 먹지 않는 것'은 아니다. 암컷만 최대 5개월 동안 동면을 하는데 그때가 바로 새끼를 낳는 시기다. 수컷은 순록, 작은 설치류, 바닷새, 물새, 물고기, 알, 풀(해초), 야생 딸기 등 여름철에 발견할 수 있는 것들을 먹는다.[27] 이러한 사실은 북극곰이 여름철 물개를 사냥할 수 있는 해빙이 없으면 굶게 된다는 이 논문의 전제에 심각한 의문을 가져온다.

북극의 여름철에 해빙이 없는 것으로 알려진 적은 없다(그림 46). 그러나 북극에는 해빙이 완전히 사라지고 북극곰이 육지로 올라와야 하는 곳이 많이 있다. 이미 크록포드 박사의 연구에서 지적된 바와 같이 북극곰들은 이렇게 해빙이 줄어든 상황에서도 살아남는 것이 증명되었다. 하지만 이 논문은 지금부터 2100년 사이의 겨울과 봄에 해빙이 완전히 사라질 것이라고 추론한다. 만약 그런 일이 일어난다면 북극곰이 물개를 사냥하는 것은 불가능할 것이다. 이 논문의 저자들은 마치 미래를 실제로 예측할 수 있는 것처럼 컴퓨터 모델을 또 다시 사용하고 있다. 이제 기후위기론자들이 이 점에 관해서도 마땅히 비난받아야 할 때가 되었다.

요약하자면, 여름철 해빙은 북극곰의 생존을 위해 꼭 필요한 것이 아니다. 하지만 물개를 사냥하기 위해서는 겨울과 봄의 해빙은 꼭 필요하다. 역사를 뒤돌아보면서, 만약 북극곰이 35만 년 전에 진화했다는 것이 사실이라면 지금보다 따뜻했던 과거 세 번의 간빙기 동안에도 살아남았다는 점을 주목해야 한다. 북극곰들이 이보다 더 늦게 진화했다고 하더라도, 그들은 분명 오늘날 우리가 살고 있는 홀로세 간빙기보다도 더 따뜻했던 에미안(Eemian) 간빙기에도 살아남았다. 더군다나, 그린란드 빙핵과 해양 퇴적물에서 채취된 데이터는 지구가 과거 약 5000년 동안 전반적으로 냉각 추세에 있었으며, 오늘날 우리가 살고 있는 짧은 온난기는 냉각 추세에서 잠시 나타나는 현상일 가능성을 보여주고 있다. 우리는 오늘날 북극곰들이 건강하고, 개체 수가 늘어나고 있다는 것을 알고 있다. 그리고 이는 여름철 해빙이 줄어들었음에도 불가하고가 아니라 줄어들었기 때문이다. 미래는 우리가 예측할 수 있는 것이 아니지만 21세기의 기후와 북극곰의 생존에 관해 낙관할 수 있는 이유는 충분히 있다.

제 6 장

지구온난화로 100만 종이 **멸종위기**에 처할 것이다

Fake Invisible Catastrophes and Threats of Doom

지구 역사상 소행성 충돌이나 대규모 화산 폭발로 인해 다섯 번의 대멸종이 일어났다. 금세기에 인간의 자연개발과 기후변화로 여섯 번째 대멸종이 온다고 한다. 인류문명의 발달이 일부 멸종을 초래한 것은 사실이지만, 대멸종이란 터무니없는 거짓말이다. 오히려 지난 100년간 방지 노력으로 멸종 수는 80% 감소했다. 생물 멸종의 진실을 파헤친다.

2019년 5월 22일, 마크 모라노(Marc Morano)와 나는 이름도 어설픈 '생물 다양성 및 생태계 서비스에 관한 정부 간 과학정책플랫폼(IPBES: Intergovernmental Science-Policy Platform on Biodiversity and Ecosystem Services)'의 대표 3명과 함께 미국 하원의 물, 해양 및 야생 동물 소위원회(WOW: Subcommittee on Water, Oceans, and Wildlife)에 참석했다.

IPBES 대표들은 그곳에서 유엔을 대신하여 자신들의 과학자들이 '기후재앙'으로 인한 위협적인 상황과 농경 목적의 토지개간으로 인해 100만 종의 생물이 멸종될 위기에 처해 있음을 밝혀냈다는 것을 증언하기 위해 그 자리에 참석했다.[1,2] 마크와 나는 몇몇 공화당 하원의원들의 초대로 이 주장에 반박하기 위해 그곳에 참석했다. 우리는 만반의 준비가 되어 있었다.

지구상에는 인간에 의해 확인되고, 명명되고, 특징이 밝혀진 약 174만 종의 생물이 살아가고 있다. 여기에는 1백만 종의 곤충이 포함된다. 그중 약 절반은 딱정벌레, 45,000종의 거미, 그리고 조개류, 산호, 나새류(Nudibranchs, 해양 복족류 연체동물), 벌레 등을 포함하는 305,250종의 무척추동물이다. 310,801종의 식물, 48,496종의 이끼와 버섯, 그리고 66,178종의 척추동물(어류 34,000종, 양서류 7,302종, 파충류 10,038종, 조류 10,425종, 인간을 포함한 포유류 5,513종) 등이 있다.[3] 그 외에도 알려진 모든 종들을 합친 것보다 더 많은 종의 곤충이 있다는 점에 주목할 필요가 있다. 새롭게 발견된 종들은 정기적으로 발표되는데, 어떤 해에는 수백 종에 이른다.[4] 만약 앞으로 매년 250종의 새로운 종이 발견된다면, 696만 종을 추가하는 데 27,840년이 걸릴 것이고, 그때 밝혀진 모든 종의 수는 870만 종에 이를 것이다.

하지만 놀랍게도, 2011년에 이미 우리는 지구에 실제로 870만 종이 있음을 믿어달라는 소리를 들었다.[5] BBC 보도를 인용하면 다음과 같다.

> 지금까지 과학자들이 가장 정확하게 추정한 바에 따르면 지구에는 약 870만 종이 있다. 그러나 대부분은 확인되지 않았으며 모든 종의 목록을 작성하려면 1,000년 이상이 걸릴 수 있다.

IPBES는 자신들의 웹사이트에 어떻게 그러한 숫자에 이르게 되었는지에 관해서 게재 날짜도 없는 설명을 올렸다.[6] IPBES는 단순하게 자신들이 주 저자로 쓴 논문을 골라서 지금까지 174만 종만 확인되었음에도 불구하고 그 결론을 확대하여, 그들의 연구에서 실제로 870만(±130만) 종에 이른다고 '제안'했다.[7] '연관된다'라는 단어와 마찬가지로 '제안한다'라는 단어는 과학적인 맥락에서 결코 신뢰해서는 안 된다. 이러한 단어들은 '증명되지 않음', '검증되지 않음', '추측됨'이라는 단어와 동의어다.

이 설명을 쓴 사람은 생물 다양성 및 생태계 서비스에 관한 IPBES 글로벌 평가 보고서의 총괄 책임 저자인 앤디 퍼비스(Andy Purvis) 박사다.

그는 영국 런던 임페리얼 칼리지(Imperial College)의 교수이자 자연사 박물관(Natural History Museum)의 생물 다양성 연구자다. 그가 위원회에 제출한 증언 자료에서 자신이 인용한 논문에 있는 숫자인 870만 종 대신 810만 종으로 적어냈다. 하지만 그 숫자마저도 너무 황당하다. 그가 앞서 언급한 오차 범위 ±130만을 모두 합한 260만까지 고려해도 검증가능한 것으로 알려진 전체 종의 수보다 거의 100만 종이 더 많다. 또 퍼비스 박사는 같은 웹사이트에 매년 10,000종이 새롭게 발견된다고 주장했다.[8] 이는 2018년에 보고된 신종 226종보다 훨씬 더 많은 것이다. 아마 이 기관은 유엔 생물종 과대 및 히스테리성 선언위원회(UNHPSN: UN Commission on Hyperbolic and Hysterical Pronouncements about Species Numbers)로 이름이 바뀌어야 할 것이다.

IPBES는 추가된 669만 종이 실제로 존재하는지에 대한 근거가 없음에도 불구하고 870만 종이라는 수를 사실로 받아들이기를 원한다. 그들은 이것이 "과학자들이 역사상 가장 정확한 추정치라고 여긴 것"이었다고 한다. 나는 이것을 가장 뻔뻔한 수준의 거짓이라고 부른다. 이러한 종들은 감지할 수도 없고 식별할 수 없는데도 불구하고 어떻게 '가장 정확한 추정치'를 만들 수 있을까? 만약 그 어떤 것이 아직 발견되지 않았다면, 그것의 존재 가능성이 얼마나 되는지, 혹은 그중 몇 개가 발견될 것인지 '추정'하는 것은 불가능하다. 더 이상 할 말이 없다. 그리고 유엔의 IPBES 대표들은 미국 의회 위원회에 참석하여 자신들을 '과학자'라고 소개했다.

IPBES의 주장에 따르면, 알려지지도 않고 이름도 없는 669만 종 가운데 1~2백만 종이 오늘 밤 당장 멸종되어도, 우리는 처음부터 이런 종이 존재한다는 것을 몰랐기 때문에 멸종되었다는 것을 결코 알 수 없을 것이다. 이것은 '논리적'이라는 것과는 거리가 멀다. 이것은 가장 추악하고 정직하지 못한 야바위 게임(Shell Game)에 불과하다. 어떻게 이런 수많은 환경운동가들이 애초에 유엔으로부터 승인을 받고 과학자라는 직함을 받게 되었을까? 많은 의문점이 그 답을 요구한다. 가장 중요한 점은 왜 우리가 이들로부터 속고 있느냐는 것이다.

WOW 소위원회의 민주당 의원들은 그들의 발표에 매료되었다. 마치 그들의 권력으로 화석 연료의 사용을 줄여 멸종을 막지 않으면 100만 종이 멸종될 것이라는 발표를 듣고는 기뻐하는 것 같았다.

마크와 내가 참석하리라고는 대다수 민주당 의원은 전혀 예상하지 못했다. 그들은 분명히 인간의 소비문화로 인한 기후위기와 계속되는 토지 파괴적인 식량 생산이 가져온 세계 생물 다양성에 대한 심각한 위협에 대한 논쟁도 없는 일방적인 청문회를 원했다.

우리는 그들과 치열한 논쟁을 벌였다.

첫째, 우리는 전 지구적 생물 다양성이 지구에 생명체가 존재한 이래로 그 어느 때보다도 현대기(Modern Era)의 바로 지금에 더 높다는 점을 지적했다. 『내셔널 지오그래픽』 1999년 2월호에 제시된 그래프는 이를 명확히 나타내고 있다(그림 47). 5억 년 전 다세포 생물이 진화한 이후부터 지금까지 다섯 차례의 대멸종에도 불구하고 분류학상 과(Family)의 수는 끊임없이 증가해 왔다. 분류학상 과에는 보통 동물은 고양이과, 개과, 족제비과 그리고, 식물은 헤더(Heather, 야생화)과, 백합과, 소나무과 등이 있으며 각 과는 많은 종을 포함하고 있다. 수백만 종이 멸종되었음에도, 시간이 지나면서 종의 다양성이 감소한 것보다 더 빠르게 증가했다는 것은 생명 진화의 흥미로운 특징 중 하나다.

『내셔널 지오그래픽』에 이 그래프가 실린 기사에서는 이미 진행 중인 것으로 보이는 여섯 번째 대멸종을 경고했다. 소행성이나 대규모 화산활동으로 인해 발생했던 이전 다섯 번의 대멸종과 달리 이번은 주로 기후변화와 농업 및 도시화를 위한 토지개간 등 인간의 활동이 원인인 것으로 주장했다. 맨 오른쪽 분류학상 과를 나타내는 부분에서 정점을 나타내는 그래프의 하락선이 흐릿하게 변하는 점을 특히 주목할 만하다. 하락세를 나타내고 있는 길이는 현대기에 생존하는 약 38개 과에 속한 종 전체가 멸종되었음을 나타낸다. 오른쪽 하단에는 다음과 같이 감소에 대해 언급하는 내용이 기재되어 있다.

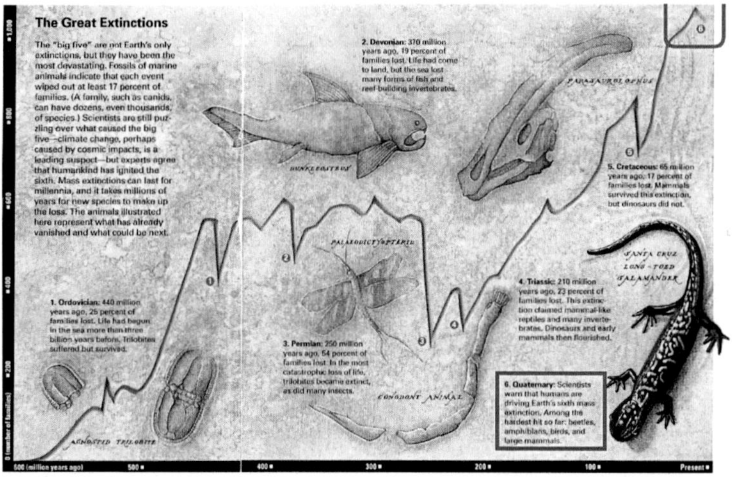

그림 47.

이 그래프는 지난 6억 년 동안 다섯 번의 대멸종 사건에도 불구하고 종 다양성의 지속적인 상승 행진을 보여준다. 가장 큰 사건은 2억 5천만 년 전 모든 분류학상의 과(Family) 54%가 사라진 페름기(Permian)의 멸종이었다. 그러나 생물 다양성은 수백만 년에 걸쳐 반복적으로 회복된 이후 현대기에 이르러 최고점에 도달했다.

과학자들은 인간이 지구의 여섯 번째 대멸종을 주도하고 있다고 경고한다. 지금까지 가장 큰 타격을 입은 것들은 딱정벌레, 양서류, 조류, 그리고 대형 포유류다.

인간이 수천 년 동안 멸종을 초래한 것은 사실이지만, 인간 때문에 과(Family)에 속한 모든 종(Species)이 멸종되었다는 기록은 없다. 이 그래프가 처음 출판되었을 때, 나는 『내셔널 지오그래픽』에 편지를 써서 "왜 선이 흐릿하게 변합니까?"하고 물었다. "알려진 분류학상의 과가 실제로 최근에 멸종된 것이 있나요?" 나는 '그래프의 내용에 암시된 것처럼 딱정벌레, 양서류, 조류, 그리고 대형 포유류가 멸종된' 것에 관한 어떤 분류학상의 과도 아는 바가 없다.

나의 문의에 대한 답변은 이 기사를 작성한 연구원 가운데 한사람인 로빈 아들러(Robin Adler)로부터 왔다. 그녀는 '이처럼 복잡하고 논란의 여지가 있는 이슈에 관한 나의 의견'에 대해 감사드린다고만 하고, 그 그래프에 관한 나의 질문에 대해서는 답을 하지 않았다. 대신 그녀는 나에게 이렇게 요청했다.

> 염려 마십시오... 우리 편집팀의 많은 구성원들이... 보전 생물학, 고생물학, 그리고 관련 분야의 많은 전문가와 긴밀히 협력하고 있습니다. '여섯 번째 대멸종'에 관한 개념은 폭넓게 논의되고 있습니다. 그것이 언제 발생할지 그리고 영향을 받을 종의 수와 같은 구체적인 세부 사항들은 계속 논의되고 있습니다만, 대부분은 이 분야의 우리 자문위원과 기타 전문가들의 강력한 지지를 받고 있습니다.

나는 안심할 수 없었다. 왜 그 그래프의 선이 흐리게 변했는지에 대한 답은 전혀 없었다. 멸종되었다는 딱정벌레, 양서류, 조류, 또는 대형 포유류에 대한 목록도 없었다. 그리고 이는 '전문가들'이 여섯 번째 대멸종이 이미 일어나고 있다고 말한 것이 아니라, '그것이 일어날 시기에 대한 구체적인 세부 사항'이라는 그녀의 표현에 의하면 예측에 불과한 것이라는 것이 명백하다. 하지만 여섯 번째 대멸종을 특집으로 한 기사는 멸종이 이미 상당한 수준으로 진행되고 있다는 것을 아주 분명히 보여줬다.[9]

인간의 활동이 멸종을 야기하지 않았다거나 미래에 절대 초래하지 않으리라는 것은 아니다. 최초의 대대적인 멸종이 시작된 것은 인류가 아프리카에서 나와 인류가 없었던 땅을 점령했을 때이다. 사실, 6만 년 전, 인류가 호주에 도착했을 때, 인류는 창을 가진 사람으로부터 도망친 적이 없는 크고 움직임이 느린 포유류의 멸종을 초래했지만, 그러한 포유류들은 분명 수백만 년 전부터 존재했던 인간 이외의 포식자들로부터 자신을 방어했다.

인간이 약 16,000년 전 마지막 빙하 극대기 동안 베링육교(Bering Land Bridge)를 건너 처음으로 북미를 점령했을 때, 짐작건대 인간이 식량과 가죽을 얻으려고 크고 움직임이 느린 수많은 동물을 사냥했기 때문에 멸종되었을 것이다. 500년 전 유럽인들이 아프리카, 아시아, 그리고 뉴질랜드, 모리셔스, 하와이 같이 멀리 떨어져 고립된 많은 섬들을 식민지로 삼으면서부터 어마어마한 멸종이 시작되었다. 대부분의 경우 그들과 함께 유입된 쥐, 고양이, 여우, 뱀과 같은 외래종 포식자들 때문에 멸종되었다. 다른 경우는, 극동 지역으로 항해하는 선원들의 식량으로 이용되었던, 모리셔스(Mauritius)에 살았던 날지도 못하고 움직임이 느린 도도새(Dodo Bird)의 멸종처럼, 과도한 사냥에서 비롯된 것이다.

인간이 유인원에서 진화해온 아프리카 대륙의 적도에서는 인간에 의해 조류와 포유류가 멸종된 사례가 거의 없었다는 점이 흥미롭다. 이는 인간이 화살, 곤봉, 창을 들고 갑자기 그곳에 도착하지 않았다는 사실이다. 아프리카 적도의 동물들은 수백만 년 동안 인간과 함께 진화했으며, 그 동물들도 사냥 기술이 발달하면서 인간에 적응했다. 인간보다 더 빨리 달리는 능력은 먹잇감을 사냥하는 데 유리했다.

수천 년에 걸쳐 일어난 여러 개별적 멸종을 아주 오래전에 발생한 대멸종과 비교한다는 것은 완전히 잘못된 생각이다. 2억 5천3백만 년 전의 페름기 멸종은, 모든 해양 종의 96%와 모든 육상 척추동물의 70%에 이른다.[10] 다섯 번의 대멸종은 지표면에 구멍을 낼 만큼 거대한 소행성이 충돌하여 수십억 톤의 파편이 성층권으로 퍼져감으로 인해 광합성이 차단되어 지구 전체의 먹이사슬이 끊어졌기 때문이거나, 또는 이와 비슷하게 대대적인 화산폭발로 인해 높은 대기층에 그와 같은 파편들을 날려 보냈기 때문이다. 가장 최근에 있었던 6천6백만 년 전 대멸종은 멕시코의 북부 유카탄에 충돌한 소행성 때문이라는 것은 아주 확실하다.[11] K-T 멸종이라 불리는 이것은 모든 공룡을 포함하며, 모든 육상과 해양 종의 75%를 멸종에 이르게 했다.

보다 최근에 멸종이 많이 일어난 시기에는 대부분 과잉 사냥이나 퇴치 프로그램 때문이 아니라 의도치 않게 발생한 것이다. 당시에는 그러한 종들을 보호하려는 대중운동이 전혀 없었다. 1914년 북미 대륙에서 나그네 비둘기(Passenger Pigeon)가 멸종되고 나서야 일반 대중은 멸종을 막기 위한 프로그램에 관심을 두고 지원하게 되었다.[12] 지난 100년 동안 주로 자연보호론자, 사냥꾼, 환경주의자, 그리고 정치인들이 원인을 방지하기 위한 노력에 힘입어 멸종의 수는 약 80% 정도 감소했다(그림 48).

이 '생물 멸종'도 적어도 '기후 대재앙'만큼 터무니없는 공포 이

10년 단위로 멸종된 모든 생물종 적색 리스트(1870-2009)

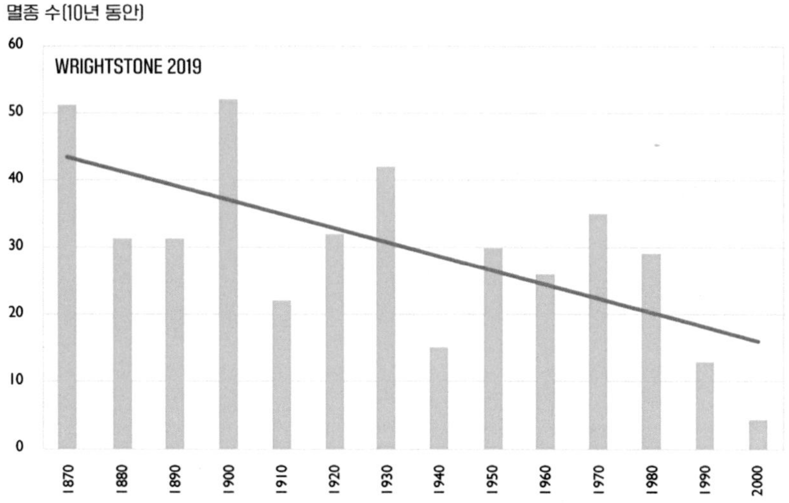

자료: 국제자연보전연맹(IUCN) 멸종위기종 적색 리스트(www.iucnredlist.org)

그림 48.

1870년부터 2009년까지 모든 멸종을 나타낸 그래프. 멸종을 방지하기 위한 프로그램들이 채택되면서 뚜렷한 내림세가 나타나고 있다. 지난 140년 동안 413종이 멸종되었다. 이는 현재 알려진 160만 종의 0.025%이고, '추정되었다'라고 한 870만 종의 0.005%에 불과하다. 이 수치를 지난 5억 년 동안 50%에서 95% 이상의 종들이 아주 짧은 기간에 멸종되었던 다섯 번의 대멸종과 비교한다는 것은 터무니없는 일이다.

야기다. 이 두 이야기 모두 분별력이 있는 사람들이 독자적으로 확인할 수 없는 관찰 불가능한 요소들을 근간으로 하고 있다. 이 둘 다 우리를 겁주려는 목적으로 이권을 선점하는 자들의 짓이다. 듣는 사람들이 속지 말아야 한다.

마침내 하원 위원회의 다수당인 민주당 의원들은 회의를 연기하고 몇 주 후에 다른 위원회와 새로운 회의를 소집할 것을 결정했지만 마크 무라노와 나는 초대 받지 못했다. 이후 개최된 위원회는 유엔의 IPBES가 말도 안 되는 헛소리를 마음껏 유포하고 아무런 이의 제기도 없었던 공식적인 기록을 하원에 제시했다. 마크와 나의 증언은 취소되었다. 이러한 작태가 오늘날 미국 하원의 민주당원들 간에 벌어지는 과학적인 진상을 밝히는 수준이다.

제 7 장

태평양 한가운데 광활한 **플라스틱 쓰레기 더미**가 있다

Fake Invisible Catastrophes and Threats of Doom

환경단체가 태평양 한가운데 한반도 면적 여섯 배에 달하는 광활한 플라스틱 쓰레기 더미가 있다고 사진을 조작하여 퍼뜨리고 있다. 또 먼바다 외딴섬 해안까지 쓰레기로 뒤덮이고 플라스틱으로 고래와 바닷새가 죽어간다고 선동하고 있다. 선동의 실체를 살펴보고 해양 생태계에서 플라스틱의 놀라운 역할을 알아본다.

'녹색'운동과 언론이 퍼뜨리는 터무니없는 낭설은 끝이 없다. 수년 동안 광활한 태평양 쓰레기 더미 이야기는 엄청난 환경 비극으로 알려져 왔다. 태평양 쓰레기 더미는 프랑스 국토의 세 배, 미국 텍사스주 면적의 두 배(한반도 면적의 여섯 배) 크기라고 한다. 인터넷상에는 태평양 중심 해역이 떠다니는 쓰레기(대부분이 플라스틱)로 완전히 뒤덮여 있는 사진으로 가득하다(그림 49). 다음은 이 낭설을 다룬 CNN 방송의 인용문과 관련 주석이다.

> 태평양에 소용돌이치고 있는 거대한 쓰레기 더미는 예상보다 빠르게 확장되고 있으며 이제는 프랑스 면적의 3배에 달하고 있다. 과학 보도 자료에 발표된 3년간 연구 결과에 따르면, 태평양 쓰레기 더미에 관해 알려진 규모는 약 160만 평방킬로미터에 이르며, 이전의 추정치보다 16배나 더 커졌다. 이 정도 규모는 미국 텍사스주 면적의 두 배가 넘는다.[1]

그림 49.

이러한 사진들은 태평양 쓰레기 더미를 상징적으로 나타내는 데 자주 사용된다.* 하지만 이 사진은 2011년 일본 동북부 바다의 지진과 쓰나미 여파로 나온 것이다. 당시 거의 모든 도시와 마을을 바닷물로 휩쓸어 20,000여 명의 사망자가 발생했으며 후쿠시마 원전사고를 일으켰다. 이 사진의 배경에서 멀지 않은 곳에 육지가 보이는 것으로 미루어 분명 태평양 한가운데서 찍은 사진은 아니다.

* Parsons School of Design, "The Great Pacific Garbage Patch," undated. http://b.parsons.edu/~pany468/parsons/political_website/source2/index.html.

쓰레기 더미는 완전 조작된 것이다

그 외에도 규모와 위치가 태평양 쓰레기 더미라고 주장하는 화상 조작된(Photoshopped) 사진들이 많이 있다(그림 50과 51). 많은 사람들은 자신들이 직접 태평양 한가운데로 가서 그 사실을 확인할 수 없기 때문에 이러한 사진들이 사실이라고 믿고 있다. 하지만 이러한 사진들은 100% 조작된 것이다.

그림 50.

이 태평양 쓰레기 더미를 나타내는 사진 규모는 미국의 48개 주(하와이와 알래스카를 제외한) 전체에 해당하는 크기임을 나타낸다. 이 웹사이트에서는 이것이 '새로운 항공 관측' 결과라고 주장하면서도 "이 쓰레기 더미는 실제 육안으로 보이는 것은 아니다"라고도 설명한다.*

* Mihai Andrei, "Aerial survey shows the 'Great Pacific Garbage Patch' is much larger than we thought," ZME Science, October 6, 2016. https://commons.wikimedia.org/wiki/File:Pacific_Ocean_satellite_image_location_map.jpg.

다행히, 태평양 전체를 담고 있는 매우 선명한 사진이 있다. 이것은 선명하고 완전히 구름 한 점 없는 이미지를 만들어내기 위해 1년에 걸쳐 여러 해역을 조각조각 촬영하여 합한 사진이다. 이 사진에서는 태평양 한가운데 눈에 띄는 쓰레기 지대가 없기 때문에 아무것도 보이지 않는다. 텍사스주 두 배 크기로 유명한 태평양 쓰레기 더미는 조작된 것이다. 쓰레기 더미는 어디에도 존재하지 않는다(그림 52).[2]

내가 강연 중 태평양 쓰레기 더미가 사기극이라는 사실을 지적했을 때 일부 청중은 강하게 반박했다. 가장 일반적인 반박은 쓰

그림 51.

태평양 쓰레기 더미를 나타내는 이 사진은 거의 남아메리카의 절반의 크기임을 나타낸다. 이것은 실제로 수많은 위성 이미지들을 합성한 것으로 구름에 가려지지 않은 전 지구를 나타낼 수 있도록 짜깁기 한 것이다. 이 태평양 쓰레기 더미는 그야말로 사진 위에 그리거나 포토샵 한 것이다. 이 사진이 게재된 웹사이트에서는 그 쓰레기 더미를 '위성 이미지'라고 한다.*

* Isabella Pruna, "Ocean Health and Advocacy," November 18, 2018. http://art3170c-sula.blogspot.com/2018/11/ ocean-health-and-advocay-isabella-pruna.html.

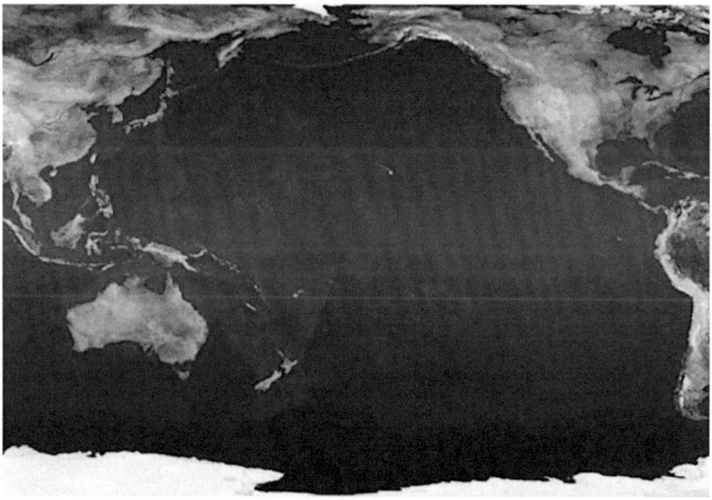

그림 52.

이것은 구름 한 점 없는 전체 지역을 담기 위해 1년 동안 위성에서 촬영한 사진들을 합한 것이다. 하와이 섬들은 쉽게 인식할 수 있지만, 그 섬들이 분명 텍사스주 크기의 두 배는 아니다.

레기 더미는 수면 바로 아래 있기 때문에 위성이나 항공기에서 볼 수 없다는 것이다. 나는 많은 시간을 스쿠버 다이빙과 스노클링을 하며 보낸 경험이 있다. 내 경험에 의하면 대부분 물체는 뜨거나 가라앉았으며 아주 드물게 수면 아래 일정한 깊이에서 멈춰 있었다. 플라스틱으로 된 물건에는 부력을 조절하는 장치가 없으며, 대부분 물보다 밀도가 낮거나 높다. 태평양 쓰레기 더미가 보이지 않는 이유는 투명한 플라스틱이기 때문이라고 말한 사람도 있었다.

쓰레기 더미 옹호자들은 마지막에는 플라스틱이 바닷물에서는 미세 플라스틱 형태로 있다고 주장한다. 달리 말하면 플라스틱은 작아서 보이지 않는다는 것이다. 이것은 다른 많은 사례와 마찬가지로 단지 보이지 않는 가짜 재앙에 불과하다. 이쯤이면 고개를 흔들고 단념할 수밖에 없다. 만약 그 플라스틱 더미가 눈에 보이지 않는 미세 플라스틱으로 이루어져 있다면, 어떻게 태평양 쓰레기 더미가 미국 텍사스주 크기의 두 배라는 딱지를 붙일 수 있을까?

물론, 바다에 떠다니는 플라스틱 파편들도 있지만, 거대한 더미를 이루는 것은 아니다. 이는 매우 광범위하게 흩어져 있고 대부분 버려진 어구들이다(그림 53).

그림 53.

이 배는 48일 동안 미국 캘리포니아와 하와이 사이의 '태평양 쓰레기 더미'를 샅샅이 훑었고 103톤의 플라스틱을 인양했다. 대부분이 그물과 밧줄과 같은 버려진 어구들임을 알 수 있다. 어망은 플라스틱이라서 문제가 아니라 물고기와 다른 해양생물을 포획할 수 있어서 심각한 문제다. 어망은 해양 생물들을 얽어맬 수 있어서 '유령 그물'이라 불린다. 어부들을 중점적으로 교육하는 프로그램은 이 문제를 줄이는 데 큰 도움이 될 것이다.*

* Jessica Stewart, "Largest Ocean Cleanup Hauls 103 Tons of Plastic from the Pacific Ocean," My Modern Met,July 8, 2020. https://mymodernmet.com/ocean-voyages-institute-great-pacific-garbage-patch-cleanup/.

해양 플라스틱은 환경 재앙인가?

'플라스틱'을 부정적인 용어로 만들기 위한 엄청난 노력을 기울였고 지금도 여전히 진행 중이다. 이는 말 그대로 화석연료를 '더러운 석탄(Dirty Coal)'과 '더러운 석유(Dirty Oil)'라고 부르는 화석연료 반대 캠페인과 유사하다. 분명히 더러운 것(Dirt, 다른 뜻으로 먼지 또는 흙)은 우리가 먹는 대부분의 식량과 가축 사료를 재배하는 곳이기 때문에 나쁜 것이 아니다. 화석연료의 경우 '더러운(Dirty)' 이라는 단어는 '더럽고 썩어빠진 악당(Dirty Rotten Scoundrel)'처럼 모욕적이거나 경멸적인 비방으로 사용된다. 이것은 허위 과장 선동이다. 그 선동의 핵심은 '더러운'과 같은 부정적인 단어들로 경멸 대상을 연상시키려는 것이다.

사실 '플라스틱과의 전쟁'은 화석연료 반대 캠페인의 대리전이다. 거의 모든 합성 플라스틱 폴리머(Synthetic Plastic Polymer)는 화석연료로 만들어진다. 폴리스티렌(Polystyrene)과 폴리프로필렌(Polypropylene)은 석유로부터 제조된다. 폴리에틸렌(Polyethylene)은 석유나 천연가스로부터 만들어질 수 있다. 폴리비닐 클로라이드(Polyvinylchloride: PVC 또는 Vinyl)는 천연가스와 식용 소금(NaCl)으로부터 만들어진다.

흥미롭게도, 자연은 30억 년이 넘는 진화 과정을 통해 플라스틱 폴리머(Polymer)를 만들어냈다. 셀룰로스(Cellulose)는 이산화탄소와 물이 광합성으로 결합해서 생긴 글루코스(Glucose) 폴리머다. 이 사실을 대부분 사람은 모르고 있다. 지구의 초기 생명체는 세포벽을 만들기 위해 포도당 분자를 한 줄로 연결하여 섬유질을 형성하는 능력을 발달시켰다. 그래서 셀룰로스는 최초의 플라스틱이다. 그런 의미에서 종이도 셀룰로스로 구성되었기 때문에 플라스틱이다. 레이온(Rayon)도 셀룰로스로부터 합성되기 때문에 플라스틱이다. 나무도 합성 폴리머와 플라스틱을 만드는 데 사용되는 셀룰로스와 리그닌(Lignin)으로 구성되었기 때문에 기술적으로 플라스틱이다. 면화도 거의 순수한 셀룰로스이기 때문에 또 다른 플라스틱이다. 플라스틱은 더러운 말이 아니다. 플라스틱은 가장 다양한 용도로 사용되는 유용한 물질 그룹 중 하나다. 셀룰로스와 동일한 플라스틱이 없는 삶은 절대 가능하지 않을 것이다.

플라스틱 반대 운동은 플라스틱을 환경적 관점에서 극도로 부정적인 것으로 묘사하는 데 매우 성공적이었다. 이러한 묘사에서 가장 효과적인 방법 중 하나는 의도적으로 사람들이 그 장면을 보면 움찔하게 만드는 이미지를 억지로 꾸미고 각색하는 것이다(그림 54).

플라스틱이 배에 가득 찬 채 죽어있는 새의 사진이 있는 기사에는 독일의 한 해변에 떠내려온 13마리의 향유고래(Sperm Whale)에 관한 설명이 있다. 그 기사는 고래의 배가 플라스틱으로 가득 차 있었다고 주장한다. 하지만 이 기사는 그 새의 사진이나 인용 자료에 대한 증거는 제시하지 않고 있다.[3] 그 기사에 나타난 유일한 향유고래의 사진은 13마리 중 2마리가 해변에 좌초된 것을 보여준다(그림 55).

고래들도 엄청난 양의 플라스틱을 삼키고 있다는 것을 보여주기 위해 완전히 연출된 또 다른 이미지가 있다. 이 고래는 인위적으로 조작된 것이고, 플라스틱은 필리핀에서 활동하는 그린피스 회원들이 고래의 입에 삽으로 떠 넣은 것이다(그림 56).

그림 54.

이 죽은 앨버트로스 새끼는 일부러 배를 가르고 플라스틱 물건들로 채워 넣은 것이다. 새들은 플라스틱을 삼키면 플라스틱은 모래주머니로 가게 되어 있다. 이 앨버트로스 새끼가 몸통 크기의 모래주머니를 갖고 있지 않기 때문에 이 사진은 가짜다. 하지만 유감스럽게도 이 사진은 의도했던 혐오감을 불러일으켰다.

그림 55.

2016년 1월 독일의 한 해변에 좌초된 향유고래 13마리 중 2마리. 전 세계에서 해마다 수백 마리의 고래들이 좌초되는 것은 매우 흔한 일이다. 고래들이 좌초되는 것은 현대 플라스틱이 발명되기 훨씬 전부터 수백만 년 동안 일어나고 있었다.*

* Ed Yong, "The Tiny Culprit Behind A Graveyard of Ancient Whales," February 25, 2014 https://www.nationalgeographic.com/science/phenomena/2014/02/25/the-tiny-culprit-behind-agraveyard-of-ancient-whales/.

그림 56.

입안에 플라스틱이 가득 찬 고래 모형은 배 안에 29킬로그램의 플라스틱이 들어있는 것으로 알려진 향유고래가 스페인 해안으로 좌초된 기사에 올려진 유일한 사진이다. 그 기사에는 실제 향유고래에 관한 어떤 증거도 제시되지 않았다.*

* Chris McDermott, "Giant 'Dead Whale' Is Haunting Reminder of Massive Plastic Pollution Problem," EcoWatch,May 15, 2017. https://www.ecowatch.com/dead-whale-plastic-pollution-2408402292.html.

해양 플라스틱의 다양한 장점

버려진 어망에 물고기가 계속 갇히고 거북이와 같은 해양 생물종이 얽히며, 심지어 고래까지도 걸려드는 사례를 보면 플라스틱이 해양 생태계에 해를 줄 수 있음은 사실이다. 어민들이 손상된 그물을 부두로 가져와 폐기하도록 설득하는 것이 국제 캠페인 자체의 주요 목표가 되어야 한다. 그리고 때로는 고래가 플라스틱을 삼킬 수도 있다. 하지만 그 자체가 이 기사에서 은연중에 암시하고 있는 일종의 떼죽음을 초래한다는 징후는 없다.

앞서 언급했듯이 나무는 산소가 들어있는 것을 제외하면 합성 플라스틱처럼 수소와 탄소로 만들어진 일종의 플라스틱이다. 바다에는 많은 나무가 떠다니고 있다. 다음은 한 환경주의자가 설명한 바다에서 나무의 생태학적 역할이다.

> 바다에서 새로운 삶을 시작하기 위해 육지를 떠난 뗏목이 다시 육지로 돌아갈 가능성은 매우 희박하다. 하지만 바다에서 방향을 잃었다고 해서 떠다니는 나무의 존재감이 없어진 것은 아니다. 작가 브라이언 페이튼(Brian Payton)이 최근 하카이 잡지(Hakai Magazine)에서 언급한 바와 같이 나무는 공해상에서 약 17개월간 떠 있을 수 있으며 이때 나무는 바닷새를 파도로부터 보호해 주고 먹이와 그늘, 알을 낳을 수 있는 자리를 제공하는 등 특별한 휴식처를 제공한다. 이처럼 먼바다의 떠다니는 나무는 다양한 해양 생물을 수용할 수 있는 '부초 덩어리'가 된다.
>
> 떠다니는 나무 위에는 알을 낳는 소금쟁이류의 곤충(날개 없이 바다 위를 걷는)들이 살고 있다. 이러한 생물들은 대양에 사는 유일한 곤충에 해당한다. 또 페이튼은 바다에 떠다니는 나무를 이용하는 생물들은 100여 종의 무척추동물과 130여 종의 어류가 있다고 했다.[4]

떠다니는 나무를 서식지로 사용하는 모든 생물 종의 관점에서 볼 때 플라스틱도 전혀 다르지 않다. 나무와 마찬가지로 떠다니는 플라스틱도 수많은 해양 생물 종에게 서식지를 제공하는 떠 있는 '부초 덩어리'다. 사실, 플라스틱병이나 용기는 형태적인 측면에

그림 57.

다음은 플라스틱 컵 안에 있는 게의 사진 아래 쓰여 있는 것이다. "필리핀 베르데섬에 버려진 밀크티 컵 안에 갇혀 있는 한 마리의 게(© Noel Guevara/Greenpeace)."* 하지만 그 게는 사실 '갇힌 것'이 아니다. 게는 그 컵을 은신처, 다시 말하면 주거지로 사용하는 것이다. 수백여 종의 해양 생물들은 물 위에 부유하거나, 물 아래 떠다니거나, 바닥으로 가라앉아 있는 플라스틱으로부터 혜택을 누리고 있다.

* Greenpeace International, "Learn About Plastic Pollution," 2020. https://www.greenpeace.org/international/campaign/toolkit-plastic-free-future/learn-about-plastic-pollution/.

서 훨씬 더 다양하기 때문에 나무보다 더 광범위한 서식처를 제공한다(그림 57).

플라스틱은 독성이 없다. 독성이 전혀 없는 나무에 못지않다. 하지만 수많은 웹사이트에서는 계속해서 플라스틱이 바다로 '화학물질'과 '독성물질'을 침출한다고 주장하고 있다.[5,6] 이것은 사실이 아니다. 우리가 많은 음식을 플라스틱 용기에 담고 플라스틱 랩으로 포장하는 데는 그럴만한 이유가 있다. 이는 플라스틱이 음식물을 오염과 부패로부터 보호하고, 멸균되어 있고, 독성물질이 없기 때문이다. 그러나 잠시 생각해 볼 점은, PVC(Polyvinylchloride) 플라스틱은 염소(Chlorine)를 함유하고 있는데 염소는 그 자체만으로는 가스 상태이고 매우 독성이 강하다는 것이다. 그래서 PVC는 어떤가? 실제로 바닷물에서 가장 흔한 염분은 식탁용 소금이라고 알려진 염화나트륨(Sodium Chloride)이라는 것이다. 염화나트륨은 해양생물을 포함한 모든 동물에게 필수 영양물질이다.[7] 화학이란 정말 흥미롭고 매력적이다!

바다에 있는 플라스틱이 주는 가장 중요한 혜택 중 하나는, 떠다니는 나무처럼, 부유하는 물체에 스스로 부착하는 따개비와 같은 많은 종에게 서식처를 제공한다는 점이다(그림 58). 다른 종들도 떠다니는 나무와 플라스틱 위에 알을 낳는다. 이는 다시 물고기와 새들에게 먹이를 제공하게 된다. 물 위에 떠다니는 플라스틱이 해양 생물들에게 추가로 먹이를 제공하는 혜택은 플라스틱에 가끔 얽혀 손상을 입거나 죽음에 이르게 되는 것보다 훨씬 크다는 점에는 의심의 여지가 없다.

이 주제에 관해서는 대다수 동물이 관(Tube) 모양의 기관을 갖고 있다는 것에 주목하는 것이 중요하다. 이것은 인간을 포함한 모든 척추동물과 지렁이, 조개, 곤충, 새우, 해삼, 그 외의 많은 생물체에 해당한다. 음식은 튜브의 한쪽 끝을 통해 섭취되고 다른 쪽 끝에서 폐기물이 배출된다. 진화는 섭취하는 구멍을 배출하는 구멍보다 더 작게 만들 정도로 상당히 지능적이었다. 따라서 인간은 거의 모든 것을 질식사하지 않고 삼킬 수 있고 삼킨 것은 나머지 관을 관통할 수 있다. 하버드 의과대학에 있는 인간의 장폐색(Bowel Obstructions)에 관한 웹사이트에는 수많은 요인이 열거되

그림 58.

원양 거위 목 따개비(Pelagic Gooseneck Barnacle)가 작은 플라스틱 어장 부표가 표류물에서 해양 쓰레기로 바뀌기 전에 그것을 에워쌌다. 만약 플라스틱 물체들이 바다에 떠다닌다면 그 플라스틱은 곧 바로 많은 종의 서식처가 될 것이다(사진- 패트릭 무어).

어 있지만 커다란 물체를 삼킨 것에 관해서는 언급이 없다.[8]

나는 그린피스 캠페인으로 수많은 잠수를 하던 과정에서 바다 생물들이 플라스틱에 붙어 서식하고 있는 것을 자주 목격했다. 물고기나 새들이 때로는 작은 플라스틱 조각을 삼키게 되는 이유 중 하나는 플라스틱 위에서 자라는 먹이를 먹으려다가 삼키게 되는 것이라는 것에는 의심의 여지가 없다. 만약 먹이가 작은 나무 조각 위에서 자라고 있었다면 그들은 똑같이 했을 것이다.

해양 플라스틱에 대해 가장 심하게 조작된 '낭설' 중 하나는 어미 앨버트로스가 새끼에게 비닐봉지를 먹이고 있고, 이것 때문에 새끼들이 때로는 죽어간다는 이야기다. 데이비드 애튼버러(David

Attenborough) 경은 영국 BBC방송의 푸른 지구(Blue Planet) 시리즈에서 비닐봉지와 플라스틱 필름 조각들은 어미 앨버트로스가 새끼들에게 먹인 것이라고 주장하고 있다.[9] 하지만 어미 앨버트로스가 실제로 새끼들에게 비닐봉지를 먹이는 동영상이나 사진은 없다.

포유류와 달리 조류는 이빨이 없기 때문에 먹이를 씹을 수 없다. 독수리, 물수리, 매와 같은 맹금류는 큰 먹이를 삼킬 수 있을 만큼 작은 조각으로 찢을 수 있다. 하지만 대부분 새는 먹이를 통째로 삼킨다. 포유류와는 달리, 새는 두 개의 위를 가지고 있다. 하나는 인간처럼 위산을 분비하여 소화하는 곳이고 다른 하나는 소화되지 않는 단단한 물체를 이용하여 음식물을 분쇄하는 근육질로 된 모래주머니다. 육지에 살거나 육지 가까이 사는 새는 소화 작용을 위해 자갈을 이용한다. 하지만 바다에서는 자갈을 쉽게 구할 수 없다. 바닷새들이 가장 먼저 선택할 수 있는 것은 해저 화산에서 나오는 부석(Pumice)으로 이는 기본적으로 물 위에 떠다니는 돌이다. 떠다니는 부석을 구할 수 없으면 바닷새들은 단단한 나무 조각, 나무에서 떨어져 나온 떠다니는 견과류, 그리고 기타 적당한 크기와 견고함이 있는 어떤 것이든 사용할 것이다. 또 바닷새들은 먹이로 섭취한 오징어의 딱딱한 부리는 소화를 위해 모래주머니에 남겨둔다. 플라스틱이 바다로 유입되면 바닷새들은 플라스틱을 모래주머니에 넣어 단단한 물체로 사용하는 것에 매우 만족한다. 바닷새들이 플라스틱을 먹이로 착각해서 새끼들에게 주지 않는다. 새들이 그 정도로 멍청하지 않다. 바닷새들은 새

끼들이 플라스틱 조각을 모래주머니에서 먹이를 소화하는 데 사용할 수 있도록 준다.[10]

데이비드 애튼버러 경은 PBS 시리즈 10부작을 바탕으로 1998년에 출판한 『새들의 삶(The Life of Birds)』의 작가다.[11] 그가 과연 새의 모래주머니에 대해 모를 수가 있을까? 새끼가 음식을 제대로 소화하기 위해서는 딱딱한 것을 먹어야 한다는 사실과 다 자란 후에도 같은 목적으로 단단한 물체를 계속 섭취해야 한다는 것은 말할 필요도 없다. 애튼버러는 앨버트로스 어미가 새끼들에게 플라스틱을 먹이고 있다고 주장하고 있을 때 왜 '모래주머니'라는 단어를 언급조차 하지 않았을까?

내가 인터넷을 낱낱이 검색하면서 찾을 수 있었던 유일한 이미지에서는 앨버트로스가 새끼에게 전해주는 것은 플라스틱 봉지가 아니라 모래주머니 기능에 적합한 단단한 플라스틱 조각이었다(그림 59).[12]

스미소니언 해양 포털(Ocean Portal of the Smithsonian)과 국립 자연사 박물관(National Museum of Natural History)이 관리하는 웹사이트에는 다음과 같은 주장이 있다.

> 많은 새들이 바다에 부유하는 플라스틱과 그 외 다른 조각들을 먹이로 착각하고 뜻하지 않게 먹게 된다. 하지만 레이산 앨버트로스(Laysan Albatrosse)가 부리로 수면을 걸어내는 방식으로 물고기, 오징어, 기타 해산물들을 포획하기 때문에 문제는 더욱 심각해진다. 그렇게 먹이를 잡다가 앨버트로스는 의도치 않게 많은 플라스틱을 물게 되고,

그림 59.

앨버트로스 어미가 새끼에게 적당한 크기의 단단한 플라스틱 조각들을 건네준다. 이것은 모래주머니에서 소화를 돕는 데 활용될 것이다. 바닷새는 자갈을 사용하는 육지 새보다 자신들에게 알맞은 단단한 물체를 찾기가 더 어렵다. 바다 표류물에 플라스틱이 추가된 것은 바닷새들이 돌을 대체할 만한 적당한 것을 찾기 어려울 때 도움이 되었다.

이것을 다시 새끼들에게 먹이게 된다. 성장한 앨버트로스는 삼킨 플라스틱을 다시 토해낼 수 있다. 하지만 새끼들은 다시 토해낼 수 없어 플라스틱이 배에 가득 차게 된다.

플라스틱이 새끼들에게 미치는 영향은 과학적으로 증명되지 않았다. 플라스틱은 새끼들의 배에 상처를 내거나 죽게 할 가능성이 있다.[13]

스미소니언은 이런 허위 주장을 한 것에 대해 스스로 부끄러워해야 한다. 앞서 언급한 바와 같이, 새와 물고기가 플라스틱 조각을 삼키는 이유 중 하나는 플라스틱에서 자라고 있는 먹이를 얻기 위해서이다. 새는 플라스틱을 먹이로 '오인'하거나 비닐봉지를 먹이로 생각하고 새끼에게 먹일 정도로 멍청하지 않다. 앨버트로스를 비롯한 대부분 바닷새는 어미들이 플라스틱 조각을 먹는 것처럼 새끼에게도 의도적으로 딱딱한 플라스틱 조각을 주는 것은 육지 새가 새끼에게 자갈을 먹이고 자신도 한평생 자갈을 섭취하는 것과 같은 이유다.

스미소니언이 "성장한 앨버트로스는 삼킨 플라스틱을 토해낼 수 있지만, 새끼들은 다시 토해낼 수 없어 플라스틱이 배에 가득 차게 된다"라고 한 설명은 신뢰성이 없다.

이것은 잘못된 설명이다. 앨버트로스 어미는 새끼가 둥지에 있는 동안 소화를 돕기 위해 거의 1킬로그램 정도의 딱딱한 물체를 새끼에게 준다. 새끼들의 깃털이 자라서 날기 전, 새끼는 모래주머니에 있는 딱딱한 물체들을 다 토해낸다. 그렇지 않으면 그 단단한 물체들이 너무 무거워 날 수 없을 것이다. 새끼들이 토해내는 물질을 '덩어리(Bolus)'라고 한다. 스미소니언은 '모래주머니'나 '덩어리'라는 단어를 언급하지 않았다는 점에 주목해야 한다. 데이비드 애튼버러처럼, 그들은 모래주머니의 존재에 대해 가장 잘 알고 있음에도 불구하고 의도적으로 모래주머니에 대해 밝히는 것을 도외시했다. 그들과 동료들은 일반인들이 멀리 떨어진 망망대해 섬까지 가서 스스로 그 진실을 관찰할 수 없다는 것을 알고 우리에게 거짓말을 하는 것이다. 이는 공공에 대한 범죄다. 과학자들은 높은 수준의 도덕적 기준을 지켜야 한다. 더군다나 이따위 싸구려 허위 선전은 낮은 도덕적 기준에도 맞지 않는다. 같은 웹사이트에는 스미소니언이 주장하는 앨버트로스의 '위'에 있는 내용물을 보여주기 위해 죽은 새끼 앨버트로스의 배를 가른 일련의 이미지들이 전시되어 있다. 나는 이 이미지들이 조작되었다고 생각한다(그림 60). 내가 틀렸을 수도 있지만 나는 이런 이미지들을 믿을 만하다고 생각하지 않는다. 이유는 그 이미지에 있는 플라스틱 양은 문서로 기록된 앨버트로스 새끼의 모래주머니에 들어있는 양보다 최소 10배는 많기 때문이다.

이 허위정보 캠페인의 중심에는 그린피스가 있다. 다음은 내가 마이클 코놀리, 로란 코놀리, 이멜다 코놀리(Drs. Michael, Ronan, and Imelda Connolly) 박사들과 더불어, 윌리 순(Dr. Willie Soon) 박사와 공동 저술한 그린피스 캠페인 정책과 모금 전략에 관한 논문에서 발췌한 것이다.[14]

『발췌문 시작』

그린피스는 레이산 앨버트로스가 멸종 위기에 처해 있으며 원인은 플라스틱이라고 주장하고 있다. 다음은 그린피스 미국 웹페이지(Greenpeace USA's webpage) 내용이다.

> 앨버트로스 죽음이 더욱 비극적인 이유는 해양 쓰레기, 주로 플라스틱을 먹이로 착각하고 삼키기 때문이다. 새들의 배가 담뱃불 라이터, 칫솔, 주사기, 장난감, 옷핀, 기타 모든 형태의 플라스틱 재질로 된 쓰레기가 가득 채워진 채로 발견된다. 미드웨이 환초(Midway Atoll)에서는,

그림 60.

스미소니언 웹사이트에 있는 이미지 중 하나다. 앨버트로스가 먹이 소화를 돕기 위해 단단한 플라스틱 조각을 사용한다는 사실을 여기서 언급하지 않고 있다. 앨버트로스가 플라스틱을 먹이로 착각하기 때문이 아니다. 모든 새는 먹이를 소화하기 위해 적당히 단단한 물체를 사용하는 모래주머니를 갖고 있기 때문이다. 이러한 이미지들은 인터넷을 통해 널리 퍼져있으며, 이것은 플라스틱 조각이 실제는 매우 유용한 역할을 하고 있음에도 플라스틱이 나쁜 것이라는 오명을 씌우는 데 이용된다. 이러한 이미지들은 거의 조작에 가깝다. 어떤 앨버트로스 새끼도 모래주머니에 이처럼 많은 플라스틱이 들어있지 않기 때문이다. 이 장과 관련하여 조사한 모든 연구 자료를 검토해 보면 플라스틱 조각은 앨버트로스의 모래주머니에 들어있는 물체들 가운데 소수에 불과하다.

40%가량의 앨버트로스 새끼들이 영양분이 없는 쓰레기로 가득 채워진 채 탈수와 굶주림으로 죽는다. 미드웨이 환초의 앨버트로스는 연간 약 5톤의 플라스틱을 새끼들에게 먹이는 것으로 추정된다.

이 종은 개체 수 감소를 따라잡을 만큼 빠르게 번식할 수 없기 때문에 심한 멸종 위기에 처해 있다(그림 61).[15]

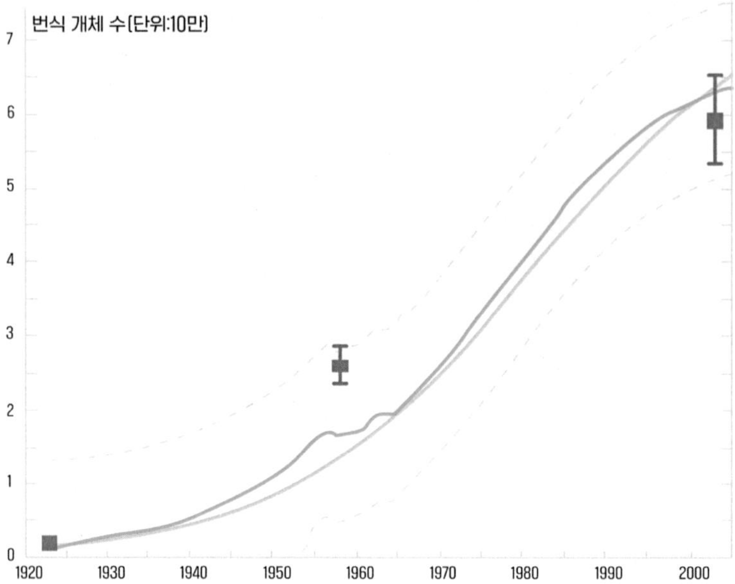

그림 61.

레이산 앨버트로스 개체 수 그래프.* 깃털을 얻으려는 사냥꾼에 의해 개체 수가 대량 감소했지만,** 꾸준한 회복세로 결국에는 개체 수가 안정적인 최대 수용상태(Carrying Capacity)에 도달할 것이다. 분명, 대단히 '위협적인 존재'인 해양 플라스틱은 개체 수를 감소시키지 않았다. 그린피스는 레이산 앨버트로스의 개체 수 감소를 따라잡을 만큼 빠르게 번식할 수 없기 때문에 심각한 멸종 위기에 처해 있다고 주장한다.*** 아마 그들은 이 그래프를 본 적이 없을 것이다.

* Javier A. Arata, "Status Assessment of Laysan and Black-Footed Albatrosses, North Pacific Ocean, 1923-2005," US Geological Survey, 2009. https://pubs.usgs.gov/sir/2009/5131/pdf/sir20095131.pdf.

** "The Feather Trade," New Hampshire PBS, 2020. https://nhpbs.org/wild/feather.asp.

*** Greenpeace, "Albatross," December 2015. https://www.greenpeace.org/usa/oceans/wildlife-facts/albatross/.

많은 바닷새 종들은 일상적으로 플라스틱 조각과 오징어 부리, 부석(물 위에 떠다니는 화산암의 일종), 견과류, 나무, 기타 부유물과 같은 소화되지 않는 물체를 섭취한다는 사실이 1960년대 이후부터 알려져 왔다.

거의 40년이 훨씬 지난 후, 그레이 연구팀(Gray, et al. 2012)은 플라스틱 재질에 특별히 초점을 두고, 레이산 앨버트로스 18마리와 검은 발 앨버트로스 29마리를 대상으로 유사한 연구를 시행했다. 그들의 연구는『Marine Pollution Bulletin』이라는 학술지에 게재됐다.[16]

연구원들이 1960~1980년대에 바닷새들이 플라스틱 조각을 섭취하고 있다는 사실을 처음으로 알게 되었을 때 그들은 충격을 받고 경악했다. 첫 번째 생각은 바닷새들이 실수로 플라스틱을 '먹는다'라는 것이었다. 바닷새들은 어떻게 플라스틱을 '먹이'로 생각했을까? 아니면 바닷새들이 플라스틱을 어떻게 먹이와 함께 삼킨 것일까? 더욱 놀랍게도 새끼들은 어미보다 10배 이상 플라스틱이 배에 들어있는 것 같았다. 또 어미 바닷새들은 자신들이 먹는 것보다 훨씬 더 많은 플라스틱 조각을 새끼들에게 먹이는 것 같았다.

연구원들은 이 모든 플라스틱이 바닷새들에게 해를 줄까봐 걱정하게 되었다. 특히 다음 사항에 대해 가장 우려했다:

1. 날카로운 플라스틱 파편이 새의 위벽을 잘라 새들이 굶어 죽게 할 수 있을까?
2. 배에 소화되지 않고 쌓여있는 플라스틱으로 인해 잘못된 '포만감'을 느껴 굶어 죽게 되지는 않을까?
3. 배 속에 과하게 많이 들어있는 플라스틱으로 인해 어린 새끼들과 성장한 새들이 날기 어렵게 되는 것은 아닐까?

이러한 걱정은 수많은 연구로 이어지게 된 합리적인 관심사였다. 후에 논의하겠지만, 모든 관련 연구가 끝난 지금 제기된 의문 사항에 관한 답은 간단히 '아니다'라고 할 수 있다. 바닷새들은 작은 플라스틱 조각들을 잘 이용하고 있을 뿐만 아니라, 유용한 소화 보조수단으로 플라스틱을 의도적으로 찾고 있다. 플라스틱은 바닷새가 수백만 년 동안 소화 보조수단으로 사용해온 자연에서 나오는 부석, 오징어 부리, 기타 소화되지 않는 물체들을 대신하는 유익한 대체재로 볼 수 있다.

앨버트로스는 비교적 큰 새라는 이유로 가장 많은 양의 플라스틱을 섭취하는 것처럼 보인다. 하지만 그 외의 많은 바닷새 역시 소화되지 않는 물체(오징어 부리, 모래, 곤충 등)와 함께 소량의 플라스틱 조각들을 섭취한다. 모저와 리(Moser and Lee, 1992)는 1975년부터 1989년까지 장기간에 걸쳐 가장 포괄적인 조사를 했다. 그들은 38종에 이르는 총 1,033마리의 바닷새를 분석했다. 그들은 38종 중 21종은 적어도 약간의 플라스틱을 섭취했고, 일부 종(Northern Fulmars, Red Phalaropes, Greater Shearwaters)은 플라스틱 조각을 자주 섭취한다는 것을 발견했다.[17]

그래서 많은 바닷새가 자연에서 나오는 다른 많은 유형의 소화되지 않는 물질과 함께 플라스틱 조각을 섭취하고 있는 것은 사실이다. 이러한 플라스틱 입자의 평균 크기는 매우 작다(1그램 이하). 플라스틱은 바닷새들이 섭취하는 소화되지 않는 물질 가운데 극히 일부만을 차지하고 있으며, 자연에서 나오는 부석과 오징어 부리가 훨씬 많다. 또 바닷새들이 1960년대 이후부터 플라스틱을 섭취해온 것으로 나타났다. 케년과 크리들러(Kenyon and Kridler)[18]와 그레이 등(Gray, et al)[19]의 결과를 비교해 보면 그 후 플라스틱 섭취량은 증가하지 않은 것으로 보인다.

하지만 그린피스는 이 모든 연구를 무시하고 앞에서 제기한 모든 우려에 관한 답변을 '예'라고 허위 주장한다. 게다가, 그들은 이것은 새롭게 점점 커지고 있는 '위기'이며, 선진국의 '일회용 플라스틱' 사용과 관련이 있음을 다음과 같이 비열하게 시사하고 있다.

> 우리의 바다는 서서히 플라스틱 수프로 변하고 있고 해양 생물에 미치는 영향은 소름 끼친다. 커다란 플라스틱은 거북이와 바닷새들을 질식시키거나 얽혀들게 하고, 작은 조각들은 동물성 플랑크톤에서 고래에 이르기까지 그것을 먹이로 착각한 해양 생물들의 위를 막고 있다. 이제 플라스틱은 해양 먹이 사슬의 모든 단계에 침입해 있고 결국은 우리 식탁 위의 해산물에도 들어가 있다.[20]

> 섭취한 플라스틱은 동물들의 장을 틀어막고 위의 효소 분비를 방해하기 때문에, 생체 내 화학 반응 부담으로 인해 호르몬 수치를 교란하거나 다른 생물학적 영향을 줄 수 있다는 우려가 커지고 있다. 해마다 약 100만 마리의 바닷새와 10만 마리의 해양 포유류가 플라스틱을 먹거나 나일론 낚싯줄, 그물, 여섯 개짜리 플라스틱 캔 홀더(Six-Pack Plastic Can Holder), 또는 플라스틱 밧줄에 얽혀 죽는 것으로 추정된다.[21]

만약 그린피스의 무시무시한 주장이 사실이라면, 그것은 우려할 만한 사항이 될 것이다. 하지만, 실제로 그들의 주장을 조사하던 과학자들이 어떤 결론을 내렸는지 살펴보자.

이러한 주장을 조사한 최초의 체계적인 연구는 1980년대 말부터 1990년대 초까지 이루어진 피터 라이언(Peter Ryan)의 대학원 논문에서 이루어졌다. 피터 라이언은 플라스틱 조각이 바닷새들에게 유해할 가능성을 추정할 수 있는 여러 가지 기작을 고려해 보았지만, 모든 증거에서는 바닷새들이 잘 지내고 있음이 나타났다. 그의 연구 결과는 하와이에서 개최된 1989년 국제 해양 쓰레기 회의(International Conference on Marine Debris)에서 발표한 내용에 잘 요약되어 있다.

> 제대로 통제된 샘플들 사이에서 통계학적으로 특별히 부정적인 상관성은 발견되지 않았다. 이는 섭취로 인한 영향이 비교적 적거나 다른 변수에 의해 자주 가려진다는 점을 시사한다.[22]

다른 연구자들의 연구 결과도 그와 같았다. 예를 들어, 다음은 위에서 언급했던 모저와 리(Moser and Lee) 연구의 주된 결론이다.

> 우리는 가장 많은 양의 플라스틱이 들어있는 종 – Northern Fulmars(*Fulmarus glacialis*), Red Phalaropes(*Phalaropus fulicaria*), Greater Shearwaters(*Puffinus gravis*) – 조차도 플라스틱 섭취가 바닷새의 건강에 영향을 준다는 증거를 찾지 못했다.[23]

또 모저와 리는 연구자들이 원래 제기했던 몇 가지 우려 사항에 대해 직접 답을 했다. 바닷새가 플라스틱 때문에 잘못된 '포만감'을 느낌으로 인해 굶주리고 있다는 주장과 관련하여 그 주장이 잘못되었다는 것을 그들은 다음과 같이 밝혔다.

> 섭취한 플라스틱이 내장에서 포만감을 주고 식욕을 감소시킨다면 바닷새가 굶주리게 될 것이다(이것이 문제가 될 수 있음을 시사하는 1985년 연구 인용). 우리는 이 연구에서 조사한 바닷새에서 이러한 영향에 대한 어떠한 증거도 발견하지 못했다. 복부 포만감은 내장에 들어있는 플라스틱의 양과 상관관계가 없었다.[24]

그들은 또 플라스틱이 새의 위벽을 상처를 낼 수도 있다는 주장도 검토했다. 이 주장에 관한 어떠한 증거도 역시 없었다.

> 우리가 조사한 바닷새 중 약 20마리의 Northern Fulmars와 Greater Shearwaters가 모래주머니의 기능을 방해할 만큼 많은 플라스틱이 축적되어 있기는 했지만, 소화기관이 꽉 막히거나 폐쇄된 증거는 발견되지 않았다.[25]

그들은 바닷새들 사이에 플라스틱 섭취는 흔한 일이라는 사실에 동의했다. 그리고 이것이 새들에게 해롭다는 우려는 근거가 없는 것 같다.

결론적으로, 우리의 연구 결과는 플라스틱 섭취는 서부 북대서양의 바닷새들 사이에서는 널리 퍼져있음을 보여준다. 하지만 우리는 플라스틱 조각 섭취가 서부 북대서양 바닷새들에게 해롭다는 증거는 찾지 못했다. 해양 플라스틱 섭취로 건강상 위해를 가장 많이 당할 것 같은 바닷새(Northern Fulmars, Red Phalaropes, Greater Shearwaters)에서 어떠한 증상도 나타나지 않았으며, 특히 Northern Fulmars는 연구하는 동안 실제로 서부 북대서양에서 그 개체 수와 다양성이 증가했다.[26]

또 다른 잠재적 우려는 플라스틱 조각들이 바닷새의 배에 점점 누적되고 시간이 지나면서 새의 위가 플라스틱으로 꽉 차게 된다는 것이었다. 하지만, 이제는 바닷새가 섭취한 소화되지 않는 물질(오징어 부리, 부석 등)처럼, 플라스틱 조각들도 닳아 없어지기 전까지 단 몇 달 동안만 머무른다는 사실이 확실해지고 있다.

일례로, 반프래네커와 로(van Franeker and Law, 2015)는 플라스틱이 위에 남아있는 기간에 관한 초기 추정치(6개월에서 1년 또는 더 길게)들 가운데 일부가 지나치게 길다는 것을 발견했다. 그들은 다음 사실을 알아냈다.

여름철 동안 배 속에 남아있는 플라스틱 조각들이 한 마리당 5월에는 8.6개, 6월에는 3.2개, 7월에는 1.2개, 8월에는 0.8개로, 전체 90% 가량 감소했다.[27]

플라스틱 조각들이 바닷새들의 배에 누적되기보다, 정작 바닷새들은 해마다 대체할 입자를 수집해야만 하는 것으로 보인다.

따라서 그린피스의 거듭된 주장에도 불구하고, 우리는 이제 바닷새들이 플라스틱 입자를 섭취하는 것이 새들의 건강에 어떤 나쁜 영향도 미치지 않는다는 것을 알게 되었다.

『발췌문 끝』

데이비드 애튼버러 경, BBC, 스미소니언, 그리고 그린피스는 의도적으로 거짓말을 하고 있으며, 아무도 자신들에게 시비 걸지 않기를 바라고 있음이 분명하다. 바닷새, 모래주머니, 그리고 소화 보조수단으로 사용되는 단단한 물체에 대한 진실을 아는 사람은 거의 없다. 과학자 외에는 거의 아무도 바닷새의 번식지에 대한 현장 조사를 하지 않는다. 그리고 환경운동가, 언론, 일부 과학자들은 '플라스틱을 먹이로 착각하는 새' 이야기에 기꺼이 협력한다. 이것은 아주 멀리 동떨어져 있어서 일반 대중들이 혼자서 관찰할 수 없고 그 문제에 대한 진실을 밝힐 수 없는 상황에 대한 명백한 하나의 사례다.

분명히 해양 플라스틱에 관한 우려는 해양생물이 걸려들거나 다치게 할 수 있는 버려진 어망과 기타 물체들에 초점을 맞출 수 있도록 좁혀져야 한다. 최종 결론은 플라스틱의 다양한 장점은 부정적인 면보다 훨씬 더 크다.

헨더슨섬 - '지구에서 가장 플라스틱 오염이 심한 곳'

헨더슨섬(Henderson Island)은 세계에서 가장 외딴곳 중 하나이기 때문에 그 섬이 어디에 위치하는지 아는 사람은 많지 않다. 그 섬으로 가려면 우선 타히티(Tahiti)까지 비행기를 타고, 다음에는 감비아 제도(Gambier Islands)의 망가레바섬(Mangareva Island)까지 또다시 4~5시간 비행기를 타고 가서, 다시 핏케언섬(Pitcairn Island)까지 3일간 배를 타고 간 다음에는 아무도 살지 않고 항구도 없는 헨더슨섬까지 마지막 168킬로미터를 배로 데려다줄 사람을 찾아야만 한다. 헨더슨섬은 남회귀선 바로 남쪽에 있다.

2017년 6월 6일 미국 국립과학아카데미 회보(Proceedings of the National Academy of Sciences)는 헨더슨섬의 "플라스틱 쓰레기 밀도는 전 세계에서 가장 높다"는 논문을 발표했다.[28] 그 후 헨더슨섬에서 찍었다고 주장하는 사진과 함께 많은 언론 보도가 있었다(그림 62와 63).[29,30]

헨더슨섬을 방문하기 가장 좋은 시기에도 수만 달러의 비용과 몇 주가 걸린다. COVID-19 규제로 방문은 불가능할 수도 있다. 그래서 나는 Google Earth Pro로 확대해 보았다(그림 64, 65, 66). 이는 37.3평방킬로미터에 달하는 헨더슨섬 전체다.

플라스틱 쓰레기에 대한 여러 가지 보도에 따르면 쓰레기로 가장 심하게 오염된 해변은 동쪽 해안에 있다고 주장하고 있다. 다음은 동쪽 해안의 모래사장 이미지들이다. 나는 섬의 모든 해변을 확대해 보았지만 플라스틱 쓰레기 같은 것은 하나도 보지 못했다.

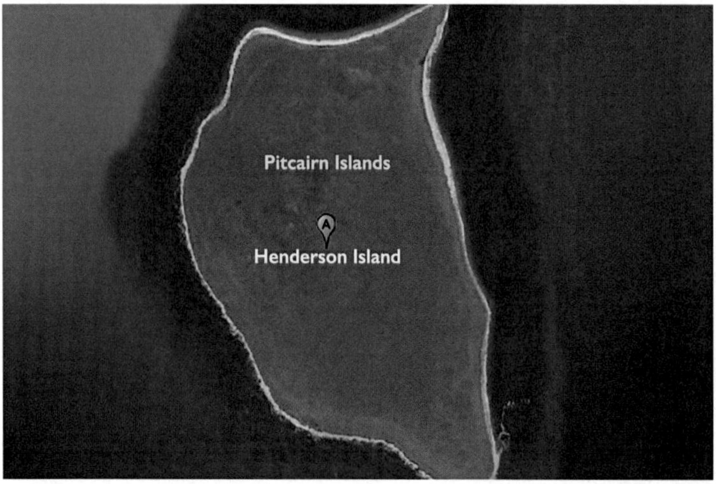

그림 62.

헨더슨섬은 융기된 산호초다. 하늘에서 내리는 비가 곧바로 다공성 산호로 스며들기 때문에 민물 공급원이 없다. 사람이 살지 않는다. 헨더슨섬은 1988년 유엔의 세계문화유산으로 지정됐다.

그림 63.

헨더슨섬의 해변이라고 주장하는 많은 사진 가운데 하나. 플라스틱이 어디에 있든 대부분 어업 장비다.

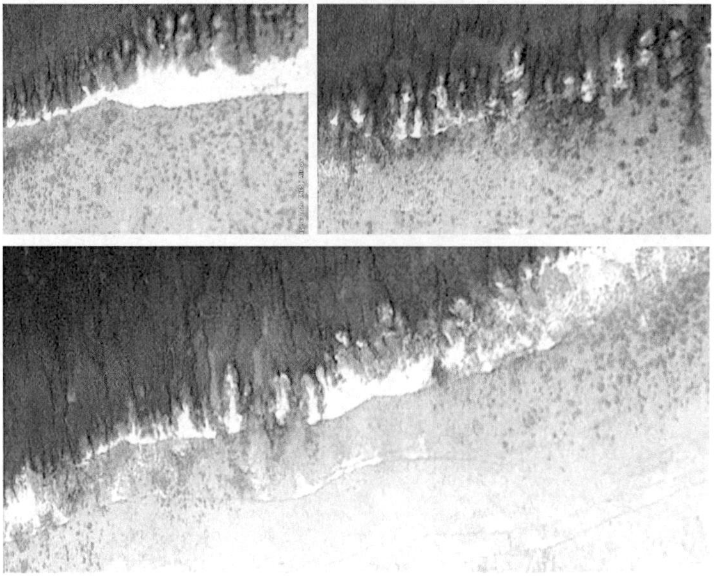

그림 64, 65, 66.

이 사진들에서는 헨더슨섬 동쪽 해안에 플라스틱 쓰레기가 보이지 않는다. 내가 섬의 모든 해변들을 확대해 보니 모두 다 이 해변과 비슷해 보인다. 헨더슨섬에 실제 지구상 어느 곳보다 가장 많은 플라스틱 쓰레기가 있다는 주장을 확인하기 위해서는 독자적인 팀이 별도로 섬으로 가야 한다.

그들의 사진들이 보여주는 상태의 플라스틱 양이 있다면, 분명 이 정도 해상도에서는 그것을 볼 수 있어야 한다고 생각한다(그림 64, 65, 66).

에너지화: 버려진 가연성 물질의 해결책

플라스틱 폐기물 얘기가 나온 김에, 더 넓은 차원에서 도시 고형 폐기물이라 불리는 일반 쓰레기에 관해 살펴보자. 폐기물은 크게 금속, 유리, 가연성 물질(종이, 목재, 플라스틱, 음식물 쓰레기) 세 가지 범주로 나눌 수 있다. 금속은 재활용하기 가장 쉽고 경제적인 물질 중 하나다. 미국에서는 금속의 86%가 재활용된다. 유리 역시 쉽게 재활용되며, 남는 것이나 재활용이 어려운 것은 아스팔트나 콘크리트의 골재로 사용할 수 있다. 대부분의 종이 제품은 재활용이 가능하며 오늘날 재활용 비율이 매우 높지만 끈적끈적한 기름이나 음식에 오염된 종이는 재활용할 수 없다. 목재 폐기물, 특히 건물을 철거하는 과정에서 발생하여 나오는 것은 흔히 짧은 조각으로 버려지고 못이 가득 박혀 있기 때문에 더욱 문제가 된다. 많은 양의 플라스틱은 재활용할 수 있지만, 플라스틱 필름과 오염된 플라스틱의 상당한 량은 재활용되지 않는다. 음식물 쓰레기는 에너지 원으로 전환(Waste-to-Energy)되거나 정원 토양용 퇴비로 만들 수 있다. 마지막에 매립지로 가는 폐기물 대부분은 전기와 열을 생산하는 데 사용될 수 있는 가연성 물질로 구성되어 있다. 이것은 정말 소중한 자원을 낭비하는 것이다.

흥미롭게도, 가장 흔한 가연성 물질은 생명의 근원이다. 목재와 종이는 나무에서 만들어지고 플라스틱은 주로 석유와 천연가스에서 만들어진다. 둘 다 해양 생물의 퇴적물이 변형된 것이다. 그리고 음식물 쓰레기 또한 당연히 생물체에서 비롯된 것이다. 이러한 탄소 기반의 가연성 물질들은 궁극적으로는 태양 에너지와 광합성의 산물이다. 우리는 그러한 에너지를 회수하여 전기와 열로 바꿀 수 있다.

더 이상 사용하지 않는 가연성 폐기물을 매립지에 버리거나 환경을 어지럽히는 것을 방지하는 궁극적인 해결책은 폐기물 에너지화 시설(Waste-to-Energy Plant)이다. 이것은 전 세계 도시에서 증명되어 왔다. 대부분의 선진국에서 채택된 엄격한 기준을 충족하는 오염 제어 기능을 갖춘 최첨단 기술이 여기에 사용된다(그림 67).

전 세계적으로 2,450개가 넘는 폐기물 에너지화 시설이 있으며 가까운 미래에 1,100개 이상을 추가로 건설할 계획이다.[31] 2020년부터 2050년까지 전 세계의 폐기물 에너지화 시설 시장은 연평균 6.5%가량 성장할 것으로 전망된다. 유럽연합은 인구의 약 4%(1천8백만 명)가 충분히 사용할 수 있는 전기를 생산하는 492개의 폐기물 에너지화 시설이 있으며, 인구의 약 3.5%(1천5백만 명)에 충분한 난방용 열을 공급하고 있다(그림 68).[32] 일본에는 380개의 폐기물 에너지화 시설이 있다.[33]

국제에너지기구(IEA: International Energy Agency)의 2019년 1월 보고서에 따르면, 중국은 2017년 말부터 339개 발전소에서 7.3기가와트를 생산하는 세계에서 가장 큰 폐기물 에너지화 시설 용량을 가진 국가가 되었다. 1기가와트는 대형 원자로 1기 또는 대형 석탄발전소 2기 용량에 해당한다. 중국에서 이 산업은 지난 5년간 연평균 1기가와트씩 성장했으며, 지금은 연간 1억 톤이 넘는 고형 폐기물을 처리할 수 있는 중국 최대 바이오 에너지 용량을

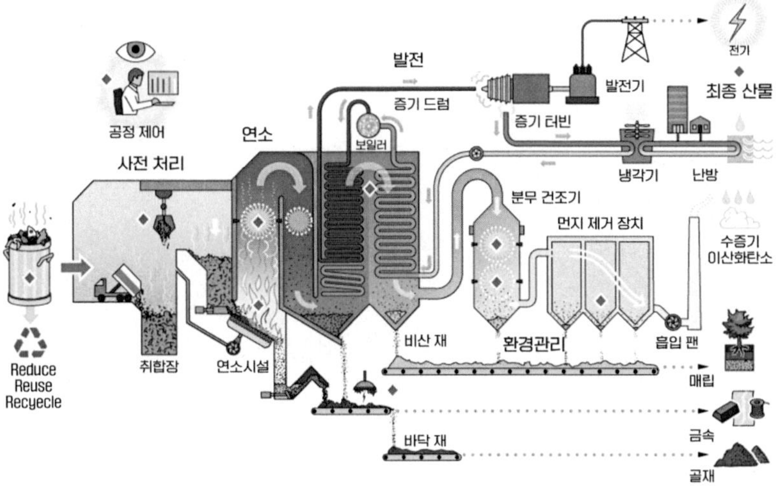

그림 67.

폐기물 에너지화 시설의 계통도. 재사용이나 재활용에 적합하지 않은 모든 가연성 폐기물을 사용할 뿐만 아니라 강철 띠가 있는 타이어와 못이 박힌 목재 같은 것이 혼합된 제품에서 금속을 분리해낼 수 있다. 바닥에 남는 재는 골재로 사용될 수 있다. 비산 재와 오염제어 장치에서 나오는 찌꺼기만 매립하면 된다.

갖게 됐다.[34]

미국은 2017년 기준으로 2억 6천8백만 톤의 고형 폐기물이 배출됐고, 그중 53%는 매립지로, 35%는 재활용되거나 퇴비로 사용됐고, 13%는 에너지로 전환되었다.[35] 캐나다는 2018년 기준으로 3천4백만 톤의 도시 폐기물이 배출되었으며 이 중 27%가 재활용되거나 퇴비로 사용됐다. 폐기물 에너지화에 대한 통계를 찾기는 어렵지만, 캐나다는 폐기물의 3~5%만이 에너지화되는 것으로 나타났다. 이는 적어도 폐기물의 60%가 매립지로 가게 되고, 매립지 폐기물은 메탄가스를 방출하며 흔히 침출수로 토양을 오염시키는 것을 의미한다.

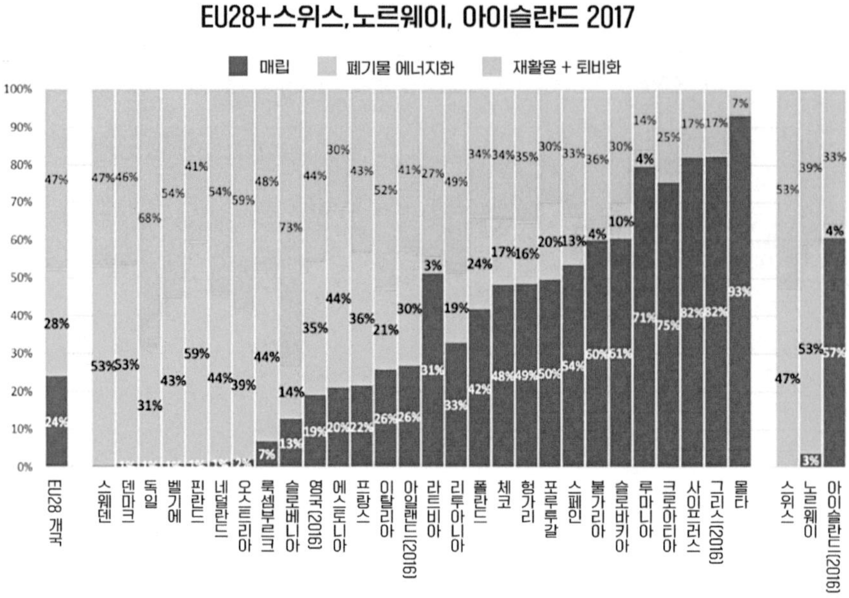

그림 68.

유럽 각 도시의 고형 폐기물 처리를 비교해 보면 서유럽과 동유럽 국가들 사이에 큰 차이가 있음을 알 수 있다. 독일은 폐기물의 59%를 에너지로 생산하는 반면 슬로베니아는 폐기물 73%를 재활용하거나 퇴비로 만든다. 많은 동유럽 국가들은 북미에서와 같이 폐기물의 상당 부분을 매립지로 보낸다.

미국과 캐나다가 매립지에 의존하는 데는 여러 가지 이유가 있다. 일본이나 유럽처럼 인구 밀도가 높은 나라들 보다 대부분의 북미지역은 땅값이 비싸지 않다는 것도 그중 하나다. 하지만 미국과 캐나다에 폐기물 에너지화 설비가 별로 많지 않은 주된 이유 중 하나는 '녹색' 운동의 강력한 반대 때문이다. 이를 살펴보면, 녹색 운동가들은 화석연료를 태우는 것을 반대할 뿐만 아니라 나무를 태우는 것도 강력히 반대하고 있다는 사실이 분명하다. 그들은 재사용이나 재활용에 적합하지 않은 폐기물을 태우는 것도 좋아하지 않는다. 다시 말하면, 그들은 연소라 부르는 태우는 것에 대해 반대한다. 이 반대로 폐기물 에너지화라는 선택 대안에 대한 정치적 지원이 부족해진 반면에, 비싸고 안정적이지 않은 비싼 풍력과 태양 에너지에는 막대한 보조금이 지원되는 결과를 초래했다. 폐기물 에너지화 설비는 화석연료를 대체할 뿐만 아니라, 환경에 버려지는 플라스틱을 비롯한 상당한 양의 폐기물을 줄이는 결과를 가져온다.

폐기물 에너지화에 대해 비판하는 사람들은 재활용되어야 할 물질이 용광로에서 끝나게 된다고 주장하지만 이것은 경우가 다르다. 폐기물의 에너지 회수율이 가장 높은 국가가 재활용률 또한 가장 높다는 것이 그림 68에 잘 나타나 있다. 폐기물 재활용과 에너지화를 감소시키는 것은 기본적으로 쓰레기 매립지의 이용 가능성에 기인한다. 독일, 덴마크, 스웨덴, 핀란드는 정치적 의지와 기술적 노하우가 있다면 모든 나라에서 달성할 수 있는 높은 기준을 세웠다. 캐나다와 미국은 갈 길이 멀다.

중국과 남아시아는 이제 에너지 생산에 가연성 폐기물을 더 많이 사용하는 운동을 주도하고 있다. 아마 북미사람들도 조만간 이러한 전략의 현명함을 알게 될 것이다(그림 69).

그림 69.

최근 중국은 선전(Shenzhen)에 세계에서 가장 큰 폐기물 에너지화 설비를 건설했다. 그 설비는 하루 5천 톤 이상의 폐기물을 태워 168메가와트의 전력을 생산할 것이다. 지붕은 44,000평방미터의 태양광 패널로 덮여 있다. 방문객 센터는 폐기물 관리와 재활용 교육에 집중할 것이다.*

* State of Green, "World's Largest Waste to Energy Power Plant, China," undated. https://stateofgreen.com/en/partners/babcock-wilcox-volund/solutions/world-s-largest-waste-to-energy-power-plant/.

제 8 장

유전자변형 식품에 뭔가 모르는 유해 물질이 있다

Fake Invisible Catastrophes and Threats of Doom

유전자변형 생물체(GMO)에는 어떤 유해 물질도 없지만, 환경단체, 언론, 정치인들은 돈을 벌고 표를 얻기 위해 근거 없는 공포 이야기를 퍼뜨리고 있다. 황금 쌀은 매년 비타민 A 결핍으로 사망하는 100만~200만 명의 어린 생명을 구할 수 있지만 GMO 반대에 고전해왔다. 황금 쌀 사례와 함께, GMO 원리, 반대를 위한 가짜 재앙을 살펴본다.

유전자변형 생물체(GMO: Genetically Modified Organisms)에 뭔가 해로운 것이 있다는데, 1000만 배 확대한 전자 현미경 아래에서도 그것은 절대로 보이지 않는다.[1] 지금부터 악마 같은 농작물 종자 회사가 만들어낸 비정상적인 돌연변이로 인해 우리의 건강과 환경에 나타날 수 있는 예상치 못한 피해에 관한 아주 무서운 이야기를 꼼꼼히 살펴보자. 사실 지난 25년 동안 수많은 종류의 GMO가 재배되고 전 세계적으로 수십억 끼의 식사로 사용되어 왔지만, 위해성이 나타난 사례는 단 한 번도 없었다. 그러나 이렇게 분명한 사실에도 불구하고 유해성을 주장하는 종말론자들을 절대로 단념하지 않고 있다. 그 물질은 이름도 없고 화학식도 없으며 구별하는 것도 불가능하지만, 종말론자들은 GMO에는 반드시 해로운 무엇이 들어있을 것이라고 확신하고 있다.

오늘날 떠도는 모든 조작된 공포 이야기 중에서, 아마 GMO가 가장 심각할 것이다. 수백만 명의 목숨을 앗아간다고 선동할 뿐만 아니라, 특히 어린이와 임산부들의 생명을 위협한다고 해서 더욱 그렇다. 현재 전 세계에서 재배되는 GMO에 유해 성분이란 전혀 없다. 그들이 주장하는 유해 성분은 눈에 보이지도 않거니와 아예 존재하지도 않는다. 하지만 이런 거짓말을 퍼뜨리는 무지하고 때로는 혐오스러운 사람들은 앞으로도 절대 포기할 것 같지 않다. 환경운동가, 언론, 좌파 정치인들에게는 좋은 돈벌이가 되기 때문에 그들이 이런 일을 포기할 이유가 없다.¶ 그러나 기후재앙 낭설과는 달리 이것은 농업 생산성에 엄청난 기여도 하고 그로 인해 환경 영향을 크게 줄인다. 그런데 이 기술을 폄훼하는 선동에 좋다고 참여할 과학자는 아무도 없다. 앞으로 계속 허용된다면 우리가 이러한 유전 과학으로 성취할 수 있는 것은 무궁무진하다.

거짓 선동은 1992년 6월 6일 『뉴욕 타임즈』에 보낸 편지에 등장한 '프랑켄 푸드(Frankenfoods, 인조 괴물 프랑켄슈타인이 되게 하는 음식을 연상하도록 만든 말)'라는 용어가 처음으로 활자로 나가면서 시작되었다. 이 편지는 처음 시장에 출시된 GMO 중 하나로 새롭게 탄생한 'Flavr Savr' 토마토에 대해 언급했다. 편지의 일부 내용은 다음과 같다.

¶ 돈은 GMO에 해로운 성분이 있다고 믿는 개인과 단체로부터 나온다. 그들은 GMO에 들어있다는 성분을 실제로 볼 수 없기 때문에 이런 거짓말을 퍼뜨리는 운동가들의 말을 받아들인다. 이 거짓말을 믿는 사람들은 기부금으로 활동가들에게 돈을 보낸다. 또 그들이 신문을 사고 TV를 시청하는 것은 미디어 광고를 함으로써 수입을 창출하고, GMO 반대를 약속하는 정치인들에게 후원금을 보내고 이들에게 투표한다.

그림 70.

이 이미지가 올려진 블로그에는 다음과 같은 주장이 들어있다. "과학적 연구에 따르면 식품의 유전자변형이 암을 유발하고 알레르기, 독소, 항생제 내성 질환, 발암 및 영양 결핍, 기타 영양 문제를 일으킬 수 있음이 입증되었다. 몬산토(Monsanto)와 정부는 이러한 유전자변형 식품을 섭취하는 모든 사람에게 심각한 건강 위험을 초래할 수 있는 우리의 식량 공급에 숨어있는 판도라의 상자를 열었다."* 하지만 이러한 주장은 모두 거짓이다.

* Jim Bonham, "Dangers of Genetically Modified Food," Farmer Jim's Blog, July 20, 2010. http://jimbonham.com/blog/genetically-modified-foods/.

> 만약 그들이 우리에게 프랑켄 푸드를 팔길 원한다면 아마도 그때는 마을 사람들을 모아서 횃불을 들고 성으로 돌진해야 할 것이다.[2]

'프랑켄 푸드'와 '프랑켄슈타인 푸드(Frankenstein Foods)'라는 용어는 공포 캠페인의 투쟁 슬로건이 되었다. 이 용어의 사용은 1999년에 최고조에 달했고 그로 인한 피해가 발생했다.[3] 곧이어 또 다른 교묘한 반 GMO 마케팅 용어들이 등장했다. GMO의 가장 효과적인 비난 중 하나는 1984년에 나온 영화 터미네이터를 인용하면서 '사이보그 살인 음식(Killer Cyborg Foods)'이라는 두려움을 불러일으키는 유령의 '터미네이터 씨앗(Terminator Seeds)'이었다. 이 구절은 씨앗이 생기지 않도록 변형된 GMO 작물을 가리켰다. 이것은 몬산토와 다른 종자 회사들이 농부들을 자신들의 종자에 '중독'시켜 다음 해에 같은 작물을 심기 위해 이전 수확물을 씨앗으로 사용하는 것을 불가능하게 만든다는 비난 때문에 조직적인 분노에 직면하게 했다. 농부들은 매년 종자 회사로부터 새로운 종자를 구입할 수밖에 없다.

여기에 관해서 매우 중요한 두 가지 사실을 아는 사람은 아무도 없는 것 같다. 첫 번째 사실은 오늘날 농부들은 일반적으로 전년도에 수확한 작물은 다음 해에 씨앗으로 사용하려고 저장하지 않는다. 이유는 자신들이 수확한 작물을 뿌리면 이전에 심었던 종자 회사의 개량종만큼 잘 자라지 않기 때문이다. 그래서 농부들은 해마다 새로운 종자를 구입한다. 두 번째 사실은 전통적인 품종 개량 기술로도 오래전부터 수많은 씨 없는 농작물이 생산되어 왔다. 예를 들어 수박, 바나나, 토마토, 포도, 오이, 오렌지, 레몬, 라임(Lime) 등이 씨 없는 작물로 만들어져 왔다. 아무도 종자 회사가 이런 일을 한 것에 대해 비난할 생각을 하지 않았지만, 수백만의 인파는 '프랑켄 푸드'와 '터미네이터 씨앗' 금지를 외치며 거리를 행진했다.[4]

여기에 들어있는 기본 철학은 GMO란 한낱 인간이 '신처럼 행동'하는 것이고 이것은 허용되어서는 안 된다는 것이었다. 이 기준에 따르면 초음속 비행기와 원자로는 차치하더라도, 불을 다루고 석기를 사용한 이후 우리가 해온 거의 모든 것이 신처럼 하는 행동이다. 이런 '신처럼 행동하는 인간'은 나쁜 일이 생길 경우를 대비해서 '사전예방의 원칙(Precautionary Principle)'이 지켜져야 한다는 주장에 의해 더욱 나쁜 인식을 받게 되었다. 물론 다국적 종자 회사가 독점하여 '세계 식량 공급을 통제하고 지배할 것'이라는 두려움도 있었다.[5] 선호하는 씨앗은 무엇이든지 살 수 있는 자유를 가진 농부들에게 최우수 종자만을 판매하는 것이 어떤 세계적인 독점 지배를 가져올 수 있을 것인지에 대한 설명은 전혀 없었다.

유성 생식을 통해 번식하는 모든 종의 모든 개체는 유전적으로 변형된다. 우리 가운데 아무도 부모와 유전적으로 동일하지 않다. 즉, 우리 각자는 부모가 가진 유전자가 딱 한 번 일어날 수 있는 무작위 조합으로 유전자가 변형되었다. 일란성 쌍생아는 서로 같은 유전자를 가졌지만, 부모 유전자와는 다르다. 이 부분에서 GMO는 유전자를 한 종에서 다른 종으로 이동시킨 결과라며 '자연스럽지 않다'라고 하는 사실에 의해 반박 당한다. 하지만 그렇지 않다. 종간 '유전자 이동'은 생명이 시작된 이래 꽤 많이 발생해 왔고 진화의 주요 원동력이다. GMO 식품을 생산하기 위해 사용되는 고도로 통제된 DNA 재조합 기술과 달리, 자연 상태에서 유전자 이동은 완전 무작위이며, 종종 부정적인 결과를 낳기도 한다.[6]

약 35억 년 전 박테리아가 진화한 이후, 박테리아는 DNA를 한 유기체에서 다른 유기체로 옮겨왔다. 이 주제에 관한 『ScienceDirect』의 초록은 이러한 사실을 명확하게 기술하고 있다.

> 생식 없이 유전자가 이동하는 수평적 전달은 박테리아, 원시세균, 단세포 진핵생물에 널리 퍼져 있으며, 고등 진핵생물에서도 발생한다. 유전자는 진화 계통수에서 멀리 떨어진 유기체들 사이에 수평으로 전달될 수 있다. 종에 따라 각각 다른 수평적 전달 메커니즘을 갖고 있다. 수평적 유전자 전달이 어디에서나 일어날 수 있다는 것은 진화 현상의 주요한 원동력이 된다. 수평적 유전자 전달이 광범위하게 나타나는 사실을 이해함에 따라 전통적인 진화론의 계통수 관점이 뒤흔들리게 되었다.[7]

진핵생물은 세포 안에 핵과 엽록체, 그리고 미토콘드리아와 같은 기관들이 포함된 유기체다. 인간은 고등 진핵생물이고 박테리아는 다른 종의 유전자를 우리 몸으로 전달할 수도 있다.

청둥오리들은 종종 검은 오리나 머스코비(Muscovy) 오리 등과 같은 종이 다른 오리와 짝짓기를 하여 잡종을 생산한다. 서로 다른 종간 교배 결과로 나온 물새 잡종은 알려진 것만 400종이 넘는다.[8] 따라서, 종간 유전자 교환이 부자연스러운 것은 아니며, GMO는 이러한 현상의 또 다른 예에 불과하다.

지난 세기 동안 많은 식량 작물 품종이 종자에 방사선[9] 처리와 돌연변이 유발 화학물질[10] 흡수를 통해 만들어졌다는 사실을 아는 사람은 거의 없다. '유기 농업'에 사용되는 많은 품종이 이러한 기술로 개발됐다.

다음은 『Conversation』이라는 학술지에 게재된 미국 캘리포니아 버클리대학교(University of California, Berkeley)의 식물학 전공 박사후연구원이 쓴 아주 우수한 논문에서 발췌한 것이다.

> 생명공학기술의 일종이기도 한 돌연변이 품종 개량은 이미 유기농 식품 생산에 사용되고 있다. 돌연변이 품종 개량에서는 방사선이나 화학물질을 사용하여 수백 또는 수천 개의 씨앗 속 DNA에 무작위로 돌연변이를 일으키게 한 다음 시험 농장에서 자라게 한다. 품종 개발자는 질병 저항성이나 수확량 증가와 같은 원하는 형질을 가진 식물을 얻기 위해 경작지를 정밀 검사한다. 이 과정을 통해 수천 가지의 새로운 품종이 만들어지고 상용화되었다. 우리가 먹는 퀴노아(Quinoa)에서부터 자몽(Grapefruit)에 이르기까지 모두 이렇게 만들어진 것이다. 돌연변이 품종 개량은 전통적인 품종 개량으로 여겨지고 있다. 그래서 미국 유기 농업에서도 GMO는 '배제된 농법'이 아니다.[11]

방사선과 화학적 돌연변이를 통한 품종 개량은 둘 다 전혀 예측할 수 없다. 결과가 부정적이거나 미약한(Benign) 반응일 경우는 대부분 폐기된다. 그러나 가끔 나타나는 긍정적인 결과는 일반적으로 새로운 우수 품종으로 채택되어 전통 농법과 유기 농법에서 가장 선호하는 종자가 된다. 이는 진화와 자연 선택이 일어나는 방식과 매우 유사하다. 자연에서 일어나는 돌연변이는 대부분 부정적이거나 미약한 반응이기 때문에 장기적으로는 살아남을 수 없다. 하지만 가끔 종에게 유익하게 일어나는 돌연변이는 살아남아, 별로 유리하지 않았던 이전의 형질들을 대체하게 된다. 그래서 그 종은 적응하여 매우 경쟁적인 글로벌 생태계에서 생존력과 경쟁력을 유지하게 된다.

이와는 대조적으로 유전공학과 유전자 편집이라는 두 가지 방법은 훨씬 더 정밀하게 유전자를 삽입하는 방법으로 이루어진다. 이 두 방법에 관해서는 위키백과 항목이 더욱 깊은 내용을 알고자 하는 이들에게 다양한 기술과 많은 참고 문헌에 대한 설명을 제공한다.[12,13] 이러한 기술을 사용하는 과학자와 농학자들은 어떻게 하면 되는지를 사전에 알고 새로운 유전자를 삽입하거나, 특정 유전자를 제거하거나, 어떤 유전자 발현을 활성화하거나 억제시켜 그들이 목적하는 형질을 얻는다. 마찬가지로 이러한 유전자변형 기술들은 시장에 출시되기 전에 안전성을 입증해야 하는 요구 사항이 있다. 대부분이 GMO 반대 운동 때문에 생긴 이러한 요구 사항의 번거로운 특성으로 인해 새로운 품종의 종자를 승인을 받기 위해서는 보통 1억 달러 이상 들어가는 규제를 초래하게 되었다.

풀뿌리 유기농 철학을 옹호하는 사람들은¶ 오직 대기업만이 생명공학을 이용하여 우리의 식량과 섬유 작물의 유전적 향상을 더욱 전진시킬 수 있는 체제를 만들었다. 일단 규제 장벽을 넘기만

¶ 풀뿌리 유기농 옹호자란 '유기농'이라는 단어를 비과학적으로 사용하는 영세농민을 의미한다. 모든 식품에서 '유기(Organic)'라는 말은 화학에서 '유기'와 같은 의미에 불과하다. 하지만 일부 식품회사는 '유기농'이라는 단어를 마케팅 슬로건으로 사용한다. 이것은 영양학적으로나 화학적으로 건강과 아무런 관련이 없다. 이들은 자신의 먹거리를 스스로 재배하던 시절로 돌아가고 싶어 한다. 이러한 생각은 실제로는 더욱 많은 가난과 수명 단축으로 이어지게 되는 로맨틱한 발상이다.

하면 대기업은 최상의 종자를 갖게 될 것이며, 농부들은 소기업이 판매하는 지금은 쓸모없는 종자 대신에 최상의 종자를 구입하게 될 것이다. 아이러니하게도 GMO 반대 운동은 그들이 애초에 반대했던 그 결과를 만들도록 도와주게 되었고, 이는 소규모 종자 회사보다 대규모의 종자 회사에 유리하게 되었다.

사실상 모든 주요 과학계, 의학계, 영양학계나 단체들은 유전자 변형 식품이 안전하며 재래종 식품보다 더 안전하다고 선언해왔다. GMO 식품은 재래종 작물의 새로운 아종들보다 훨씬 더 엄격한 테스트를 거쳐야 하기 때문에 안전하다. 2010년에 유럽 연합 위원회(Commission of the European Union)는 다음과 같이 선언했다.

> 500개가 넘는 독립적인 연구 그룹이 25년 이상 수행한 130여 개의 연구 프로젝트로부터 도출해낸 핵심 결론은 생명공학, 특히 GMO 그 자체로는 종래 육종 기술(예를 들어, 식물 품종 개량)보다 더 위험하지 않다는 것이다.[14]

2004년 초에 미국 국립과학아카데미(National Academy of Sciences)는 아래와 같은 성명을 발표하고, GMO가 전통적인 식품보다 안전하다는 것을 확인했다.

> 일부 전통적인 식량생산 방법으로 인해 건강상 역효과를 일으키는 것과는 대조적으로 식량 생산에 사용된 유전공학 기술로 인해 건강에 미치는 그와 유사한 심각한 부작용은 확인되지 않았다. 이는 생명

공학으로 유기체를 개발한 사람들이 각 표현형이 이상적인지를 판단하고 식품의 주요 구성요소에서 의도하지 않은 변화가 발생하지 않았는지 확인하기 위해 광범위한 성분 분석을 수행하기 때문일 것이다.[15]

환경운동가들은 기후위기에 대해서는 과학자들 사이에 '압도적인 합의'가 있다고 거짓 주장을 하면서, GMO 식품의 안전성에 대해서는 과학자들 사이에 압도적인 합의가 정말로 있었음에도 그들은 이를 부정하고 부정확한 주장을 근거로 공포를 조장하고 있는 것은 다소 아이러니하다.

비타민 A 결핍과 황금 쌀

비타민 A는 인간을 포함한 모든 동물에게 필수적인 영양소이지만 동물은 비타민 A를 자체 생산할 수 없다. 하지만 동물은 모든 녹색 식물에서 생산되는 베타카로틴(Beta-Carotene)에서 비타민 A를 합성할 수 있다. 베타카로틴은 모든 녹색 식물의 잎에 존재하지만, 그 색은 엽록소에 들어있는 녹색에 의해 가려진다. 노란색에서 주황색에 이르는 베타카로틴의 색은 많은 뿌리 채소에서 볼 수 있다. 사실 당근은 그 자체의 선명한 색깔로 인해 베타카로틴이라는 이름을 떠오르게 한다. 우리가 먹는 많은 주요 식품에는 일일 필요량을 충족시키기에 충분한 베타카로틴이 포함되어 있다. 여기에는 고구마, 당근, 시금치, 땅콩 단호박(Butternut Squash), 멜론, 로메인 상추와 같은 짙은 잎채소 등이 포함된다.[16]

지금까지 알려진 인간에게 가장 치명적인 필수 영양소 결핍은 비타민 A 결핍이다. 우리가 먹는 대다수 주식이 베타카로틴을 많이 포함하고 있지만, 쌀은 그렇지 않다. 쌀은 열대지방 사람의 대부분이 주식으로 먹고 있으며, 이들 중 몹시 가난한 사람들은 생명을 유지하기 위해 매일 한 컵의 쌀도 사기 어려운 형편이다. 이 때문에 약 2억 5천만 명의 취학 전 아동이 비타민 A 결핍을 겪고 있다(그림 71). 또 임산부는 자신과 태아를 위해 다른 사람보다 더 많은 영양소가 필요하기 때문에 비타민 A가 결핍되기 쉽다. 세계적으로 매년 100만~200만 명(대부분 어린이)이 비타민 A 결핍으로 사망한다. 저개발 국가에 비타민 A 알약을 전달하는 자선 프로그램에도 불구하고 여전히 수백만 명이 이를 받지 못하고 있으며 사망자 수는 그대로 유지되고 있다.[17] 또한, 매년 250,000~500,000 명의 비타민 A 결핍 아동이 실명하고 그중 절반이 실명한 지 12 개월 이내에 사망한다.[18]

비타민 A는 시력에 필요할 뿐만 아니라 면역 시스템 기능에도 핵심 성분이라는 것을 처음 발견한 사람은 유엔아동기금(UNICEF)의 과학자들이었다. 이러한 발견으로 말라리아, 뎅기열, 설사 등으로 죽어가는 수많은 어린이들은 면역 시스템의 손상을 가져오는 비타민 A의 결핍이 없었다면 건강을 되찾았을 것이라는 사실을 깨닫게 되었다.[19] 이러한 사실이 알려지자, 베타카로틴이 들어 있는 쌀의 품종을 개발하려는 노력이 이루어졌다. 벼는 모든 녹색

그림 71.

비타민 A 결핍은 아프리카와 아시아에서 가장 높지만 멕시코에서도 심각한 문제이다. 여기에는 여러 가지 이유가 있다. 노란 옥수수로부터 토틸라(Tortilla)용 흰 옥수수 품종을 만드는 과정에서 의도치 않게 베타카로틴을 없애버린 것, 콩 식물에서 녹색 콩 깍지는 먹지 않고 콩만 먹는 것, 그리고 베타카로틴이 전혀 없는 흰쌀만 먹는 것이 여기에 해당한다.

식물처럼 잎에 베타카로틴을 가지고 있지만, 전통적인 육종으로는 베타카로틴이 든 쌀을 생산하는 데 성공하지 못한다는 것이 금방 밝혀졌다.

1980~1990년대에 원하는 형질을 부여하기 위해 한 종에서 다른 종으로 유전자를 이동시켜 유전자변형 생물체를 생산하는 DNA 재조합 기술이 탄생했다. 이 기술은 곧 유전공학으로 불려지게 되었다. 지금까지 대부분의 새로운 GMO는 병충해에 저항성을 가지고 제초제에 견딜 수 있도록 개발되었다. 그러한 농작물은 잡초 제거를 위해 제초제를 사용해도 성장할 수 있었다. 또 다른 유전공학의 발전 사례로는 바이러스에 내성이 있는 파파야와 스쿼시 개발을 비롯하여 연어가 겨울에도 성장하도록 하여 자연

상태의 연어보다 훨씬 빠르게 시장에서 요구하는 크기에 도달할 수 있도록 하는 것이 있다.

1999년 취리히 스위스연방공대(Swiss Federal Institute of Technology in Zurich)의 잉고 포트리쿠스(Ingo Potrykus) 박사와 프라이부르크대(University of Freiburg)의 피터 베이어(Peter Beyer) 박사는 실제 쌀에 베타카로틴이 함유된 벼를 개발했고 그 쌀은 독특한 노란색을 띠고 있다고 발표했다. 그들은 비타민 A가 풍부한 새로운 쌀을 시장에 출시하여 세계 최악의 인도주의적 위기를 종식시키려는 의도로 황금 쌀 프로젝트(Golden Rice Project)를 추진했다. 2000년 7월 31일의 타임지(Time Magazine)는 잉고 포트리쿠스 박사의 사진과 함께 "이 쌀은 연간 1백만 명의 아이들을 구할 수 있다"라는 제목을 달았다. 그런데 "그러나 반대하는 자들은 그러한 유전자변형 식품은 인간과 지구에 해롭다고 믿고 있다"라는 불길한 부제목을 달았다. 이유는 다음과 같다.

타임지에서 '과학자들은 믿고 있다'라고 한 것이 아니라 '반대하는 자들'이라고 한 점에 주목할 필요가 있다. 그리하여 오늘날까지 계속되고 있는 진실과 대중 여론 사이의 투쟁이 시작됐다. 이것은 이 시대의 가장 슬픈 이야기 중 하나이며 무지와 탐욕에서 비롯됐다.

특허권의 세부 사항을 협의하고 황금 쌀을 가장 필요로 하는 국가들이 국제법상 필요한 규제 제도를 채택할 수 있도록 하는 데 4년이 걸렸다. 2004년 루이지애나에서 첫 번째 실험 재배가 수확되었고, 같은 해 말 신젠타 그룹(Syngenta, 종자, 농약, 살충제 등을 판매하는 농업 기업)의 도움으로 1999년 초기 품종보다 베타카로틴의 효능은 23배나 증가했다.[20] 그동안 GMO 반대 운동에서는 반대 여론이 눈덩이처럼 커지고 있었다. 국제그린피스(Greenpeace International)는 다음과 같이 밝혔다.

> 황금 쌀은 VAD(Vitamin A Deficiency, 비타민 A 결핍)를 퇴치하는 데 효과적이지 않을 뿐만 아니라 환경적으로도 무책임하고, 인체 건강에 위험을 초래하며, 식량 안보를 위태롭게 한다.[21]

'비효과적인 수단이다', '환경적으로 무책임하다', '인체 건강에 위험하다', 베타카로틴을 함유한 쌀이 '식량 안보'를 해칠 수 있다

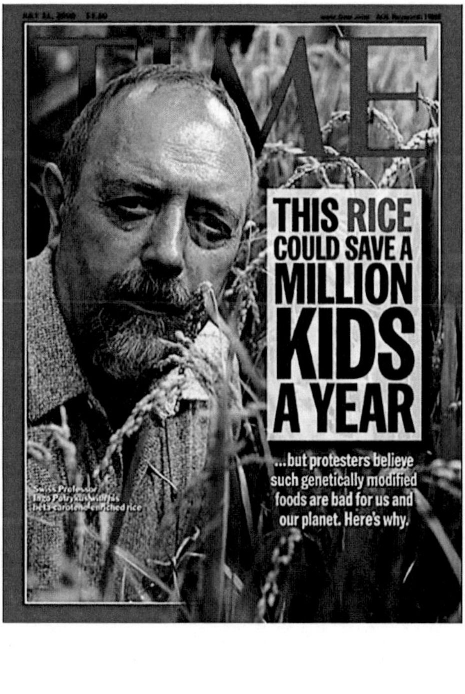

그림 72.

타임지 표지에 나온 황금 쌀 벼와 함께 찍은 잉고 포트리쿠스 박사 사진. 그와 동료들은 황금 쌀의 승인을 받기 위해 20년 넘게 노력해 왔다.*

* J. Madeleine Nash, "This Rice Could Save a Million Kids a Year," Time magazine, July 31, 2000

는 터무니없는 주장에 대해 물론 구체적인 부언은 전혀 없었다. 이것은 일반적으로 과학적인 문제(특히 유전공학)에 무지한 사람들을 상대로 그저 사기나 치고 어처구니없는 공포감을 조성하는 것에 지나지 않는다. 하지만 이렇게 하여 언론은 신문을 팔고 그린피스는 기부금을 거둬들인다.

황금 쌀 보급을 위한 노력은 계속됐다. 필리핀 국제쌀연구소(International Rice Research Institute in the Philippines), 방글라데시와 인도네시아에 있는 관련 국가 기관, 그리고 비타민 A 결핍증이 가장 심한 국가들에 의해 그 프로젝트는 진행되었다. 록펠러 재단(Rockefeller Foundation), 황금 쌀 인도주의 이사회(Golden Rice Humanitarian Board), 빌앤드멜린다 게이츠 재단(Bill and Melinda Gates Foundation), 헬렌 켈러 인터내셔널(Helen Keller International) 등 많은 재단에서 재정적 조직적 지원을 했다. 2012년까지 각국에서 선호하는 벼 품종을 개발하기 위한 대규모 유전자 변형 현장 실험이 이루어졌다. 이는 상당히 많은 시간이 소요되는 작업이었다(그림 73).

2013년 8월 8일 AP 통신은 그린피스 대변인의 말을 인용하여 '필리핀 농부들'은 자신들의 논이 오염될 것이 두려워 국제쌀연구소의 황금 쌀 현장 시험장을 파괴했다고 보도했다. AP 통신에서 처음 보도했던 기사는 더 이상 웹사이트에 게재되어 있지 않지만, 『New Scientist』와 BBC 보도는 실제 현장 시험장을 파괴한 자는 좌파 도시 운동가들이며 그들은 지역의 농부들에게 책임을 돌렸다는 사실을 확인시켜 준다.[22,23]

그림 73.

필리핀 국제쌀연구소의 황금 쌀 현장 시험장. 날씨, 위도, 토질, 문화, 요리 등에 따라 지역마다 요구되는 쌀이 다양하다. 새로운 품종을 생산하는 데 사용되는 유전자변형 기술은 매우 복잡하고 시간이 많이 소요되는 과정이다.

환경운동가 마크 라이나스(Mark Lynas)는 과거 유전자변형 작물을 강력히 반대했었지만, 후에 생각이 바뀌어서 필리핀을 직접 찾아가 진실을 공개했다. 진실은 그린피스가 현장 시험장을 파괴하려는 명백한 목적을 갖고 주로 젊은 층의 도시 운동가들을 동원했다는 것이다(그림 74).[24]

이 사건이 발생한 지 몇 시간 후, 아내 아일린, 내 동생 마이클, 그리고 나는 해변에 있는 우리 집 부엌의 식탁에 앉아 커피를 마시고 있었다. 윈터 하버(Winter Habor)에 있는 이 집은 1974년 내가 아일린과 손수 지은 집이다. 나는 노트북에서 AP 통신의 보도를 보았고 누가 실제로 그런 일을 저질렀는지에 대해 그린피스가

그림 74.

좌파 도시 운동가들이 황금 쌀 시험장을 파괴하기 위해 국제쌀연구소의 현장으로 동원되었다. 상부 삽입 사진: 100여 명의 운동가 중 일부가 황금 쌀 벼를 뿌리째 뽑고 있다. 이 사람들은 농부가 아니다.

거짓말을 하고 있다고 나는 이미 생각하고 있었다. 나는 전문가들을 대상으로 하는 회의에서 자주 연설하는 사람으로서 황금 쌀뿐만 아니라 황금 쌀에 적개심을 품고 있는 자들에 의해 자행되는 비인간적 범죄에 관하여 몇 년 전부터 연설을 해왔다. 바로 그 자리에서 우리는 함께 활동하기로 결의했다. '지금 당장 황금 쌀을 허용하라 캠페인(Allow Golden Rice Now Campaign)'은 해변에 있는 우리 집 부엌 식탁에서 시작됐다.

이 무렵 전 세계 수백 개의 GMO 반대 단체들이 매일 캠페인을 벌이고 있었다. 하지만 황금 쌀을 위한 캠페인을 벌이는 단체는 단 한 곳도 없었다. 많은 사람이 과학적으로 관련되어 있었고 황금 쌀이 독점되지 않도록 하기 위한 복잡한 특허권 협상에도 참여하고 있었다. 이와는 별도로 황금 쌀 씨앗은 현지에서 재배하고 시장에 판매하길 원하는 농부들에게 무료로 주어졌다. GMO 반대 단체들은 황금 쌀이 인도주의적으로 크게 성공할 가능성을 보였기 때문에 자신들의 캠페인에 실질적인 위협이 된다고 생각했다. 그들은 GMO의 성공적인 이야기로 인해 자신들의 잘못된 정보와 노골적인 거짓말 퍼뜨리기 운동이 몰락하는 것을 원하지 않았다. 우리는 수억 달러를 마음대로 주무를 수 있는 실제 거대한 조직을 상대하고 있었다. 하지만 우리 편에는 진실이 있었다.

당시 나는 사업가 캐리 핀코프스키(Cary Pinkowski)를 만나 스페인 북부에서 개발하고자 하는 금광의 환경적 측면에 대해 조언을 해주고 있었다. 캐리와 그의 아내 카티야(Katya)는 밴쿠버 시내에서 우리의 캠페인을 위한 기금 모금을 제안했고, 그들의 친구들과 사업 동료들을 많이 초대했다. 사람들은 자신들의 사무실에서 황금 쌀에 대한 우리의 이야기와 유럽과 아시아를 다니며 그린피스에 항의할 계획과, 미디어 콘퍼런스를 열어 이 소식을 전할 계획에 관해 들었다. 그러고 나서 우리는 캠페인을 진행할 수 있도록 충분한 재정 지원을 받았다. 우리는 황금 쌀에 관한 긍정적인 메시지와 함께 3천만 명이 넘는 사람들에게 도달한 우리 캠페인의 역사와 사명을 제시하는 웹사이트를 개설했다. 이 웹사이트의 미디어 부문에는 유럽, 북미 및 아시아에서의 우리의 성공 사례가 나와 있다.[25]

우리가 그린피스를 상대로 반대 시위를 할 수 있는 첫 번째 기회가 찾아온 것은 그린피스가 3,200만불짜리 모터 선박(레인보우 워리어 Rainbow Warrior III)으로 밴쿠버를 방문하겠다고 발표했을 때이다.[26] 그들은 레인보우 워리어 선박을 바람으로 가는 범선이라고 하지만 1,800마력 디젤 엔진을 탑재하고 있으므로 더 정확하게 '엔진 보조 범선'이라고 표기해야 한다. 그들이 '엔진'이라는 단어를 언급하지 않은 것을 제외하고는 문제될 것이 전혀 없다. 2013년 10월 11일과 12일, 북 밴쿠버(North Vancouver)에 정박한 레인보우 워리어 옆에서 우리는 그린피스를 상대로 시위했다(그림 75). 그린피스의 공동 설립자 중 한 명이 인도주의적 이유로 그린피스에 반대하는 시위를 했다는 사실이 언론의 관심을 끌었고 우리의 캠페인은 그렇게 시작됐다.[27,28]

그리하여 3년간의 집중적인 캠페인이 시작됐다. 함부르크(Hamburg)에 있는 그린피스 독일 본부를 시작으로 유전자변형 기술 반대의 중심이 있는 유럽에 초점을 맞췄다. 독일은 모든 그린피스 국가 기구 중에서 가장 강력해졌으며, 황금 쌀 반대 캠페인의 중심에 있었다. 그곳에서 자유민주당(Free Democratic Party)의 호르스트 레버그(Horst Rehberger)와 우웨 슈레이더(Uwe Schrader)가 참여했다. 우웨는 유전자변형 교육 농장의 책임자였는데, GMO 반대 폭력배들이 밤에 시설을 파괴했고 직원이 심한 폭력을 당했다. 이 사건으로 거의 모든 유럽에서 유전자변형 작물의 종말은 시작되었다. 호르스트는 통일 후 옛 동독 작센안할트(Saxony-Anhal)주의 재무장관을 역임했다. 두 사람 모두 농생명공학, 특히 황금 쌀의 강력한 지지자였다. 둘 다 당시 스위스 베른에 있는 식물원 원장이었던 나의 친구 클라우스 암만(Klaus Amman)이

그림 75.

최초로 황금 쌀 캠페인을 공개적으로 벌인 것은 2013년 10월 11일이었다. 그린피스는 처음부터 황금 쌀 반대 운동을 주도해왔다. 왼쪽에서 오른쪽으로 나, 우리 아들 조나단(Jonathan), 아내 아일린, 우리 가족의 오랜 친구 쉴라 패터슨(Sheila Patterson), 조나단의 아내 사라(Sarah), 그리고 현수막 끝에는 세상을 떠난 내 동생 마이클의 아들 아리엘(Ariel)이다.

소개시켜 주었고, 그도 이 캠페인에 동참했다.

2013년과 2014년에 세 차례 유럽을 방문하는 동안 우리는 그린피스가 지사를 두고 있는 주요 8개국을 방문하여 충분한 언론의 주목을 받으며 시위했다. 우리는 심지어 좌파 언론의 지지도 받았다. 그들도 수백만 어린이의 생명을 구하는 우리의 인도주의가 황금 쌀에 존재하지도 않는 것을 악마로 선동하는 그린피스보다 훌륭하다고 생각했기 때문이다.

2015년 우리는 남아시아로 갔고, 우리는 그곳에서 한스 제이콥슨(Hans Joerg Jacobsen), 폴 에반스(Paul Evans)와 합류했다. 제이콥슨은 독일 라이프니츠대학(Leibnitz University) 생물공학 명예교수이고 에반스는 호주에서 이산화탄소 예찬과 기후위기가 거짓이라는 사실을 알리는 갈릴레오 운동(Galileo Movement) 단체를 이끌고 있다. 우리는 필리핀의 국제쌀연구소와 방글라데시와 인도의 관련 기관을 방문했다. 황금 쌀은 이러한 국가에서 수억 명의 사람들을 질병과 죽음에서 구할 수 있었다(그림 76). 이 모든 방문과 언론 보도, 시위, 회의 등에 관한 것들이 캠페인 웹사이트에 상세히 기록되어 있다.[29]

2019년 12월, 개발된 지 20년, 재배 준비가 된 지 15년 만에, 마침내 필리핀 정부는 황금 쌀을 식용 및 동물 사료용으로 모두 승인했다고 발표했다.[30]

불과 한 달 뒤 그린피스 필리핀은 필리핀 정부에 정부의 승인을 취소해 달라는 탄원서를 제출했다.[31] 황금 쌀이 사람이나 환경에 유해하다는 일말의 증거도 발견하지 못한 당국의 장구한 기간에 걸친 철저한 검토를 감안할 때 이 청원은 받아들여질 것 같지 않다. 황금 쌀 프로젝트 관리자인 아드리안 두복(Adrian Dubock)은 그린피스가 GMO 바르게 알리기 웹사이트(Genetic Literacy Project, www.geneticliteracyproject.org)에 보낸 청원에 대한 아주 훌륭한 반박문을 썼다.[32]

황금 쌀로 수많은 생명을 구할 수 있었던 다른 나라들도 필리핀의 선례를 따라 그토록 오랜 세월 동안 그렇게 많은 가정이 겪었던 고통과 슬픔을 종식시킬 수 있기를 바란다. 녹색 좌파들은 사회주의를 추구하고 부의 재분배를 요구하면서도 세계에서 가장 가난한 사람들의 생명을 구하는 방법을 반대하기 위해 열심히 투쟁하고 있다. 하루 한 컵의 황금 쌀이 수백만 명을 실명과 죽음에

그림 76.

농업 의존도가 높은 국가의 농생명공학을 강력히 옹호하는 마티아 차우두리(Matia Chowdhury) 방글라데시 농림부 장관과 만남. 왼쪽부터 우웨 슈레이더, 농림부 직원 2명, 아일린 무어, 나, 차우두리 장관, 호르스트 레버거, 한스-조어 제이콥슨, 그리고 농림부 직원.

서 구할 수 있지만 가난한 사람들은 녹색 좌파들 때문에 소리 소문없이 죽어가고 있다.

제 9 장

원자력 에너지의 방사선은 인류 종말을 부른다

Fake Invisible Catastrophes and Threats of Doom

원자력 발전 기술은 인류의 놀라운 발명이다. 생산 에너지당 사상자 기준으로 보면 세상에서 가장 안전한 발전 기술 중 하나임이 틀림없다. 원자력 에너지를 핵무기와 같은 악마로 취급할 것이 아니라 핵의학과 같은 유익한 기술로 평가해야 한다. 스리마일섬, 체르노빌, 후쿠시마 사고의 진실과 함께 원전 기술의 진짜 가치와 안전성을 소개한다.

앞 장에서 설명한 유전자변형 생물체는 없는 유해 물질을 마치 있는 것처럼 조작하여 선동하고 있다. 반면에 이 장의 방사선은 이것과는 달리 실제로 존재하고 있다. 그런데 보이지는 않는다. 방사선은 파장이 아주 긴 것부터 짧은 것까지 여러 종류가 있다. 모든 파장의 방사선 범위를 총괄하여 전자기 스펙트럼이라고 한다(그림 77). 이 파장으로 된 방사선은 가시광선처럼 질량이 없다. 방사선의 파장은 광자(Photon)라고 부르는 순수 에너지로 이루어져 있다.

태양 복사(방사선)는 눈에 보이는 비전이성(Non-ionizing) 광선으로 구성되었을 뿐 아니라 보이지도 않으면서 건강에 심각한 위험을 초래하는 전이성(Ionizing) 자외선(UV)도 포함하고 있다. 자외선은 생명의 원천인 태양으로부터 오지만 피부 화상도 입힐 수 있으며, 아주 과도하게 노출되면 흑색종(Melanoma)과 같은 피부암을 유발할 수도 있다. 실제로 태양 복사는 발암 원인으로 분류된

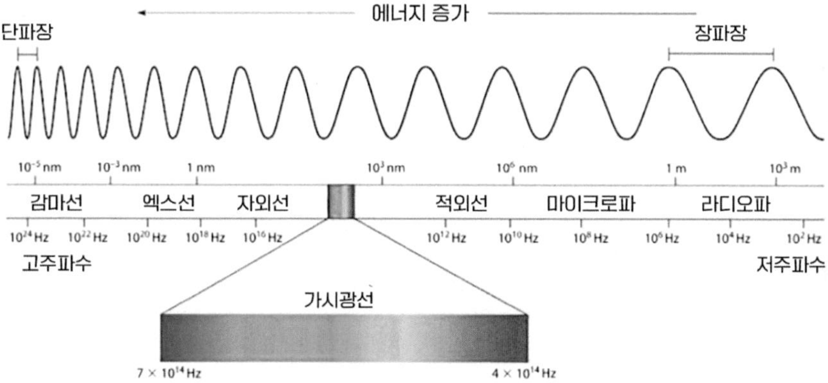

그림 77.

저에너지 장파장 라디오파에서 고에너지 단파장 감마선에 이르는 모든 방사선 영역의 전자기 스펙트럼. 가시광선은 전자기 스펙트럼에서 상대적으로 작은 부분이다. 가시광선의 오른쪽은 비전이성이라고 하는데, 이는 생명체의 기본적인 기능에 해를 끼치지 않는다는 것을 의미한다. 반면 가시광선의 왼쪽에 있는 전이성 방사선은 생체 조직과 DNA를 손상시킬 만큼 충분한 에너지를 가지고 있다.*

*Environmental Protection Agency, "Radiation Basics," June 11, 2019..

다.[1] 하지만 우리는 태양 복사가 인간을 비롯한 지구 대부분 생물의 생존에 긍정적인 영향을 미치는 것으로 입증되었기 때문에 이를 금지하지 않는다. 분명 태양 복사는 녹색 식물의 광합성에 필요하며, 만약 태양 복사가 없다면 지구에 생존하는 생명체는 보잘것없는 몇 종의 박테리아로 줄어들 것이다. 사실 태양이 없으면 생명도 없을 것이다. 우리와 같은 동물들은 태양 복사가 비타민 D 생성을 증가시켜 면역 체계를 강화하고 칼슘이나 인과 같은 필수 영양소의 흡수를 증가시키기 때문에 태양 복사로부터 혜택을 받는다.[2]

아쉽게도 어떤 물질이나 방사선의 종류를 단지 '독성 유무'로만

표시하는 것이 너무 일반화되어 있다. 실제로 높은 수치에서는 해로울 수 있지만, 낮은 수치로 받게 되면 유익한 여러 가지 물질과 방사선의 종류가 있다. 사실, 독성학의 첫 번째 법칙은 "생체 농도(Dose)가 독성의 정도를 결정한다"이다.[3] 이것은 식탁용 소금과 같이 태양 복사도 마찬가지다. 소금도 적당히 섭취하면 필수 영양소이지만 4~5숟가락 삼키면 치명적일 수 있다.[4]

이 장의 주제인 '원자력 방사선'에 대해 아직 아무 말도 하지 않았다는 것을 알았을 것이다. 원자력 방사선은 매우 기술적이고 정보가 무궁무진한 주제다. 어떤 사람은 방사선을 연구하면서 평생을 보냈지만, 여전히 모든 사실을 알지 못할 수도 있다. 이제 원자력 방사선에 관해 알아보자.

방사성 원소에서 나오는 방사선에는 알파, 베타, 감마라는 세 가지 유형이 있다. 각 유형은 그리스 알파벳의 첫 세 글자를 따서 명명되었다. 세 가지 유형 모두 눈에 보이지 않는다. 전자기 스펙트럼의 모든 방사선은 순수 에너지다. 반면에 방사성 원소에서 나오는 이러한 유형의 방사선 중 두 가지는 질량이 있는 입자로 구성된다.[5]

알파 방사선은 2개의 양성자와 2개의 중성자를 갖는 입자이므로 헬륨 원자의 핵과 동일하다. 베타 방사선은 전자 또는 양전자로 구성되며 알파 입자와 비교해서 극히 작다. 알파 방사선은 옷이나 피부에 의해 차단되기 때문에 신체 외부에 있는 경우 위험이 거의 없다. 그러나 베타 방사선은 피부에 침투하여 화상을 유발할 수 있으므로 조금 더 위험하다. 알파와 베타 방사선 모두 인체에서 발생한 손상을 회복할 수 있는 능력을 압도할 정도의 양을 섭취하게 되면 심각한 위험이 될 수 있다.

감마선은 엑스선처럼 인체를 투과할 수 있고 노출 정도에 따라 피해를 주는 매우 강력한 전이성 방사선이다. 태양의 자외선과 마찬가지로 우라늄, 라듐, 라돈과 같은 방사성 원소에서 방출되는 세 가지 유형의 방사선은 유해 가능성이 있는 것은 사실이다. 그러나 우리가 원자로로부터 콘크리트와 납으로 차폐하고 모든 원자로 부근에서 일하는 근로자들이 착용하는 개인 보호 장비로 우리 자신을 보호할 수 있다는 것도 사실이다.[6] 미국의 원자력 근로자는 연간 평균 150밀리렘(mrem)의 방사선에 노출된다. 이와 대조적으로 미국에 사는 것만으로도 1인당 평균 620밀리렘에 노출된다. 바나나, 화강암, 남미산 견과류, 화재경보기도 방사선을 방출한다. 10,000밀리렘 미만의 노출로 인체 건강에 부정적인 영향이 발견된 적은 없다.

원자력 에너지는 단위 생산 에너지당 사상자를 기준으로 보면 가장 안전한 발전 기술이다. 만약 최고로 안전하지 않다면 가장 안전한 기술 중 하나임은 틀림없다. 그럼에도 불구하고 1960년대 후반부터 1970년대 초까지 열심히 과학을 공부했던 나 자신조차 강력한 반핵 선동 때문에 원자력 에너지를 두려워하게 되었다. 나는 그린피스를 떠난 후 원자력에 대해 다시 공부하고 난 뒤 1980년대가 되어서야 이 놀라운 발명에 대한 진실을 알게 되었다. 나는 원자력 에너지를 핵무기와 함께 악마 같은 존재로 일괄 취급하는 것이 부당함을 깨달았다. 하지만 원자력 에너지는 핵기술을 유익하게 사용하는 핵의학과 같은 관점에서 고려되어야 한다는 사실을 더욱 깊은 연구를 통해 확실히 알게 되었다.

비록 지금으로부터 몇백 년까지는 아니더라도, 화석연료가 부족해지면 원자력은 앞으로 수천 년 동안 인류 에너지의 주요 공급원이 될 것이다. 지구에는 수천수만 년 동안 사용할 수 있는 핵연료가 있다. 나는 우리가 세계적인 에너지 위기에 직면해야 하는 날이 오지 않을 것이라고 말하는 것이 아니다. 에너지 위기는 우리 스스로 초래한 부족 사태가 없는 한 조만간 일어날 일은 아니다.

원자력 방사선 효과의 '선형 무역치' 가설

높은 피폭에서는 매우 해로울 수 있지만 낮은 피폭에서는 실제로 유익하다는 태양 복사 자외선의 영향에 관한 전제가 널리 인정된다. 이런 전제와 달리 방사선 노출 법칙, 특히 원자력 발전소 근로자에 대한 방사선 노출 규칙은 완전히 다른 기준에 근거한다. 여기서 적용되는 법칙은 방사선에 노출되는 정도를 영(0)에서부터 시작하여 노출되는 만큼 해로운 것으로, 노출이 두 배 증가하면 두 배만큼 해로운 것으로 추정한다. 이것을 '선형 무역치(Linear-no-threshold)' 가설이라 부른다. 이 가설은 유해 수준으로 여기는 역치(Threshold) 미만의 피폭량을 허용하기보다는 원자력 방사선 피폭을 엄격하게 최소화해야 함을 의미한다. 그래서 원자력 에너지를 필요 이상으로 훨씬 더 비싸게 만든다.

선형 무역치 기준은 명백한 거짓이다. 하지만 반핵 운동은 이 기준을 기술의 비용 대비 효과(Cost-Effectiveness)를 줄이는 하나의 수단으로 업계에 강요했다. 모든 국가가 당연히 거부해야 했지만, 오직 중국, 프랑스, 일본만이 선형 무역치 기준을 거부했다. 사실 우리 자신을 포함한 모든 생명체는 자신의 몸이 손상되는 동안 회복할 수 있는 세포 자체 복원 메커니즘(Cellular Repair Mechanism)을 갖고 있다는 것이다. 몸이 손상되는 것보다 더 빨리 스스로 회복할 수 있는 한 순손상(Net Damage)은 없다. 이것은 '선형 무역치' 법칙이 거짓임을 알려준다. 순손상이 없는 점 아래에 역치가 있어야 하는 것은 명백한 사실이다. 이 사실은 모든 독성 물질과 태양 복사 자외선에도 해당한다. 이러한 사실이 시정되기 전까지는 원자력 에너지는 계속해서 부당하게 취급될 것이다.

호르메시스

호르메시스(Hormesis)는 대부분 사람이 읽지도 듣지도 못했던 단어다. 호르메시스는 많은 물질과 에너지는 높은 수치에서 해롭더라도 낮은 수치에서는 실제로 이롭다는 이론이다. 필수 영양소 가운데 소금은 호르메시스 이론의 완벽한 예다. 또 모든 필수 영양소가 여기에 해당한다. 물을 포함한 필수적인 무엇이든 지나치게 많이 섭취하면 해로워질 수 있다. 다음은 호르메시스에 관한 명확한 정의다.

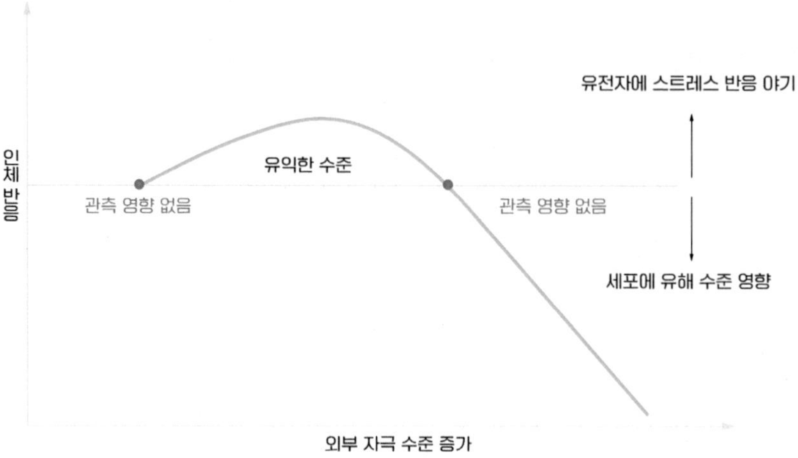

그림 78.

호르메시스의 핵심적인 특징은 극도로 낮은 수준에서는 효과가 없고, 최적의 유용한 수준에서는 유익한 효과가 있으며, 그 이상이 되면 투여량에 따라 손상이 증가하는 역효과가 나타난다.

호르메시스는 독성학자들이 저농도일 때 자극이나 유익한 효과를 주고 고농도일 때 억제나 독성 효과를 주는 것을 특징으로 하는 환경 인자에 대한 2상 농도 반응(Biphasic Dose Response)을 나타내기 위해 사용하는 용어다. 생물학과 의학 분야에서 호르메시스는 세포와 유기체가 중간 정도의 스트레스(보통 간헐적인)에 대한 적응 반응으로 정의된다.[7]

많은 과학자는 낮은 수준의 자외선과 마찬가지로 원자력 방사선도 다른 메커니즘을 통해서는 실제로 유익하다고 생각한다(그림 78). 낮은 수준의 원자력 방사선은 세포 자체 복원 메커니즘을 작동하여 더욱 강하게 만드는데, 이는 면역 체계가 감염에 대비하도록 지시하는 백신과 유사하다. 대부분 사람은 뉴스매체에서 호르메시스에 대해 듣는 경우는 거의 없겠지만 많은 방사선 전문 의사들은 방사선의 호르메시스에 대해 동의한다. 특히 호르메시스에 대해서는 럭키(Luckey.T.D.)의 논문은 읽어볼 가치가 있다.[8]

우리는 환경에서 방출되는 자연 방사선이 생명의 진화에 큰 요인이 되어 왔다는 것을 알고 있다. 진화는 물, 음식, 공기의 화학적 차이와 알파, 베타, 감마 방사선의 노출로 야기된 무작위 돌연변이에 의존해 왔다. 대부분의 돌연변이는 무해하거나 소극적이지만, 생존에 유익한 소수의 돌연변이는 진화로 이어지는 적응(Evolutionary Adaptation)의 큰 부분을 차지한다. 아마 약간 과장해서 표현하면 이 모든 화학물질과 방사선을 '생명체에 필수'라고 부를 수 있을 것이다. 하지만 이러한 것들이 없었다면 진화는 훨씬 더 느려졌을 것이고, 인간은 결코 출현하지 않았을 것이다.

스리마일섬, 체르노빌, 후쿠시마

이 세 번의 원자로 사고는 전 세계 모든 국가를 공포에 빠뜨렸다. 하지만 체르노빌을 제외한 나머지 두 사고는 걱정거리조차 되지 못한다. 체르노빌도 이성을 훨씬 뛰어넘는 일반 대중의 과민반응을 일으켰다. 원자력 에너지 역사상 유일하게 상업용 원자로에서 사망자를 낸 체르노빌 사고보다 2018년에 일어난 미국 캘리포니아주 파라다이스 산불로 더 많은 사람이 죽었다. 각 사고에 대해 간단히 살펴보기로 하자.

스리마일섬

1979년 3월 26일 펜실베이니아주 해리스버그 근처의 스리마일섬에서 발생한 사건은 한 사람도 다치게 하지 않았다. 더구나 환경으로부터 받는 자연 방사선 수준 이상에 노출된 사람은 아무도 없었다. 다음은 세계원자력협회(World Nuclear Association)가 보고한 사건 개요다.

1979년 미국 스리마일섬 원자력 발전소에서 냉각시스템 오작동으로 2번 원자로의 연료봉 일부가 녹았다. 이로 인해 2번 원자로(TMI-2 Reactor)가 파괴되었다.

사고가 난 지 며칠 후에 일부 방사능 가스가 외부로 누출되었지만, 지역 주민들이 자연 방사선 수준 이상에 노출될 정도는 아니었다.

스리마일섬 원전사고로 인한 부상이나 건강상의 부작용은 없었다.[9]

이 사건은 유감스럽게도 '차이나 신드롬(China Syndrome)'이라는 영화가 개봉된 직후에 발생했다. '차이나 신드롬'은 원자로가 용해된다는 가상하에 녹은 핵 덩어리가 지구를 관통하여 중국으로 나오게 된다는 무시무시한 줄거리를 보여주는 영화다.[10] 이 영화에 들어있는 개념 자체가 불가능하다. 핵 덩어리가 지구 중심으로 녹아든다고 하더라도 중력은 녹은 핵 덩어리를 중국으로 터져 나오는 대신 바로 그곳에 안전하게 머물도록 하기 때문이다. 물론, 이 영화는 실제 스리마일섬 원전사고가 났을 때 공포 반응을 불러일으킨 정부의 은폐도 다루고 있다. 결국 그것은 값비싼 사고였고 중요한 교훈을 얻었다.

체르노빌

1986년 4월 26일 우크라이나에서 발생한 체르노빌 사고는 발생 당시뿐만 아니라 그 후 여러 해 동안 계속된 참으로 큰 재앙이었다. 방사선에 가장 많이 노출된 사람들은 원전 작업자와 열흘 동안 계속 타오른 화재 진압에 나섰던 소방대원이었다. 원자로에 있었던 두 사람은 폭발로 사망했다. 급성 방사선 질환 진단을 받은 134명 중 29명은 결국 사망하고 나머지는 회복됐다. 그 후 몇 년 뒤 사망자가 몇 명이 더 발생했지만, 최종 원인에 관해서는 분명한 확인이 불가능했다. 사고 후 갑상선 암에 걸린 4,000명의 어린이 중 15명이 사망했는데 진단이 늦게 이루어진 것이 주원인이었다.[11]

사고로 인한 최악의 피해 중 하나가 된 것은 약 340,000명의 주민들이 대피하여 키예프 외곽에 있었던 대규모 다세대 주택으로의 이주다. 그곳에서 자살, 마약과 알코올 중독, 폭력, 결혼 생활 파탄, 정신 질환과 트라우마가 발생했다. 이 혼잡한 도시 거주지에서 발생한 문제는 그들이 시골집에 남겨졌더라면 경험했을 방사선 피폭 증가로 인한 피해보다 훨씬 심각했다. 그들이 겪었던 가장 힘들었던 일은 오염이 안 된 지역으로부터 모든 식료품을 가져와야 하는 것이었는데, 이러한 상황은 키에프 숙소에서도 마찬가지였다.

많은 소방대원들이 높은 수준의 방사선에 피폭되었음에도 불구하고 방사선으로 인한 사망자 수는 놀라울 정도로 적었다. 사고 20년 후 세계보건기구(WHO)는 다음과 같은 결론을 내렸다:

> 1986년부터 벨로루시, 러시아, 우크라이나에서 방사성 핵종 오염지역 거주자에 대한 역학조사를 지금까지 실시한 결과, 방사선으로 인한 일반인 사망률, 특히 백혈병, 고형암(Solid Cancer, 갑상선암 제외) 및 암이 아닌 기타 질환으로 인해 사망률이 증가했다는 과학적 증거는 없었다.[12]

체르노빌 사고가 준 한 가지 좋은 점은 RBMK(Reactor Bolshoy Moshchnosti Kanalniy, 구소련이 만든 채널형 고출력 원자로)와 같은 종류의 원자로는 더 이상 건설되지 말아야 한다는 학습 효과다. 1986년 사고는 스리마일섬과 후쿠시마의 경우처럼 연료봉 용해로 인한 사건이 아니었다. 체르노빌 사고는 통제할 수 없는 연쇄반응으로 인한 원자 폭발이었다. 이 사고는 다른 발전용 원자로 설계와 달리 '양의 보이드계수(Positive Void Coefficient, 흑연을 감속재로 사용함으로 생기는 핵분열 조절 결함)'를 갖는 설계가 부분적 원인이었다.[13]

냉전 기간 구소련은 핵무기용 플루토늄 생산에 사용하던 원자

그림 79.

폭발 사고 후 체르노빌 원전 모습. 다량의 방사성 물질이 대기로 유출되었고, 이는 유럽의 상당 지역과 러시아로 퍼져나갔다. 200톤이나 되는 원자로의 지붕이 폭발하여 원자로의 고방사능 물질이 방출되었다. 이러한 방사능 물질의 유출은 다른 원전사고에서는 발생한 적이 없다.

로를 개조하여 발전용 원자로를 만드는 지름길을 택했다. 체르노빌 사고는 통상적인 운전이 아니라 원자로가 가동되고 있는 동안에 기술자들이 외부에서 수행한 실험 때문에 발생했다. 원자로 운영자와 기술자들이 서로 명확히 소통하지 못해서 판단 착오를 가져왔다. 이로 인해 원자로는 통제 불능 상태가 되었고 8초 후에 폭발하여 대기 중으로 방사선이 연기처럼 뿜어져 나왔다(그림 79). 원자로의 핵반응 감속재로 사용되는 흑연(탄소) 2000톤이 화재 연료로 작용했기 때문에 불길 진압에 열흘이 걸렸다.[14]

사고가 난 발전소에는 RBMK 원자로가 세 개 더 있었다. 사고 후에도 이 원자로들은 계속 가동된 후 2001년에 해체됐다. 오늘날에도 여전히 10개의 RMBK 원자로가 가동되고 있으며, 전부 러시아에 있다. 사고 후 10개의 원자로 모두 상당한 개선이 있었으며 앞으로도 몇 년 동안 계속 가동될 예정이다. 1990년에 발전을 시작한 마지막 원자로는 2050년까지 가동될 예정이며, 그것으로 끝이 될 것이다.[15] 이런 규모의 사고가 다시 일어날 가능성은 극히 드물다.

관점을 달리해보자. 매년 135만 명이 도로에서 사고로 사망한다.[16] 이에 비해, 전 세계 440개가 넘는 원자력 발전소에서 지금까지 발전 관련 사고로 인한 사망자는 60명 이하다. 이 모든 사망자는 체르노빌과 형편없이 설계된 원자로로 인한 기이한 사고 때문이었다. 말하자면, 원자력 발전으로 인한 사고보다 도로사고로 사망할 확률이 100만 배 이상 높다. 하지만 나는 이러한 가능성에도 불구하고 차나 자전거를 당장 포기할 생각은 없다.

후쿠시마

2011년 3월 11일 일본 혼슈섬 동쪽 해안에서 150km 떨어진 곳에서 아주 드문 규모 9.0의 이중 지진(충격이 연이어 두 번 나타나는)이 발생했다. 이로 인해 발생한 쓰나미의 높이는 최대 15m이었으며 560평방킬로미터의 육지가 침수되었다. 그 결과 약 2만 명이 사망했다.[17] 지진 자체로 인해 사망했다는 보고는 없다. 일본은 지진 발생이 잦기 때문에 강력한 지진에도 잘 견딜 수 있는 건물을 설계하는 데 있어서 세계 선두 주자다.

지진이 발생했을 때 해변에 있는 후쿠시마(Fukushima) 제1 원전에 있는 6기의 원자로 중 3기가 당시 가동 중이었고 나머지는 핵연료 교환 및 점검을 위해 중단된 상태였다. 가동 중이었던 3기의 원자로는 인근의 다른 모든 원자로와 마찬가지로 자동으로 정지됐다. 하지만 6기의 원자로 중 특히 제 4호기는 일본의 과거 쓰나미 관측 기록들을 고려하면 지나치게 낮은 지대에 위치해 있었다.

지진이 발생한 지 거의 한 시간 후, 후쿠시마 제1 원전 6기가 있던 현장에 14m 높이의 쓰나미가 덮쳤다. 잘못된 설계에 잘못된 의사결정이 더해져 지진 발생 다음 주부터 거의 모든 것이 악화일로로 치달았다.

사고 당시 이 지역의 다른 원자로들은 전력망과 연결되어 있었지만 후쿠시마 원전은 지진 피해로 인해 초기에 전력망과의 연결이 끊어져 버렸다. 원자로가 비상 상황으로 정지될 때는 핵연료의 용융을 피하기 위해 냉각수를 원자로 노심까지 계속 펌프해야 한다. 이는 핵반응 때문이 아니라 이전 반응에서 나온 핵분열 생성물의 붕괴열 때문이다.¶ 핵분열에서 나오는 고준위 방사성 물질이 붕괴·냉각되는 동안 노심 용융을 막기 위해서는 최소 4일 동안 지속적으로 냉각시켜야만 한다.

사고 발생 초기 전력망이 끊어졌을 때 비상용 백업 디젤 발전기가 가동되어 냉각수를 노심으로 보내는 펌프에 전력을 공급했다. 그러나 한 시간 후 쓰나미가 닥쳤고 수십억 불이나 되는 원자로 3기가 파괴되는 일련의 사건이 시작되었다. 예비용 디젤 발전

¶ 원자로에 연료로 들어있는 우라늄 원자의 핵분열 생성물 중 일부는 고준위 방사성 물질이다. 핵분열 생성물 중 많은 것은 빠르게 소멸되어 4일 정도가 지나면 용융을 막기 위한 원자로 노심 냉각이 더 이상 필요없다.

기는 원전의 바다 쪽에 자리 잡고 있었다. 발전기는 지면에 확실하게 고정되어 있지 않아 쉽게 미끄러질 수 있었다. 디젤 연료탱크도 같은 상태였다. 발전기와 연료 탱크가 순식간에 휩쓸려가자 고장난 원자로는 노심 냉각용 비상 예비 전력도 없이 남게 되었다. 뒤이어 발생한 원자로 용해와 수소 폭발은 우리가 아는 바와 같이 거의 모든 생명의 종말을 예측하는 듯한 미디어 열풍을 불러일으켰다. 불행히도 이것은 일본뿐만 아니라 서방 국가에서도 원자력 에너지에 대한 거대한 반발을 불러일으켰다. 하지만 일본을 제외한 나머지 극동 아시아 지역은 그렇게 쉽게 동요될 정도로 전문적 지식이 없지는 않았다. 만약 보조 발전기가 고지대의 벙커에 위치하고 비상용 펌프로 가는 케이블이 지하에 매설되어 있었다면 그러한 사고는 발생하지 않았을 것이다. 그리고 원자로가 더 높은 고지대에 건설되었다면 비상용 펌프는 원자로 바로 옆에 설치되었을 것이다. 사실 원자로 제 5호기와 제 6호기는 처음 4기의 원자로가 낮은 지대에 건설되고 나서 더 높은 지대에 건설되었다. 원자로 제 5호기와 제 6호기는 높은 지대에 위치했기 때문에 쓰나미 피해가 없었다.

사고가 한창 진행되는 와중에 TV 화면에 등장한 "사망자들의 시신이 해안가로 밀려오면서 핵 위기는 점점 심각해지고 있다(Nuclear Crisis Deepens as Bodies Wash Ashore)"라는 CNN 헤드라인 자막을 나는 평생 잊지 못할 것이다. 이 기사는 인터넷에서 삭제된 것 같다. 하지만 이 기사는 후쿠시마 원전사고가 약 2만 명의 쓰나미 사망자에 대한 책임이 있음을 암시하는 것처럼 보인다. 이 불행한 사고에서 방사능으로 인한 사망자는 단 한 명도 없었다. 사실 원전 부근에 살았던 주민 150,000명을 대피시킨 일이 2,259명의 사망자를 낸 원인이라는 사실이 공식적으로 확인되었다. 여기에는 부근 7개 중환자 병동의 환자들을 이들에게 적합한 시설도 없는 체육관으로 대피시킨 결과도 포함된다.[18,19] 히로시마에 있는 방사선 피해 연구재단(Radiation Effects Research Foundation)의 연구 부소장 이반 두플(Evan Douple)은 NPR(National Public Radio)의 리차드 녹스(Richard Knox)와의 라디오 방송 인터뷰에서 다음과 같이 답했다.

> 후쿠시마 제1 원전사고로 인한 건강 피해를 연구하면 어떻게 될 것 같습니까? 이반 두플은 "나는 건강 피해를 연구한다는 것은 매우 현명하지 못하다고 생각합니다. 건강 피해를 측정할 수 있을 정도로 충분히 높은 방사선에 노출된 사람들이 있다는 증거가 전혀 없습니다"라고 답했다.[20]

방사선 피해 연구재단(초기 명칭은 일본 원폭 피해 공동조사위원회)은 히로시마와 나가사키에 투하된 원폭 피해 생존자들의 건강을 연구하기 위해 제2차 세계대전 이후 일본과 미국이 공동으로 설립했다. 이 연구에는 생존자 120,321명, 원폭 투하 당시 그곳에 없었던 두 도시 주민 26,580명, 원폭 투하 당시 임신 중이었던 여성 3,289명, 원폭 이후 태어난 76,814명이 포함됐으며 이들 중 적어도 1명은 부모가 원폭 방사선에 노출됐다.[21]

이 연구가 중요한 이유 중 하나는 연구자가 원자폭탄이 어디서 폭파되었는지 정확히 알고 있고, 그 원자폭탄이 방사선 유출의 유일한 발생원이라는 점이다. 연구자들은 각각의 생존자들이 어디에 있었는지, 그들이 야외에 있었는지 아니면 나무 또는 콘크리트나 다른 자재들로 가려져 있었는지 알고 있다. 그 결과 연구자들은 각각의 피폭자들이 노출된 방사선량을 상당히 정확하게 알아낼 수 있었고, 그로부터 다양한 유형의 건강상 후유증을 유발하는 피폭량을 추정할 수 있었다. 이 연구는 일정 수준 이하의 핵방사선 노출은 건강상 해로운 영향이 없다는 가설을 뒷받침한다. 이 연구는 또한 치사량 이하의 매우 높은 방사선에 노출된 사람들은 생애 후반기에 암에 걸릴 가능성이 약간 더 크다는 것을 확인해주었다.

원자력 에너지 - 화석연료를 대체할 수 있는 유일한 기술

나는 화석연료와 이산화탄소를 악마화하는 것은 어떤 식으로든 정당화되지 않는다고 생각한다. 그러나 경제적으로나 기술적으로 실현 가능한 대안을 찾을 수 있다면 한정된 중요 자원을 보존하는 것은 가능하다고 믿는다. 그리고 보조 배터리가 있어야 하는 풍력과 태양열이 전 세계적으로 높은 비중의 화석연료를 대체하기에는 경제적으로나 기술적으로 실현 가능한 것이 아니라고 믿는다. 나의 확신에 관련하여, 다음은 원자력 에너지가 경제에 지장을 주지 않으면서 화석연료의 수명을 연장하기 위해 할 수 있는 일이다.

중국, 러시아, 인도는 현재 세계에서 원자력 발전소 건설이 활발하게 이루어지는 세계 선두 주자다. 원전은 신뢰할 수 있고 가스 배출은 제로에 가깝다. 풍력발전과 달리 바람이 없어도 계속 가동되고, 태양광과 달리 흐리거나 어두워도 계속 가동된다. 현재 미국은 95기의 가동 중인 원자로를 보유하고 있으며, 2기는 건설 중이며, 3기는 계획 중이다. 프랑스는 56기가 가동 중이고, 1기는 건설 중이며 추가 계획은 0이다. 중국은 48기가 가동 중이고, 12기가 건설 중이며, 44기가 계획되어 있다. 러시아는 38기가 가동 중, 4기가 건설 중, 24기가 계획되어 있다. 인도는 22기가 가동 중, 7기가 건설 중, 14기가 계획 중에 있다.[22]

원자력 에너지가 화석연료의 필요성을 줄이는 데 얼마나 효과적인지를 보여주는 예로, 프랑스는 전력의 71%를 원자력으로 생산하고 연간 1인당 5.0톤의 이산화탄소를 배출하는 반면 독일은 전력의 11%만 원자력에서 생산하고 연간 1인당 9.1톤의 이산화탄소를 배출한다. 독일이 계획대로 2022년까지 남아 있는 7개의 원전을 폐쇄하면 이산화탄소 배출량은 불가피하게 증가할 것이다.

다음 11개국은 전력의 3분의 1 이상을 원자력으로 생산한다: 벨기에, 불가리아, 체코, 핀란드, 프랑스, 헝가리, 슬로바키아, 슬로베니아, 스웨덴, 우크라이나. 만약 전력생산에 원전을 우선순위에 두거나 목표로 삼는다면 전 세계 모든 국가가 이 수준 이상을 달성할 수 있다. 원전은 대규모 전력소비자로부터 보장된 수입원을 창출한다. 정치적 의지와 투자자의 확신이 있는 경우는 당연히 그렇다.

만약 화석연료 사용을 줄이는 것이 목적이라면, 달성 가능 방법은 우리 경제에서 모든 전기를 원자력 에너지로 공급하는 것이다. 방법 중 어떤 것은 하기 쉽고 어떤 것은 매우 어렵거나 거의 불가능에 가깝다. 하지만 내가 제안하는 프로그램은 기후 재앙 옹호자들이 환경운동에서 주장하는 이산화탄소에 대한 공포와 불가능한 소위 '탄소중립'에 근거하지 않았다. 내가 제안하는 프로그램은 에너지 기술을 다양화하고 한정된 자원을 보존하여 더 오래 지속되게 하려는 공통된 목표가 있기 때문에 훨씬 더 실용적이다. 원자력은 지금까지 알려진 어떤 에너지 기술보다도 이 목표를 잘 달성할 수 있다.

가장 확실한 출발점은 모든 건물을 원자력으로 가동하는 것이다. 원자력은 난방, 냉방, 온수, 조명, 모든 전자제품 및 기타 전기장치에 에너지를 공급할 수 있다. 나는 요리는 가스로 하도록 해서 제외하겠다. 그것은 화석연료 에너지 사용의 아주 작은 부분이기 때문이다.

미국은 총 에너지 생산량의 40%를 건물에서 소비하고 있다.[23] 이는 운송이나 산업보다도 많다. 그래서 원전으로 전환은 쉬울 것이다. 에어컨은 이미 100% 전기이며 전자제품, 엘리베이터 등도 마찬가지다. 전기 난방은 각 방의 개별 온도조절기에 내벽 가열기를 설치하거나 개별 온도조절기가 달린 바닥 유압식 난방으로 할 수 있다.

그림 80.

한국 남동부의 신고리 원자력발전소의 4기 원자로 중 2기. 각 원자로는 1400메가와트(Megawatts)의 발전능력이 있기 때문에 이 두 기의 원자로만으로도 거의 200만 가구의 전력을 공급할 수 있다. 한국은 전력의 30%를 생산하는 24기의 원자로를 보유하고 있으며 4기의 원자로가 추가 건설 중이다. 한국의 원자력 산업은 보기에도 좋은 원자로 건설을 자랑한다. 많은 내부 벽과 바닥은 대리석으로 마감되어 있는데, 이는 그냥 콘크리트만으로도 충분하다고 여기는 다른 나라에서는 흔치 않다.

산업계는 이미 엄청난 양의 전기를 사용하고 있다. 하지만 오늘날 많은 국가에서는 산업용 전기의 대부분이 화석연료로 생산된다. 원자력은 또한 광산, 제조 및 철강 재활용을 위한 전기로와 같은 에너지 집약적 기술용 전기의 많은 부분을 공급할 수 있다. 사실, 수송 및 이동식 중장비와 달리 고정식 에너지 사용에 대한 거의 모든 수요는 원자력으로 공급할 수 있다.

육상 및 항공 운송은 화석연료의 대안을 찾는 데 있어 가장 어려운 과제다. 한 가지 예외는 많은 유럽 국가와 일본에서 한 것처럼 모든 기차는 전기화될 수 있다는 점이다.[24,25] 원자력으로 재충

전할 수 있는 전기차가 대다수 승용차의 내연기관을 대체할 수 있을지는 여전히 의문 사항이다. 굴착, 도로 건설 등에 사용되는 대형차량과 중장비들은 더욱 문제가 된다. 그중에서 항공기는 가장 어렵다. 항공기는 대부분의 우주선에 사용되는 것처럼 액체 수소와 액체 산소로 전환될 수 있지만, 조만간 그렇게 될 가능성은 거의 없다.

육로 및 항공 운송이 진정 어려운 과제이지만 바다는 원자력 추진 선박에 매우 호의적이다.[26] 북극에 있는 러시아 쇄빙선 5척은 원자력으로 가동되며, 현재 3척을 더 건조 중이다(그림 81). 6개국이 항공모함, 전함, 순양함, 잠수함 등의 용도로 핵잠수함을 보유하고 있다.[27] 이는 원자력으로 모든 원양 선박을 운항할 수 있음을 의미한다.

기후위기론자들은 화석연료를 즉시 대체하는 것이 기후 재난으로부터 세상을 구할 것으로 생각하고 있다. 즉시 대체하는 대신에 비용면에서 가장 효율적인 원자력 에너지를 단계적으로 도입하고, 점진적으로 과도한 화석연료 의존도를 줄이도록 하는 실용적인 접근 방식을 취하는 것이 더 합리적이다. 이것이 오늘날 러시아, 중국, 인도가 꿈꾸는 방향이다.

기후위기 운동의 가장 비합리적인 측면 중 하나는 참여자 대다수가 원자력을 완강하게 반대한다는 것이다. 다른 어떤 기술보다 훨씬 더 많은 화석연료를 대체할 수 있음에도 불구하고, 반대하고 있는 것이 현실이다. 기후위기론자의 아버지라고 할 수 있는 NASA의 짐 한센(Jim Hansen)은 이 점에서는 주목할 만한 예외

그림 81.

러시아 핵추진 쇄빙선 5척 중 하나인 야말(Yamal)은 주로 겨울 동안 무르만스크에서 블라디보스토크로 가는 뱃길을 뚫고 있다. 열핵 무기를 탑재한 쇄빙선과 잠수함이 원자력으로 구동될 수 있다면 모든 원양 선박은 원자력으로 구동될 수 있다.

로서 원자력 에너지를 지지하고 있다.[28] 마이클 셸렌버그(Michael Schellenberger)는 과거 기후위기론자였지만 원자력 에너지를 지지했었다. 하지만 그는 현재의 위기론은 기변화뿐만 아니라 환경을 발전시켜 나가는데도 올바른 길이 아니라며 전향했다.[29] 기후는 절망적이지 않고 화석 연료가 우리 경제의 안녕과 인간 수명에 크게 기여하며, 그뿐만 아니라 이산화탄소가 모든 생명체의 기초라는 사실에 관한 보편적인 인식은 아직 이루어지지 않았다. 하지만 희망은 있다. 지금은 잘못된 정보와 공포 그리고 이념이 만연해 있다. 여기에 맞서 진정한 과학과 이성이 승리하길 우리 모두 함께 노력하자.

제10장

산불의 원인은 나무가 아니라 기후변화다

Fake Invisible Catastrophes and Threats of Doom

산불은 크게 나무를 비교적 온전하게 남겨두는 지면 화재와 나무 꼭대기까지 타는 수관 화재로 나눈다. 산불이 빈번하게 발생하고 대형화되는 원인은 기후변화가 아닌 지면에 두껍게 쌓인 연료(낙엽과 고사목)다. 그리고 그 원인의 이면에는 산림 생태계 보호라는 녹색운동이 있다. 산불의 발생 원리와 원인을 살펴보고 효과적인 산림 관리 방안을 소개한다.

야생에서 발생하는 불은 임목 화재(Forest Fires), 잡목 화재(Brush Fires), 초지 화재(Grass Fires)로 나눌 수 있으며, 실화(사람의 실수로 인해 캠프파이어, 전선, 담배 등)나 방화범에 의해 의도적으로 화재가 발생한 경우 또는 산림 관리인이 관리 목적으로 규정된 연소 기술을 사용하여 불을 내는 것 등이 있다.

일반적인 관점에서 산불이 좋은 것인지 나쁜 것인지 논쟁을 해도 얻을 수 있는 것은 별로 없다. 첫째, 산불은 크기와 강도가 매우 다양하게 발생한다. 어떤 불은 작은 면적만 태우고 관목(작은 키 나무)과 지면 잡초는 죽지만 교목(큰 키 나무)은 살아남는다. 이와 달리 어떤 불은 광활한 지역의 거의 모든 것을 태우고 죽인다. 식물의 씨앗까지 죽이고 불모지가 된 채 토양침식에 노출된다. 둘째, 산불은 야생 초식동물들의 먹이를 일시적으로 늘리는 데는 도움이 되지만, 토양, 나무, 물고기, 새, 그리고 인간에게 해로운 경우가 많다. 우리는 산불로 인명과 재산상의 손실이 발생하여 많은 보험금을 청구하기 때문에 산불을 더 나쁘게 생각하는 경향이 있다. 이는 인간의 관점에서는 합리적으로 보일 수 있지만 산불이 가져오는 산림 생태계 건강성과는 상관성이 거의 없다. 산불의 양면성을 조화롭게 할 수 있는 공통된 해법이 있다. 그것은 산림 생태학에 관한 이해와 산불의 위험성과 심각성을 줄이는 특별한 기술 적용에 바탕을 둔 현명한 산림 관리다.

최근에는 산불의 원인을 기후변화 탓으로 돌리는 것이 유행처럼 되었다. 다시 말해, 산불을 일으키는 원인이 대기의 이산화탄소 증가라는 것이다. 그림 82는 1926년 이후 산불로 타버린 토지 면적에 대한 역사적 기록이다. 이산화탄소 배출량이 지금과 같은 수준으로 증가하기 훨씬 이전인 1930년대 이후를 보면 기후변화 영향은 다소 완화된 것으로 보인다. 기후변화가 산불의 원인이라는 주장은 정치인들과 '녹색' 운동가들의 직무 태만이 만들어낸 핑계에 해당한다. 이러한 주장은 주로 북미 대륙의 서부지역에서 하고 있다. 그들이 정말로 녹색 지구에 열광한다면, 그들은 산림 생태학 과정들을 수강하고 수백 년 전으로 거슬러 올라가는 서부지역의 긴 가뭄의 역사를 연구하는 것이 좋다.

1924년 미국 의회는 삼림 소유자, 서부지역의 주, 연방 정부의 합의를 통하여 산불 진압에 협력하기로 하는 클라크-맥내리법(Clarke-McNary Act)을 통과시켰다.[1] 워싱턴주의 스노퀄미 폭포(Snoqualmie Falls)에 있는 기념비는 합의가 이루어진 역사적인 회의를 축하하기 위한 것이다. 그 이후, 화재 진압은 기존의 산꼭대기 산불감시 초소 외에 위성 감시, 헬리콥터, 방화물질, 물 폭탄 등을 사용하는 첨단 분야가 되었다. 매년 수천 건의 화재가 보고되지만, 대부분 화재는 아주 멀리 퍼지기 전에 진압된다. 하지만 일부는 멀리 퍼져나가게 되고, 그렇게 되면 화재 진압까지는 상당한 피해가 발생한다.

클라크-맥내리 법(Clarke-McNary Act)이 채택된 이후, 주 정부와 토지 소유주의 협력하에 강력한 화재 진압이 미국 산림청의 주요 정책이 되었다. 1944년 "당신만이 산불을 막을 수 있습니다"라는 구호와 함께 유명한 곰 순찰대(Smokey Bear)가 만들어졌다. 이 정책은 연간 불에 타는 토지 면적을 대폭 줄이는 효과를 가져왔다. 하지만 이 법안은 건초, 덤불, 나뭇가지, 고사목의 형태로 건조된 연료가 지면에 축적되게끔 하기도 했다. 숲에는 크게 두 가지 형태의 화재가 있다. 지면 화재(Ground Fires)는 나무를 비교적 온전하게 남겨두는 경향이 있다. 이와는 달리 지면에 두껍게 쌓인 연료로 인해 화재가 나무 꼭대기까지 번지는 수관 화재(Crown Fires)도 있다. 나무들이 서로 밀착하여 자란다면 바람이 화재를 일으킬 수 있다. 이런 화재는 사람이나 야생 동물이 달릴 수 있는 것보다 훨씬 더 빠르게 번질 수 있다.

피해가 극심하고 규모가 대형인 산불 대부분은 국유림과 국립공원에서 발생한다는 점에 주목하는 것은 유익하고 중요하다.[2] 국유지와 달리 사유지는 사전 예방적 차원으로 연료가 지면에 두껍게 축적되는 양을 줄이고 화재 시 소방관들이 신속하게 투입될 수 있도록 도로 접근성을 강화하여 재앙적인 대화재를 예방하도록 관리한다. 예를 들어, 미국 남동부 지역은 미대륙 어느 곳보다

산불로 연소한 미국의 산림 면적(1926~2017)

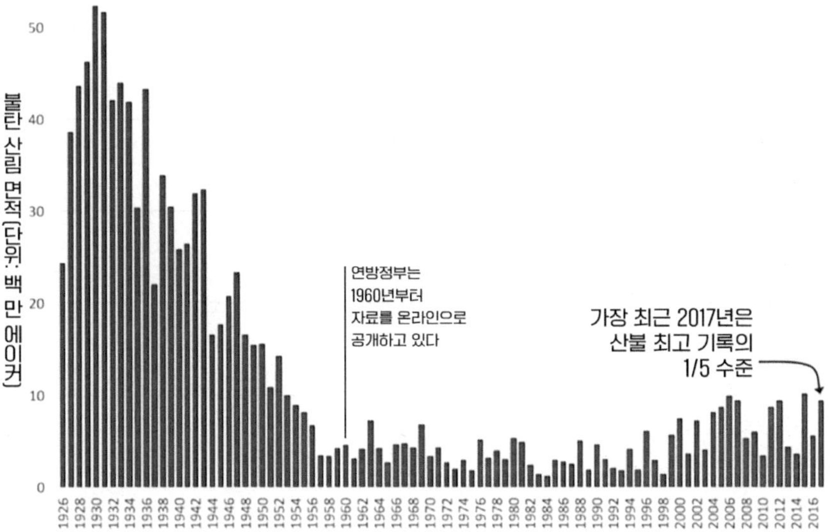

그림 82.

1926년부터 2016년까지 미국에서 불탄 산림 면적을 나타낸 그래프(아래 첨부된 자료에 2019년까지 데이터 있음). 화재 진압이 산림 관리의 관례가 되었던 1940년대에 급격한 감소가 일어난 이후, 자연 그대로 관리 방식("Hand-off" Management Approach)을 장려하는 환경운동의 영향력이 커지기 시작한 1990년대 중반부터 점차 상승하고 있는 것을 주목해야 한다. 이 그래프는 지난 95년 동안 산림 관리의 주요 경향을 보여준다.*

* National Interagency Fire Center, "Total Wildland Fires and Acres (1926-2019)," 2020.

더 많은 목재를 생산하며, 대부분 산림은 개인이 소유하고 관리하고 있다. 이곳은 서부지역처럼 대부분 소나무 숲이다. 소나무에는 인화성이 높은 송진(Pitch)이 있어 불이 빠르게 확대되는 경향이 있다. 하지만 남동부는 산불, 특히 대형 산불이 서부보다 훨씬 적다.

1950년대 중반부터 1990년대 중반까지 화재 진압 정책은 연간 화재 발생 면적을 비교적 낮게 유지시켰다. 하지만, 이 기간 국유지에는 연료가 계속 축적되었다. 그리고 이때까지 주로 도시에 기반을 둔 녹색운동의 철학, 즉 산불은 생명과 건물을 위협하지 않는 한 자연 그대로 타도록 놔두어야 한다는 이념이 지지를 받게 되었다.[3] 이러한 사실은 우리가 숲에 인접한 도시 경계 지역을 생각하도록 한다.

산불이 서부지역에서 더 많이 발생하는 이유는 여러 가지다. 그 중 하나는 서부가 동부보다 가뭄에 더 취약하기 때문이다. 또 다른 이유는, 동부 대부분, 특히 북동부의 나무는 전반적으로 캐롤라이나 경목 수림(Carolinian Hardwood Forest)의 활엽수인 반면에 서부의 나무는 주로 침엽수다. 침엽수에는 촛불처럼 타오르게 하는 송진이 많이 들어있는 반면에 단풍나무나 참나무 같은 활엽수는 잎이나 나무껍질에 그런 성분이 많지 않고 불에 저항성이 강하다. 주택가는 침엽수 가까이 위치하면 절대로 안 된다. 2018년에 있었던 캘리포니아 파라다이스에서 있었던 캠프 화재(Camp Creek Fire)가 이 경우다. 화재로 인해 주택가 95%가 소실되었으며 공식 사망자 수는 86명이었다.[4] 화재는 태평양 가스전기회사(PG&E: Pacific Gas and Electric Company)의 송전선에 의해 발생했으며, 근본적으로 숲 안에 주택이 들어섰기 때문에 지면 화재(Ground Fires)와 수관 화재(Crown Fires)가 함께 덮쳐 집과 대지를 몽땅 다 태웠다(그림 83). 또한 PG&E는 송전선을 주변 나무와의 접촉으로부터 안전하게 관리하지 않은 것으로 확인되었다.

약 6만 년 전 원주민들이 호주에 도착했을 때, 그들 앞에는 야

그림 83.

2018년 11월 캠프 화재 이후 캘리포니아 파라다이스 지역의 일부. 이 참사는 숲의 생태를 이해하지 못한 안타까운 결과다. 빽빽한 침엽수는 절대로 주택과 이렇게 가까이 있으면 안 된다. 이런 곳에서는 대부분의 침엽수는 잘라내서 목재와 종이를 만드는 데 사용했어야 했다. 그리고 난 다음, 조경용 나무가 필요하다면 넓은 공원 용지에 충분한 간격을 두고 활엽수를 심고 정기적으로 고사목을 제거했어야 했다.

생 동식물, 숲과 초원이 가득한 땅이 펼쳐졌다. 원주민들이 산불 재앙을 방지하기 위해 어떻게 땅을 관리해야 하는지 깨닫기까지 6만 년씩이나 걸리지 않았다. 그들은 여름이 오기 전 마른 풀과 고사목을 태워 연료가 쌓이는 것을 줄이기 위해 초원과 숲이 우거진 곳에 불을 지르는 '화전(Fire-Stick)' 농법을 사용했다.[5] 그렇게 하고 나면 고온 건조한 시기에 화재가 발생해도 훨씬 덜 심각했었을 것이다. 아메리카 원주민들이 약 1만 5천 년 전에 베링 육교를 통해 신대륙에 도착했을 때, 그들 역시 그와 유사한 요령을 알아내는 데 적지 않은 시간이 걸렸다. 그 요령은 너무 덥고 건조해지기 전, 강풍이 불지 않을 때 불을 지르고 태우는 것이다. 인구밀도가 낮은 지역에서는 정착지를 태우지 않고도 보통 이렇게 할 수 있다. 오늘날에는 사람 거주 지역으로부터 다소 멀리 떨어진 곳에서만 이 방식이 시행될 수 있다.

가장 철저하게 통제된 화재관리 프로그램조차 잘못될 수 있다. 예상치 못하게 바람이 불거나 풍향이 바뀌면 이는 재산과 인명 손실로 이어질 수 있다. 요리나 바비큐와 같은 좋은 의도로 불을 피운 사람들도 화재로 이어지면 주변 마을 사람들에게 평판이 별로 좋지 못하다. 도시와 마을에서 가까운 지역은 기계적인 수단을 동원하여 숲을 단출하게 만들고 고사목은 제거하는 것이 현명하다.

이러한 화재 예방 프로그램에는 비용이 든다. 산림에서 나오는 수입이 없으면 산림을 제대로 관리할 수 있는 예산 확보가 어려워진다. 공공산림으로부터 목재를 생산하여 수입을 창출하도록 관리하는 것이 합리적이다. 그렇게 해야 산불 연료가 쌓이는 것을 막고 지속가능한 목재 생산이 가능할 수 있다. 나무는 자연 상태에서 저절로 자라기도 하지만 사람이 조림지에 심고 키울 수도 있다. 하지만 목재 생산을 비롯한 '다목적 용도'를 위해 만들어진 미국의 국유림에서는 목재 생산이 급격히 감소했고, 그로 인해 산림 관리에 사용될 수 있는 수입이 크게 줄었다(그림 84).

미국에는 국립공원관리국(US National Parks Service)에서 관리하는 총 3,500만 헥타르에 달하는 421개 임야가 있다. 이는 미국 국토의 3.4%에 달한다. 이 임야는 상업적인 목재 생산에 사용할 수 없다. 하지만 국유림(National Forests)과 토지 관리국(Bureau of Land Management) 땅을 비롯한 기타 공유지에서 나오는 수익 중 일부는 산불 위험을 줄이기 위해 국립공원을 관리하는 데 사용할 수 있다.

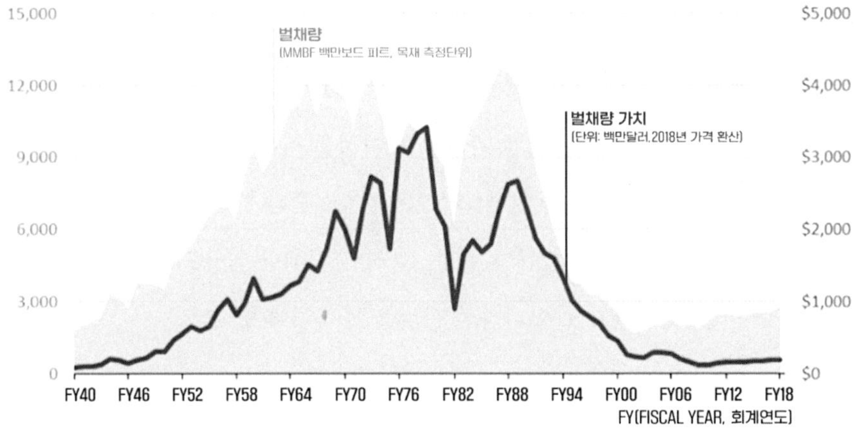

그림 84.

1940년부터 2018년까지 국유림의 벌목량과 경제적 가치. 점박이 올빼미(Spotted Owl, 북미 캐나다에서 멕시코까지 분포)에 대한 지나친 우려와 산림업 반대 캠페인으로 연간 벌목량은 1970년대 중반 최고치의 20% 미만으로 감소했다. 지면에 축적되는 연소물질을 줄이는 프로그램과 실용적인 상업용 목재 벌목은 연료 부하를 감소시킬 수 있는 예산을 제공하고 그에 따라 대규모 파괴적인 산불 위험이 줄어들 수 있다. 국유림은 국립공원을 만들려는 것이 아니다. 국유림은 산림업을 포함한 다목적 용도로 지정되었다.

1492년을 시작으로 유럽 아시아 아프리카에서 호주와 아메리카로 이주해 온 사람들은 이 두 곳의 원주민과는 달리, 이러한 환경에서 500년을 약간 웃도는 기간만 살았다. 분명 우리는 원주민들의 지혜로부터 배워야 하고 그러한 관행은 우리의 현대식 토지관리시스템에 포함시켜야 한다. 높은 연료 부하와 산림 관리 부족이라는 진짜 원인을 무시하기에는 화재 위험이 있는 산림 지역이나 인근에 거주하는 사람들이 너무 많다.[6,7]

흥미로운 비교는 유럽연합 국가는 42%의 산림 면적을 보유하고[8] 있음에도 불구하고 산림 면적이 34%인 미국에 비해 대규모 산불이 많지 않다는 점이다.[9] 미국 산림청과 미국과 호주의 기타 지역 야생지 관리자들은 위험한 산불의 수를 크게 줄이는 산림 및 야생지 관리 계획과 정책을 추진하는 다른 관리기관들을 반드시 살펴봐야 한다. 이는 로켓 과학처럼 어려운 것은 아니지만 사실에 근거하지 않는 자연에 대한 환상을 버리고 숲과 대지가 실제로 어떻게 작용하는지를 알아야 한다. 그리고 어떠한 산불도 기후변화로 인한 것은 절대로 아니라는 사실을 명심해야 한다.

전력 생산을 위한 목재 사용

전력 생산을 위한 목재(바이오매스) 사용은 근래에 많은 비판을 받아왔다. 물론 인간이 불로 요리와 난방을 하고 수천 년 전 목재를 베어내기 시작한 이후부터 화석연료를 사용하기 전까지 나무는 에너지뿐만 아니라 건축 자재로도 가장 중요한 공급원이었다. 이는 아주 오래전 인류의 문명사회가 시작되는 무렵부터다. 목재는 수력발전과 함께 여전히 가장 중요한 재생에너지원이다. 그리고 목재는 여전히 건축과 가구 등에 사용되는 가장 중요한 재생 가능한 자재다. 달리 말하면, 목재는 세계에서 가장 중요한 재생 가능한 물질이다. 그것은 태양 에너지에 의해 생산된다.

농업은 10,000년 전 홀로세 초기에 시작됐다. 그 이전에는 인간은 계절에 따라 이동하면서 야생에서 사냥과 채집을 하는 비교적 작은 유목민 집단이었다. 농업은 영구적인 정착을 가능하게 했고 마을과 도시가 생겨났다. 사람들은 정착생활을 하면서 식량을 얻기 위해 농업에 의존했다. 1800년대 초 산업혁명이 유럽대륙으로 확산되기 전 까지 산에 나무를 심고 키우지 않았다. 그즈음 중부 유럽은 요리, 난방, 유리세공, 철과 구리 제련, 증기엔진의 연료로 나무에 의존하고 있었기 때문에 산림이 줄어들고 있었다. 가장 많이 감소했을 때 유럽의 산림은 전체 지면의 10% 이하로 줄어들었다. 이러한 감소는 나무 공급을 늘리기 위한 산림 경작을 도입하여 임업으로 알려진 조림 확대로 이어졌다. 오늘날, 임업의 성공으로 유럽의 42%가 삼림으로 되어 있다. 이 삼림들 중 거의 100%가 북미와 마찬가지로 토종 수종들이 서식하고 있다.

유럽인들이 조림의 선구자가 된 이후 수년에 걸쳐 조림은 전 세계로 퍼져나갔다. 모든 선진국은 현재 지속 가능한 임업을 시행하고 있다. 이는 새로운 나무들이 성장 후 벌목되는 나무만큼 빨리 혹은 더 빠르게 자라고 있다는 것을 의미한다. 예를 들어, 캐나다와 미국의 삼림 지역은 1900년보다 오늘날이 더 넓다.[10] 이유는 목재 수요와 산림 관리가 있었고, 더 적은 토지로 더 많은 식량을 생산하는 집약 농업이 가능했기 때문이다. 이것은 중요한 사실을 말해준다. 주어진 농경지에서 더 많은 식량을 생산할수록, 향후 목재 생산과 보존을 위해 숲으로 남을 수 있는 땅이 더 많아진다. 농업과 임업에 적합한 토지는 많지 않다. 대기 이산화탄소 증가는 시비 효과의 결과로 이어져 농업과 임업 모두 생산성이 향상될 것이다.

전력 생산을 목적으로 최첨단 발전소에서 나무를 태우는 것에 관해 지금도 계속되는 반대 운동을 다시 한번 짚어 보자. 이는 간단한 문제다. 나무가 전력 생산에 지속가능한 속도로 사용되고 있고 숲의 성장률과 비슷하다면 나무의 용도가 무엇이든 그다지 중요하지 않다. 중요한 점은 건축, 가구, 난방, 전력 생산에 사용되는 목재는 나무의 성장보다 더 빠른 속도로 사용되지 말아야 한다는 것이다. 이것이 바로 지속가능성의 의미다. 물론, 다른 연소 과정과 마찬가지로, 최첨단 오염제어기술이 사용되어야 한다.

전력 생산에 사용되는 나무는 건축 자재에 적합하지 않다. 건축용 목재는 에너지 생산용 펠릿을 만드는 데 사용되는 나무 부스러기나 톱밥보다 항상 더 가치가 있을 것이다. 그래서 에너지 생산용 나무는 항상 원목 생산이나 많은 열대 국가에서 종이 생산으로부터 나온 부스러기가 될 것이다.

더 많은 목재를 사용할수록 더 많은 나무가 심어지며, 그렇게 해서 지역이나 국가의 전체 삼림 면적이 증가한다는 사실은 어떤 사람들에게는 여전히 놀라운 일이다. 예를 들어 서인도 제도 아이티에서는 거의 모든 구조물을 콘크리트로 지었다. 따라서 아이티 사람들은 나무가 필요하지 않았으며 오래전 땔감을 위해 베어낸 나무를 대체할 새로운 나무도 심지 않았다. 아이티는 사실상 숲이 사라졌다. 그들이 삼림을 조성한다면 나무로 집을 지을 수도 있고 계속되는 나무 수요를 충족시키기 위해 숲은 앞으로도 유지될 것이다. 더 많은 나무를 사용하는 것은 더 많은 나무를 키우는 것과 같다.

나무로 전기를 생산하는 것을 폄훼하기 위한 최근의 활동 배후에 풍력 및 태양 에너지 로비스트들이 있다고 해도 내게는 놀랄

그림 85.

트럭으로 미국 버지니아 주에 있는 최첨단 바이오매스(생물 에너지) 발전소에 나뭇조각을 운반하고 있다. 세계적으로 바이오매스 에너지는 풍력과 태양열을 합친 것보다 훨씬 더 많은 전기를 생산한다. 그리고 풍력이나 태양 에너지와 달리 바이오매스는 필요할 때 전기를 공급할 수 있어서 안정적이다.

일이 아니다. 나무와 기타 가연성 물질을 포함한 바이오매스 에너지는 풍력과 태양 에너지를 합친 것보다 훨씬 더 큰 비율을 차지한다. 미국 버지니아주는 전기의 4%를 바이오매스로부터 생산하며, 바이오매스 대부분은 목재소와 임업장에서 생산되는 목재 부산물이다(그림 85).[11] 미국 버몬트주는 전기의 5%를 폐목재로 생산한다.[12] 풍력 및 태양 에너지 로비스트들은 바이오매스 에너지 반대 여론을 조장하고 그들이 가진 신뢰할 수 없고 비용이 많이 드는 재생 에너지 틈새 기술을 대안으로 내놓을 것이다. 바이오매스는 에너지 생산이 지속적으로 이루어질 수 있다는 뚜렷한 이점이 있다. 다시 말하면 풍력이나 태양광 에너지와 같이 간헐적 생산을 보조하기 위해 전체 전력에 대한 백업 시스템이 필요하지 않다.

풍력과 태양광 발전은 계속해서 실망스럽다. 풍력이나 태양광은 발전 시간이 전체 50%도 되지 않는다. 태양광은 하루 24시간 최대 출력으로 가동하더라도 생산할 수 있는 용량은 평균 10~20% 정도다. 밤에 조명용으로 사용하려면 전기를 생산하지 못하고, 흐린 날이나 햇빛이 쨍쨍한 날에도 이른 아침이나 늦은 저녁에는 전기 생산량이 거의 없다. 풍력은 평균 20~30% 생산한다.[13] 바람이 불지 않을 때는 전기 수요를 감당하기 위해 다른 공급원이 있어야 한다. 이것 때문에 풍력과 태양광은 안정적이고 효과적인 다른 발전 기술보다 훨씬 비싸다. 이것은 캘리포니아와 호주가 정전 사태를 겪고 있는 이유이며, 장기간 정전에 대처할 수 없는 병원과 기타 건물에 많은 예비 디젤 발전기가 설치되는 이유이기도 하다.

최근에 강력한 '바이오매스 반대' 메시지를 담은 두 가지 기사를 살펴보자. 첫 번째는 『Eco-Business』라는 웹사이트가 "삼림은 새로운 석탄인가? 바이오매스 연소와 함께 세계적인 경고가 울리다"라는 제목의 기사를 게시한 사례다.[14] 그 기사는 다음과 같이 시작된다.

> 산림 생태학자와 기후학자들이 산림 바이오매스 산업이 지구의 온대와 열대림을 위험에 빠뜨리고 있다고 경고하고 있고, 정부에 석탄 연소 대안으로 목재 펠릿을 '재생 가능한 에너지'로 사용하지 못하도록 적극적으로 알리고 있음에도 불구하고 산림 바이오매스 산업은

크기, 규모, 수익, 정치적 영향력 면에서 빠르게 성장하고 전 세계적으로 확산되고 있다.

그래서 재생 가능한 나무를 태워서 생산되는 에너지는 재생에너지가 아니란 말인가? 어떤 '산림 생태학자'도 그러한 말을 하지 않을 것이며, 아마 그것이 아무도 기사에 이름을 올리지 않은 이유일 것이다. 더구나 '기후학자'는 추측하건대 '기후위기론자'의 약자일 것이다. 이 기사는 계속해서 환경학자의 말을 인용하고 있다.

> 유럽 아카데미 과학자문위원회(Science Advisory Council of the European Academies)의 환경 책임자인 마이클 노튼(Michael Norton)은 2019년 12월 유럽 연합 국가에 보내는 성명서에서 다음과 같이 언급했다. "이유는 간단합니다. 삼림을 벌목하여 바이오 에너지로 사용하면, 바이오매스에 들어있는 모든 탄소가 대기로 매우 빠르게 유입되지만, 대기로 간 탄소는 수십 년 동안 새로운 나무에 의해 재흡수되지 않습니다. 이는 기후위기에 시급히 대처해야 하는 필요성과 양립할 수 없습니다."

이는 말도 안 되는 소리다. 삼림은 '순환'이라고 불리는 방식으로 관리된다. 순환 기간이란 벌목된 곳에 새로운 묘목을 심고 그 나무들이 마침내 전부 수확되기까지 걸리는 시간이다. 순환 기간은 수종, 기후, 목재의 용도에 따라 달라진다. 50년 순환 기간으로 관리되는 산림을 생각해보자. 이것은 매년 전체 면적의 1/50

이 벌채될 수 있고 숲의 49/50은 계속해서 자라면서 이산화탄소를 흡수할 수 있는 것을 의미한다. 이것이 바로 기후변화에 관한 정부 간 협의체(IPCC)가 임업을 '탄소중립'으로 여기는 이유다. 왜냐하면 성장 과정의 나무들이 목재 수확 속도만큼 빠르게 이산화탄소를 흡수하고 있기 때문이다. 숲에서 기계 가동과 목재 운반에 사용되는 연료는 나무처럼 스스로 대체되지 않기 때문에 별도로 계산된다. 이 기사는 계속해서 IPCC의 입장이 '허점 투성'이라고 규정한다.

> 오늘날의 삼림 바이오매스 산업은 환경비평을 반박하고 무시하며 승승장구하고 있는 것으로 보인다. 이것은 소위 유엔의 탄소 회계 허점 덕분이다. 유엔은 최근 경성과학(Hard Science, 물리학, 화학, 생물학 등과 같이 이론과 방법론이 확고하고 정립된 과학)이 나무를 태워 전력을 생산하는 것은 탄소중립이 아님을 보여주고 있음에도 불구하고 중립으로 지정해두고 있다.

여기서 '경성과학'은 과학적 엄격함이 핑계에 불과하다면서 오래전에 이 용어를 삭제한 간행물로 알려진 미국과학진흥회(American Association for Advancement of Science)의 학술지『사이언스』논문에서 발췌하여 인용한 것이다.『사이언스』는 내용이 완전 틀렸더라도 대중 선동적인 논문들을 자주 게재한다. 이것은 그러한 논문 중 하나다.[15]

주목할 만한 또 다른 기사는 웹사이트『NoTricksZone』에 게시된 "환경 재난: 이산화탄소 목표 달성을 위한 노력의 일환으로 북유럽의 삼림 벌채 49% 증가"라는 제목의 기사다.

삼림 벌채와 임업을 혼동하는 전형적인 사례가 있다. 삼림 벌채(Deforestation)는 나무가 있는 땅이 영구적으로 다른 용도로 전환될 경우를 말한다. 삼림 벌채의 예로는 숲을 없애고 그 땅을 농경지, 주택지, 산업단지에 사용하는 것이다. 벌목(Felling Tree)은 임업에서 다소 필수적인 부분이며 삼림 벌채와 혼동해서는 안 된다. 기사는 다음과 같다.

> 독일을 대표하는 공영 방송 ARD는 오늘 일찍, 어떻게 '이산화탄소중립'인 목재 연소가 북유럽 전역에 걸쳐 광범위한 삼림 벌채로 이어지고 있는지 보도했다. ARD의 'Das Erste' 프로는 위성 이미지로 어떻게 2016년 이후 스웨덴, 핀란드, 그리고 발트해 연안 국가의 삼림 벌채가 49%나 증가했는지 보여주고 있다. 프로그램 진행자는 "이유는 이산화탄소 목표치 때문이다. 완전히 말도 안 되는 것처럼 들리지만 재생 가능한 에너지로 가는 추세가 분명 에스토니아 삼림 벌채의 원인 중 일부다"라고 말했다.[16]

인공위성에서 49%나 증가한 산림벌채가 감지됐다고 하지만 구글 어스 프로(Google Earth Pro)로 확대해 보면 벌채된 징후가 나타나지 않는다. 북유럽과 발트해 연안의 모든 국가는 밝은 녹색의 농장과 짙은 녹색의 전나무와 소나무 숲이 이어져 거의 100% 녹색을 띠고 있다. 기사에 나온 49%의 수치는 완전히 거짓말인 것 같다.

재활용할 수 없는 가연성 도시 폐기물을 연료로 사용하는 것과 마찬가지로 목재용에 적합하지 않은 나무를 연료로 사용하여 전기나 열을 생산하는 것도 매우 유익하다. 여기에는 숲의 지면에 쌓여있는 잔류물, 나무 조각과 껍질, 톱밥 등과 같이 나무에서 나오는 모든 것들이 포함될 수 있다.

제11장

이산화탄소는 **바닷물**을 **산성화**하여 생태계를 파괴한다

Fake Invisible Catastrophes and Threats of Doom

1998년부터 시작된 지구온난화 중단이 계속되자 2005년경 해양 산성화라는 가짜 재앙이 만들어졌다. 대기 중의 이산화탄소가 바닷물을 산성화하여 탄산칼슘으로 껍질을 만드는 모든 석회화 해양 종을 파괴한다는 것이다. 바닷물에 더 많은 이산화탄소가 녹아들어 갈 수 있지만 해양 산성화란 없다. 대기에서 바닷물로 장소를 옮긴 가짜 재앙을 소개한다.

'해양 산성화'에 관해서는 지구온난화 문제가 제기된 초기에는 관련 자료들이 별로 없었지만, 2003년에 와서 학술지 논문, 언론 보도, 그리고 환경단체들의 그럴듯한 출판물들이 쏟아져 나오기 시작했다. 이것은 인간의 이산화탄소 배출에 관해서 다음과 같이 언급한 『Nature』 학술지 논문과 시기적으로 우연히 일치하고 있다.

> 향후 몇 세기 동안 바닷물에서 일어날 pH(수소이온 농도) 변화는 지난 3억 년의 지질학적 기록에서 추측한 것보다 훨씬 크게 나타날 수 있다.[1]

이산화탄소의 과거 기록을 다시 언급하게 되어 독자들에게 미안하지만 이를 좀 더 설명하지 않으면 이 장을 끝내기가 어려울 것 같다. 수많은 보이지 않은 가짜 재앙들처럼, 해양 산성화는 이산화탄소를 대기에서 바다로 무대를 바꿔 다시 한번 재앙의 원인으로 만들고 있다.

해양 산성화 가설은 대기에 이산화탄소가 증가하게 되면 바닷물에는 불가피하게 더욱 많은 이산화탄소가 용해되고 물은 산성화되며 일부는 반응하여 탄산이 만들어진다는 것이다. 이렇게 되면 바닷물의 pH는 낮아지고 조개, 플랑크톤, 산호에 심각한 피해를 주게 되며, 심지어 '대재앙'으로까지 이어진다는 논리다. 이 가설은 바닷물에 녹아있는 칼슘과 이산화탄소로부터 탄산칼슘 껍질을 만드는 모든 석회화 해양 종에 영향을 미치게 된다는 주장이다. 따라서 낮아질 것으로 예상되는 바닷물의 pH는 이런 종들의 껍질 형성을 어렵게 하거나 심지어 불가능하게 한다는 것이다. 어떤 연구자들은 그런 해양생물들은 멸종될 것이라고 주장해왔다.

해양 산성화라는 용어는 그 자체로 오해의 소지가 매우 크다. pH 범위는 0에서 14까지이며, 여기서 7은 중성, 7 미만은 산성, 7 이상은 염기성 또는 알칼리성이다. 전 세계 바다의 pH는 7.5에서 8.3까지 범위를 가지며 해역에 따라 각각 다른 값을 갖는다. 현재 모든 바다의 pH는 여전히 알칼리에 속하는 것을 알 수 있다. 어느 바다도 산성화되지 않았다. 하지만 이를 지지하는 사람들은 처음에는 바다가 산성이라는 증거가 없더라도 '좀 더 산성화'될 것이라고 주장한다. 이런 식으로 용어를 사용하는 것은 과학적으로 정확하지 않다. '산'과 '산성'이라는 용어는 대부분 사람에게 강한 부정적 어감을 주지만, '염기성'과 '알칼리'는 그렇지 않다는 것도 잘 알려져 있다.

인간에 의한 이산화탄소 배출로 모든 조개, 굴, 달팽이, 게, 새우, 바닷가재, 산호초, 그리고 바다에 있는 그 외 많은 석회화 종들과 이것들을 먹이로 하는 모든 종이 죽게 된다면 이는 분명 심각한 결과가 발생하게 될 것이다. 이번 장에서는 이 가설을 상세히 살펴보고 실제 바다에서의 관측과 활용 가능한 과학적 지식을 바탕으로 이것이 가정하고 있는 내용을 상세히 검토할 것이다.

기후위기 선동을 하는 사람들에게는 해양 산성화의 망령은 대기의 이산화탄소 증가로 인해 지구 기온이 예측된 속도로 상승하지 못함으로써(당연히 상승하지 못하지만) 야기된 문제를 깔끔하게 해결해준다. 이는 1995년부터 2014년까지 온난화가 '정지'된 기간에 특히 그렇다(그림 86).[2] 해양 산성화 가설은 어떤 온난화나 기후변화 또는 극단적 기상 이변 증가를 필요로 하지 않는다. 이 가설은 오로지 대기의 이산화탄소 수치가 높아지면 바닷물의 pH가 낮아지고, 이는 다시 조개류와 기타 모든 석회화 생물의 멸종을 초래할 것이라는 주장에만 바탕을 두고 있다.

해양 산성화는 '지구온난화의 쌍둥이 악마'로 불림으로써 그 논의에 도덕적 의미도 불어 넣었다.[3] 아직 그 미래를 모르는 상황에서 표현에 좀 더 절제할 것 같았던 과학자들이 그처럼 놀라운 언어를 사용한다는 것은 매우 당혹스러운 일이다. 다음은 학술지 『Trends in Ecology and Evolution』에 게재된 예다.

> 인간에 의한 대기 이산화탄소의 증가는 해양화학에 근본적이고 전례 없는 변화를 일으키고 있다. (...) 우리는 해양은 이미 수백만 년 동안 해양 유기체와 생태계가 경험해온 것보다 훨씬 극심한 상태임을 주장하며, 이산화탄소 배출을 과감하게 줄이는 정책을 시급히 도입할 필요성을 강조한다.

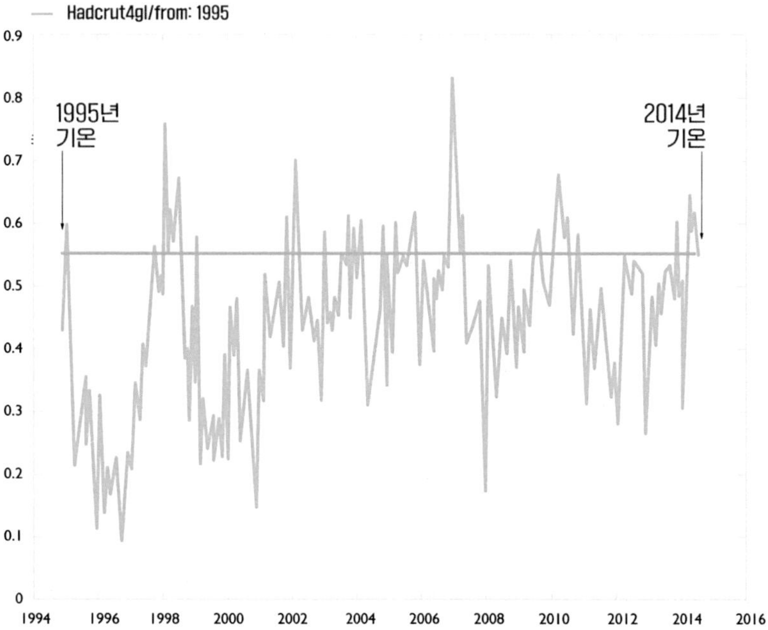

그림 86.

기온상승이 정지된 19년 동안은 인간의 이산화탄소 배출이 역사상 가장 높았던 시기와 일치한다. 이때는 해양 산성화 '대재앙'을 만들어낸 시기와도 같다. 이 자료는 영국 이스트앵글리아대학교 기후연구센터(University of East Anglia, Climatic Research Unit)가 영국 기상청 하들리센터(UK Met Office, Hadley Centre)와 공동으로 관측한 지표면 기온 데이터 셋트(HadCRUT4)에서 제공되었다.

하지만, 같은 논문에서 "바닷물의 화학적 변화가 해양 유기체와 생태계에 주는 영향을 이해하기에는 아직 초기 단계다"라고 기술하고 있다.[4]

2009년에 환경단체인 천연자원보호협회(NRDC: Natural Resources Defense Council)는 "이번 세기 중반쯤이면 산호초의 성장이 중단될 것이고 심지어 용해되기 시작할 것이다", 그리고 해양 산성화는 "전 세계 수산업에 영향을 미쳐 수억 명의 식량자원과 수십

억 달러의 산업계를 위협할 것이다"라고 예측했다.[5]

따라서, 석회화 종뿐만 아니라 전반적인 해양 생태계 연결망이 위협받고 있다. NRDC의 문서 또한 다음과 같이 주장하고 있다.

> 해양 산성화는 아마 전 세계 해양생물에 이미 영향을 주고 있을 수 있다. 일례로, 참굴(Pacific Oyster)은 2004년 이후로 자연상태에서 성공적으로 번식하지 못하고 있다.

참굴 생산량은 1950년 15만 6천 톤에서 2016년 4백4십만 톤으로 증가해왔으며 생산의 많은 부분은 야생 종자(Spat: 굴 씨앗) 채취를 통해 이루어지기 때문에 이 주장은 명백한 거짓말이다.[6] 앞에서 언급한 보고서에는 다음과 같이 명시하고 있다.

> 전 세계에 공급되는 굴 종자의 상당히 많은 부분은 긴 줄과 뗏목에 매달려 있는 여러 가지 장착 재료(Cultch, 굴 껍질 부스러기)를 사용하여 야생에서 종자를 채취한다. 하지만 다른 수산업계는 종자를 얻기 위해 부화기를 사용한다.

부화기에서 생산된 종자들도 바다에서 끌어올린 물에서 자란 굴이 낳은 알이라는 사실도 언급되어야 한다. 해양 산성화를 지지하는 자들은 인간이 배출한 이산화탄소의 30~50%를 바다가 흡수하고 있다고 생각한다.[7] 버뮤다(Bermuda)해 인근에서 30년 동안 진행된 연구에 따르면 바다는 대기로부터 이산화탄소를 흡수하고 있다는 증거가 있다.[8] 하지만 또 다른 연구는 현장에서 직접 관찰해본 결과 인간이 배출한 이산화탄소 중 대기의 농도 증가로 나타나지 않은 부분은 육지의 바이오매스에 의해 흡수된 것으로 나타났다.

> 1995~2008년 사이 화석연료 배출 증가로 인해 육지 생물권 거의 모든 곳에서 탄소 흡수량 증가 추세가 나타났지만, 해양에서는 단지 몇 차례 탄소 배출에서 흡수로 역전되면서 소량 흡수되었다. 해양 관측이나 해양 모델에 의해 추정된 전 세계 바다의 이산화탄소 흡수율 증가를 확정하거나 없다고 할 수 있을 만큼 대기 이산화탄소 농도가 아마 아직 충분히 높지 않을 것이다.[9]

인간에 의해 배출되는 이산화탄소는 농도가 증가함에 따라 나무와 기타 식물이 상당 부분을 흡수한다는 직접적인 증거가 있다.[10,11,12] '이산화탄소의 비료 효과'는 학술적으로 잘 정리되어 있다. 전 세계 온실재배 농가들이 농작물의 생산량을 최대 50%까지 증가시키려고 이산화탄소 농도를 의도적으로 높이고 있다는 점이 바로 이 사실을 뒷받침한다. 육상 식물이 증가한 대기 이산화탄소로부터 엄청난 혜택을 받고 있다는 것도 의문의 여지가 없다. 현재 이산화탄소의 농도는 415ppm인 반면, 대부분 식물의 최대 성장률은 1,000~2,000ppm일 때 나타나고, 일부 식물은 이보다 더 높다. 바닷물에 용해된 이산화탄소와 증가한 육지 바이오매스(생체량)로 흡수된 이산화탄소의 양을 정확하게 구분하기는 매우 어렵다.

이 장에서는 해양 산성화가 석회화 종의 대부분 또는 전부, 그리고 기타 수많은 종을 멸종 위기에 처하게 한다는 주장에 대해 의문을 제기하는 5가지 사항에 대해 알아볼 것이다. 이 논의에서는 종말론적 용어들이 하는 역할을 아는 것이 중요하다. "인간의 이산화탄소 배출은 해양 pH를 아주 미미하게 낮추는 결과로 이어질 수 있지만, 이는 석회화 종이 생존하고 왕성하게 번식했었던 옛날 지질학적 시대의 수치에는 훨씬 못 미친다"라고 정직하게 말할 수도 있고, 혹은 "지구온난화와 해양 산성화로 인해 2050년 즈음에는 모든 산호초가 멸종되고, 해양 환경이 생태계 붕괴 직전까지 몰리면서 수천 종 멸종에 이르게 될 것이다"라고 말할 수도 있다. 후자처럼 말하면 신문에 실리고 세계적인 언론을 통해 보도될 가능성이 훨씬 크다. 하지만 이렇게 말하는 것은 객관적인 과학이 아니라 논리나 과학적 근거가 없는 선정주의적 추측에 불과하다. 여기서 요구되는 점은 일반 대중들이 실제 일어나는 사실과 상상 속의 추측을 구별하고 진지한 언어와 근거 없는 종말론적 선언을 구분할 수 있는 비판적인 사고를 갖는 것이다.

대기 이산화탄소와 기온의 역사적 자료

대기의 모든 이산화탄소는 본래 지구 내부에서 나왔다. 지구 생성 초기에는 오늘날보다 훨씬 더 뜨겁고, 훨씬 더 많은 화산활동이 있었다. 지구 중심부의 뜨거운 열기로 탄소와 산소가 결합하여 이산화탄소를 만들었다. 이산화탄소는 원시 지구 대기의 상당한 부분을 차지했다. 이산화탄소는 생물 진화를 통해 광합성과 이후 석회화 현상이 일어나기 전까지 아마 대기 중 가장 풍부한 성분 중 하나였다. 바다의 이산화탄소 대부분은 대기로부터 흡수되지만, 일부는 바다의 화산분출로부터 바로 주입되었다. 지금의 생명체들이 진화한 캄브리아기(Cambrian Period, 5억 7천만 년 전 시작) 이전에는 지구의 대기 중 이산화탄소 농도가 훨씬 높았다는 사실은 널리 알려져 있다.

수많은 해양 생물종이 석회화할 수 있도록 진화한 것 역시 이 시기였다. 석회화는 좀 더 일반화된 용어 '생광물화(Biomineralization)'의 한 예다. 생광물화는 이러한 석회화 종들이 부드러운 몸체 주위에 탄산칼슘($CaCO_3$)으로 된 단단한 껍질을 만들 수 있도록 했고, 그리하여 일종의 갑옷을 제공했다. 대합과 같은 초기 조개류는 대기 중 이산화탄소 농도가 오늘날보다 10~15배 더 높았던 5억 년 전에 출현했다.[13] 분명 당시 바다의 pH 수준은 모든 산호와 조개류의 멸종을 야기하지 않았다. 멸종을 야기했다면 그런 종들은 오늘날 분명 존재하지 않을 것이다. 그렇다면 오늘날 이산화탄소 농도가 훨씬 낮은 데도 석회화 종에 피해를 주고 있다는 말은 왜 들어야 하나?

가장 일반적인 주장은 "오늘날의 산호류와 조개류는 옛날의 같은 종들이 익숙했던 이산화탄소의 농도에 적응하지 못하고 있다. 산성화가 매우 빠르게 진행되어 그러한 생물 종들은 더 높은 농도의 이산화탄소에 적응할 수 없을 것이다"라는 것이다. 이는 터무니없는 주장이다. 왜냐하면 과거 수백만 년 동안 높은 이산화탄소 농도에서 살아온 종들이 이제는 농도가 높아지면 석회화할 수 없다는 것은 생화학적인 관점에서 인정할 수가 없기 때문이다. 오늘날 살아있는 모든 종의 조상은 과거 6천5백만 년 전 소행성이 공룡을 비롯한 수많은 종을 멸종시켰을 때와 같이 때로는 급변하는 상황에서도 수천 년 동안 생존해왔다. 오늘날 살아남은 것보다 더 많은 종이 멸종됐다. 이것은 살아남은 종들이 가장 적응력이 뛰어나다는 사실을 증명해준다고 할 수 있다.

오늘날 지구상에 존재하는 모든 종의 모든 개체가 생명이 시작된 시기부터 지금까지 지속적으로 성공적인 번식을 이어왔음을 보여주고 있다고 생각하는 사람은 많지 않다.

지질학적 연대: 이산화탄소 농도와 기온의 변화

지금까지 알려진 바에 따르면 지구 역사상 이산화탄소가 지난 홍적세 250만 년 동안의 빙하기만큼 낮았던 시기는 단 한 번뿐이었다. 석탄기 말기에서 페름기와 트라이아스기로 이어지는 동안 이산화탄소 농도는 약 4,000ppm에서 약 400ppm으로 낮아졌다. 이는 아마 숲이 방대한 영역으로 확장되면서 대기의 이산화탄소를 끌어내어 나무로 흡수하고 다시 석탄으로 저장했기 때문일 것이다. 우리는 남극 빙핵을 통해 홍적세 동안 지금부터 가장 가까운 시기에 있었던 빙하 극대기의 이산화탄소 농도가 180ppm까지 떨어졌다는 사실을 알고 있다(그림 87). 우리는 이 농도가 지구상에서 생명체가 시작된 이래 최저 수준이라는 사실에 대해 상당한 수준의 확신을 하고 있다. 이 농도는 식물이 생존하는 한계에서 겨우 30ppm 더 높은 수준이다. 지금처럼 대기 이산화탄소 농도가 낮은 이러한 기간들은 이산화탄소 농도가 1,000ppm 이상이거나 훨씬 더 높았던 대부분 기간에 비하면 예외적이다. 이 하나의 이유만으로도, 현재와 미래의 대기 이산화탄소 농도가 석회화 해양생물에 심각한 피해를 야기할 것이라는 가능성은 거부되어야 한다. 하지만 그 외에도 해양 산성화 가설에 대해 의문을 제기하는 요인들은 여전히 많이 있다.

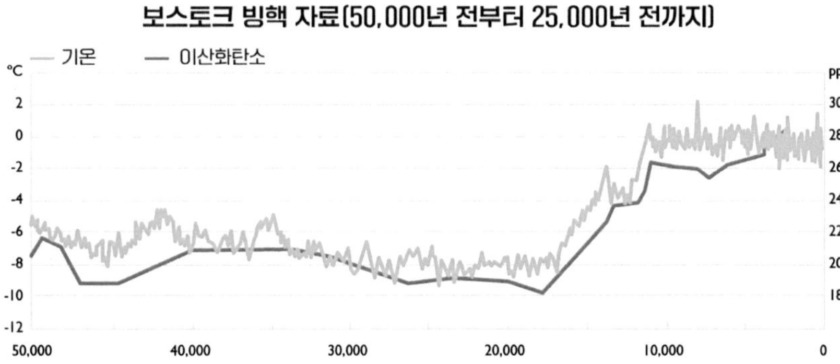

그림 87.

5만 년 전부터 2,500년 전까지 남극 보스토크 기지에서 채취한 빙핵 자료로부터 대기 온도와 이산화탄소 농도를 재구성한 것. 18,000년 전 이산화탄소 농도는 180ppm을 약간 웃도는 수준으로 떨어졌다. 식물이 이산화탄소 결핍으로 죽게 되는 임계점에서 겨우 30ppm 높은 수치를 기록함.*

*Joanne Nova, "The 800-year lag in CO2 after temperature - graphed," JoNova, August 18, 2013.

환경변화에 대한 생물 종의 적응

사람들은 생물 종이 환경변화에 적응하는 데 수천 년 또는 수백만 년이 걸린다고 생각하는 경향이 있다. 이것은 그런 경우가 아니다. 세대교체가 다소 긴 종도 급변하는 환경 조건에 직면하면 비교적 빨리 적응할 수 있다. 실제로, 신속한 진화적 변화와 적응을 뒷바침 해주는 것은 급변하는 환경 조건이다.[14] 하버드대 교수였던 고생물학자 스티븐 제이 굴드(Stephen Jay Gould)는 그의 고전적 저서『Wonderful Life』에서 이것을 잘 설명하고 있다. 이 책은 캄브리아기의 버지스 셰일(Burgess Shale) 화석과 5억 4천4백만 년 전에 시작된 방대한 종의 진화에 초점을 맞추고 있다.[15]

탄산칼슘으로 껍질을 만드는 대부분의 무척추동물은 다음 두 가지 요인으로 환경변화에 비교적 빠르게 적응할 수 있다. 첫째, 이러한 동물은 최소한 한 해에 한 번 또는 그보다 더 자주 새끼를 친다. 이것은 이 동물의 새끼들이 매년 변화하는 환경에 적합한지 시험하는 것을 의미한다. 둘째, 이 동물은 번식할 때마다 수백에서 수천 마리의 새끼를 낳는다. 이것은 환경 조건의 변화에 더 적합한 유전적 돌연변이가 일부 새끼에서 발생할 가능성을 크게 증가시킨다.

많은 연구에서 생물의 유전자 구성(Genetic Make-up)이나 유전자형(Genotype)의 변이가 종이 변화하는 환경 조건에 적응할 수 있는 유일한 요인이 아니라는 사실이 입증됐다. 많은 해양 생물종은 연안 해역에서 서식하게 되고 이곳에서는 대양에서 발생하는 것보다 훨씬 더 다양한 범위의 pH, 이산화탄소, 산소, 온도, 염도에 노출되면서 일생의 전부 또는 일부를 보내게 된다. 유전자 변이를 통한 진화보다 환경변화에 대한 적응이 훨씬 더 빠르게 일어날 수 있는 두 가지 독특한 생리적 메커니즘이 존재한다(그림 88).

첫 번째는 표현형 가소성(Phenotypic Plasticity)이다. 이것은 하나의 유전자형이 다른 환경에 노출되었을 때 하나 이상의 표현형을 만들 수 있는 능력이다.[¶, 16] 달리 말하면, 특정 유전자형은 환경 요인의 변화에 서로 다른 방식으로 반응하는 능력으로 인해 다르게 표현될 수 있다. 이것은 거의 같은 유전형을 가진 동일 종의 개체들이 어떻게 서로 다른 환경에서 성공적으로 서식할 수 있는지를 설명하는 데 도움이 된다. 인간에서 나타나는 이러한 예는 각각 다른 온도와 다른 고도에 적응할 수 있는 능력이다. 이때 유전자형에는 변화가 없지만, 생리적으로는 변화가 있다.

두 번째는 더욱 흥미로운 것으로, 세대 간 가소성이다. 이것은 부모가 그들의 세대에서 적응한 것을 자손에게 물려줄 수 있는 능력을 말한다.[17] 다른 논문에서는 다음과 같이 언급하고 있다.

> 오늘날 해양생물은 이미 광범위한 pH와 이산화탄소 조건을 경험했으며, 그러한 조건 대부분은 앞으로 수백 년 동안 대양에서는 어떤

¶ 생물학적으로 유전자형은 유기체의 유전자에 있는 DNA의 구성이다. 표현형은 유기체라는 물리적 형태에서 유전자들이 표출된 것이다. 환경 조건의 차이는 표현형에서 같은 유전자형의 다른 표출을 유발할 수 있다. 이것은 표출의 한 측면으로서 '천성(Nature)인지 아니면 육성(Nurture)인가'이다. 사실, 표출은 두 가지가 합쳐진 것으로, 생물학과 심리학에서 더욱 흥미로운 주제 중 하나다.

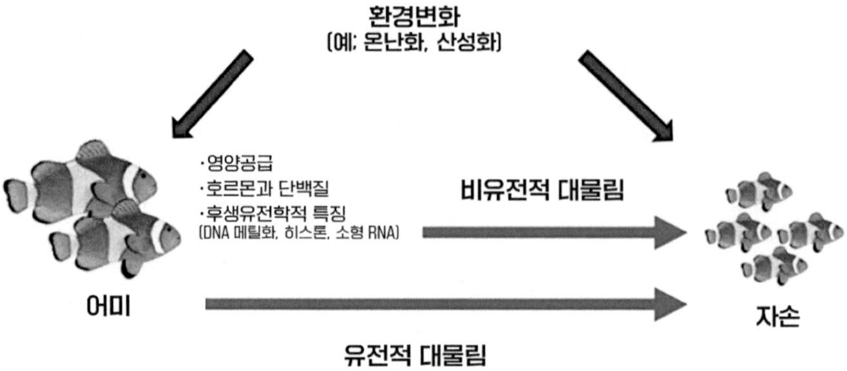

그림 88.

환경에 따른 표현형 가소성(Phenotypic plasticity)과 세대 간 가소성(Trans-generational Plasticity)은 생물의 유전자 변화와 직접적인 관련 없이 적응하는 예다. 이러한 형태의 적응은 한 개체의 일생 또는 한 세대에 일어날 수 있다.*

*Philip L. Munday, "Transgenerational acclimation of fishes to climate change and ocean acidification," F1000Prime Rep, November 4, 2014..

경우라도 발생하지 않을 것이다.[18]

저자들은 다음과 같이 불리는 방법을 사용했다.

해안 생태계에서 야생 산란 어류(*Atlantic silverside, Menidia menidia*) 새끼 개체군을 표준화된 이산화탄소 농도에 노출하고 pH 모니터링을 함께하는 새로운 실험 방법.

어미와 새끼들은 오늘날의 대기 수준인 이산화탄소 400ppm을 대조군으로 하고 실험군 1,200ppm과 2,300ppm에 각각 노출되

었다. 과학자들은 다음과 같은 결과를 보고했다:

> 실험 초반부(4월)에는, 높은 이산화탄소 농도에서는 물고기 생존율이 대조군 400ppm에 비해 54%(2012년)와 33%(2013년)로 상당히 감소했고 부화 후 1에서 10일 사이의 치어 성장률도 17%나 감소했다.

하지만 그들은 다음과 같은 사실을 발견했다.

> 후반부에 채취한 물고기로부터 나온 새끼들은 이산화탄소에 대한 내성이 상당이 증가했으며, 오월 중순에 이르러서는 새끼들의 생존율은 모든 이산화탄소 농도에서 균일하게 높았다.

이것은 연안 서식 어종이 매우 짧은 기간에 높은 농도의 이산화탄소에 적응할 수 있다는 것을 나타낸다. 또한 이것은 만약 이산화탄소가 정말로 증가하고 있다고 하더라도, 이 어종들은 오늘날 바다에서 이산화탄소 증가가 비교적 느리다는 사실을 알아차리지 못할 것임을 보여준다.

1700년경 소빙하기의 정점에서 벗어난 이후 300여 년 동안 발생한 지구의 기후변화는 역사적으로 결코 이례적이거나 전례 없는 일이 아니다. 지질학적으로 눈 깜짝할 시간인 지난 3,000년 동안, 따뜻한 시기와 추운 시기가 연속적으로 있었다. 이 기간에 있었던 기후변화로 인해 생물 멸종이 있었다는 기록은 없다. 그리고 지난 5억 년이라는 오랜 시간 동안, 다섯 번의 대멸종 사건이 있었음에도 생물 다양성은 극적으로 증가했다. 오늘날 발생하고 있는 어떤 사건도 지구 생명체의 오랜 역사를 통해 일어난 여러 가지 변화와 비교조차 할 수 없다.

바닷물의 완충력

수천 년 동안, 바다에는 육지로부터 빗물에 용해된 미네랄이 유입됐다. 대부분 미네랄은 염화물(Chloride), 나트륨(Chloride), 황산염(Sulphate), 마그네슘(Magnesium), 칼륨(Potassium), 칼슘(Calcium)과 같은 이온 형태다. 수중 열수 분출구와 해저 화산도 바다의 염분 함량에 기여한다. 이러한 미네랄은 무게로 바닷물의 약 3.5%를 차지하게 되었고, 그로 인해 바닷물은 민물과 다른 독특한 특성을 갖게 되었다. 해저 광물화(Mineralization) 작용으로 새로 바다로 유입되는 염분의 균형을 이루었기 때문에 바다의 염분 함량은 수억 년, 심지어 수십억 년 동안 비교적 안정적이었다.[19]

바닷물에는 녹아있는 염분과 이산화탄소로 인해 강력한 완충력이 있다. 완충력은 산성 또는 염기성 화합물을 액체에 첨가했을 때 액체가 pH 변화에 저항하는 능력이다. 예를 들어, pH 7.0(중성)의 증류수 1킬로그램에 염산 1마이크로몰(Micromole)을 첨가하면 pH가 약 6.0으로 떨어진다. 같은 양의 염산을 pH 7의 바닷물에 첨가하면, 최종 pH는 6.997로 pH 단위의 단 0.003만 변화한다. 이처럼, 바닷물은 민물의 330배에 달하는 완충력을 갖고 있다.[20] 바닷물은 완충력 외에 또 다른 것이 있다. 리벨 계수(Revelle Factor)라 불리는 이것은 미국 스크립스해양학연구소(Scripps Institute of Oceanography) 소장이었던 로저 리벨(Roger Revelle)의 이름으로부터 명명되었다. 리벨 계수는 대기 이산화탄소가 두 배로 증가하면, 바다에 용해되는 양은 단 10%만 증가하게 됨을 보여준다.[21] 이것은 대기의 이산화탄소 증가가 해양생물 멸종을 초래하게 된다고 주장하는 사람들이 모르는 것이다.

이산화탄소는 모든 생명체의 기본일 뿐만 아니라, 바닷물이 생명체가 전혀 살 수 없는 정도의 알칼리성이 안 되는 pH를 유지하는 이유이기도 하다. 완충 용액을 얻으려면 약한 산과 강한 염기(또는 강한 산과 약한 염기)를 혼합해야 한다. 바다의 경우, 배관 청소제의 주성분인 수산화나트륨(NaOH), 수산화칼슘(CaOH), 수산화마그네슘(MgOH)를 합한 강한 염기로 생각할 수 있다. 바닷물에 이산화탄소가 용해되지 않았다면, pH는 가정에서 사용하는 암모니아와 비슷한 약 11.3 정도가 될 것이다. pH가 11.3인 바닷물에는 생명체가 살아갈 수 없을 것이다. 바닷물의 pH가 7.5~8.4의 약한 알칼리성인 것은 용해된 이산화탄소 때문이다. 실제로 바닷물이 이렇게 높은 완충력을 갖는 주요인은 이산화탄소 그 자체 때문이다. 이산화탄소는 약산이고 염분은 대부분 강한 염기다. 이산화탄소는 바다에서 탄생한 지구 생명체의 진화에 필수 요소임이 다시 한번 입증되었다.

해양 pH는 산업화 이전(1750년)에 8.2였으나 인간의 CO_2 배출로 인해 이후 8.1로 떨어졌다고 문헌에 널리 알려져 있다.[22, 23] 사실은 1750년에 아무도 바닷물의 pH를 측정하지 않았다. 1909년까지 pH에 대한 개념은 상상도 하지 못했으며, 정밀한 pH 측정기는 1924년까지는 세상에 존재하지도 않았다. 250년 전 바다의 pH가 8.2였다는 주장은 어떠한 방법으로도 실제 측정한 적이 없는 비과학적 추측이다. 현장에서 pH 단위 0.1까지 정확하게 측정하는 것은 오늘날에도 간단한 절차가 아니다. 더군다나, 전 지구적인 차원의 해양 pH 모니터링은 없다. 이것은 진정한 해양학자들은 바닷물이 갖는 강력한 완충 능력에 관해 알고 있기 때문이다. 그래서 그들은 바다의 전 지구적인 산-염기 균형의 상당한 변화가 있을 것이라고 예상하지 않는다.

미래에 이산화탄소로 인해 해양 pH가 변할 것으로 예상하는 것은 1750년에 해양 pH 측정이 당연히 없었음에도 당시 pH가 8.2라고 추정한 것과 같은 가정에 기초하고 있다. 지난 265년 동안 pH가 8.2에서 8.1로 떨어졌다는 주장으로부터 단순 유추해서 모델들은 2100년까지 pH가 0.3정도 떨어진다고 계산한 것이다. 그리고 당연히 이산화탄소가 또다시 변화를 일으키는 범인으로 지목됐다.

많은 과학자들은 지난 265년 동안 바다의 pH가 0.1까지 떨어졌다는 주장을 되풀이해 왔다. 그들은 자신들의 추론을 뒷받침하는 1750년부터 측정 데이터나 대리 자료를 제시하기 어려울 것이다. 스크립스 해양학연구소(Scripps Institute of Oceanography) 소장이었던 헤럴드 스베르드럽(Harald Sverdrup)을 비롯한 세 명의 저명한 해양학자들은 해양 물리학, 화학, 생물학 등 모든 분야를 다루는 책에서 위기론자들의 주장에 의문이 제기될 수 있는 내용을 기술했다. 이 책은 기후변화와 이산화탄소가 정치화되기 전에 저술되었다.

바닷물은 광합성 생물의 성장에 매우 좋은 환경을 제공한다. 바닷물은 이산화탄소를 풍부하게 공급할 뿐만 아니라, 이산화탄소를 상당량을 추가하거나 제거한다고 하더라도 수중 분압(Partial Pressure)과 pH에는 눈에 띄는 변화가 나타나지 않는다. 이 두 가지 모두 생물 서식 환경에 중요한 성질로, 만약 순수한 물에 소량의 강한 산이나 염기를 첨가하면 수소이온(H^+)과 수산화이온(OH^-)의 수에 엄청난 변화가 있지만, 산이나 염기를 약한 산(Weak Acid)과 염분을 함유한 용액이나 약한 염기(Weak Base)와 염분을 함유한 용액에 첨가하면 그 변화는 작다. pH 변화에 대한 이러한 억제 현상을 완충작용이라고 하며, 이러한 용액을 완충 용액이라고 한다. 바닷물은 탄산과 붕산(Boric Acids), 그리고 염분을 함유하고 있으므로 완충 용액이다. 탄산 시스템만 고려하면 바닷물에서 발생하는 것과 같은 강한 염기의 탄산염과 중탄산염은 가수 분해되는 경향이 있으며, 용액에는 항상 H^+와 OH^- 이온이 모두 존재한다. 만약 산을 첨가하면 탄산은 중탄산으로, 중탄산은 탄산으로 전환되지만, 후자의 경우(중탄산이 탄산으로)는 약산(약간만 해리됨)이기 때문에, 상대적으로 적은 양의 수소이온이 추가로 방출된다. 마찬가지로 강한 염기를 첨가하면 탄산의 양이 증가하지만, 탄산이 가수분해되어 형성된 OH^-이온은 아주 약간만 증가한다. 완충효과는 수소이온 농도가 약산 또는 염기의 해리 상수와 같을 때, 즉

산의 농도가 염분의 농도와 같을 때 가장 크다.[24]

그뿐만 아니라 남서태평양의 서쪽 산호해(western Coral Sea)에 있는 플린더스 산호초(Flinders Reef)에서 오랜 기간 생존해온 거대한 산호의 붕소 동위원소 구성성분으로부터 1708년부터 1988년까지 바다의 pH를 재구성한 연구도 발표되었다.[25] 이 연구보고서는 지난 300년 동안 동위원소의 값이 뚜렷하게 낮아지는 추세는 없다고 결론지었다. 이는 서부 산호해 해역에서 그 기간의 해양 pH에 변화가 없었다는 것을 의미한다. 신뢰할 수 있는 대리 값의 실제 측정이 이루어진 이 연구는 지금까지 확인되지 않은 가정을 기반으로 한 추측보다 훨씬 믿을 만하고 신뢰성이 높다.

대기 이산화탄소 농도에 따라 해양 pH가 변한다는 주장은 여러 측면에서 대기 이산화탄소 농도에 의해 기온이 상승한다는 주장과 유사하다. 이것은 '민감도'에 관련된 사항으로, 민감도를 조사해 보면 문헌에 따라 의미가 달라서 매우 혼란스럽다. 아마 미래의 해양 pH를 추정하는 데 사용되는 가정은 대기 이산화탄소로 인한 기온상승 추정에 사용되는 것만큼이나 의심스러울 것이다(그림 89).

1750년 이후 pH가 8.2에서 8.1로 떨어졌다는 주장의 가장 심각한 문제는 전 세계 바다에서 보편적인 pH가 없다는 것이다. 해양 pH는 일별, 월별, 연간, 그리고 지리적으로 0.1 이상 차이를 보이며 훨씬 더 다양하게 변한다. 육지 연안 바다에서는 pH는 지리적으로 보통 7.5에서 8.4까지 또는 범위로는 pH 0.9 내에서 다양

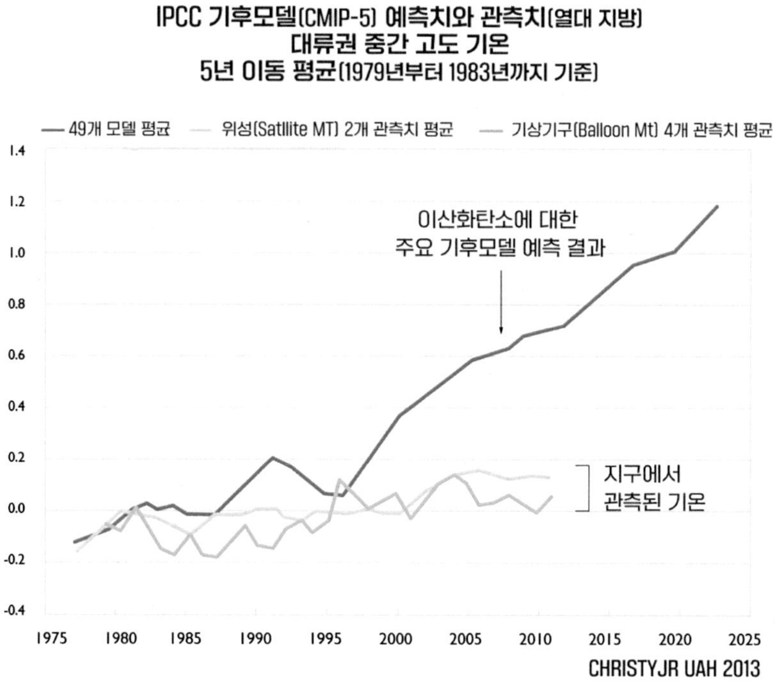

그림 89.

대류권 중간고도(Mid-tropospheric) 기온의 위성 및 기상 기구 관측값과 컴퓨터 모델 예측값을 비교한 그래프. 1995년 이전까지 관측값과 예측값이 잘 맞는 이유는 모델 개발자들이 그때까지 관측값을 알고 모델을 조절했기 때문이다. 하지만 그 이후는 차이가 크게 난다. 이것을 "모델이 높은 기온을 예측했다(Models running hot)"라고 부른다.*

*Richard S. Lindzen, PhD, "On Climate Sensitivity," CO2 Coalition, April 8, 2020.

하게 변한다. 미국 캘리포니아 연안에 관한 연구에서는 pH가 월간 기준으로 pH 1.43까지 변할 수 있다는 것이 보고되었다.[26] 이는 컴퓨터 모델이 2100년까지 향후 80년 동안 예측한 pH 변화의 거의 5배다. 육지로부터 강우 유출수의 영향을 받는 해안 지역의 pH는 최저 6.0에서 최고 9.0까지 다양하다.[27]

훔볼트 해류(Humboldt Current)는 칠레와 페루 해안에서 바닷물이 용승하는 넓은 해역에 해당된다. 여기에는 해안에서 자연상태로 관측된 몇몇 최저 pH가 있다. 이곳의 pH는 7.7~7.8이다. 현재 지구 바다의 평균 pH가 8.1이라면, 훔볼트 해류는 이미 2100년에 예측된 것보다 좀 더 낮은 pH다. 용승류 pH는 다른 해양보다 낮은 경향이 있다. 이것은 두 가지 요인 때문이다. 첫째, 용승류는 해양 생물체의 잔해가 가라앉아 영양물질과 이산화탄소로 분해되는 깊은 곳에 있었던 물이다. 이것이 pH를 낮추는 경향이 있다. 둘째, 훔볼트 해류가 되는 용승류는 남극 대륙에서 해저로 내려간 물이고, 온도가 낮아서 해수면에서 이산화탄소 용해도가 높았다. 극지방에서 내려간 바닷물은 결국 따뜻해진 수면 위로 올라온다. 물이 따뜻해지면서, 남극에서 녹아 들어간 이산화탄소는 저절로 가스가 되어 방출된다(그림 90).

낮은 pH에도 불구하고 훔볼트 해류의 용승 해역은 전 세계 멸치류(Anchovy), 정어리(Sardine), 고등어 어획량의 20%를 생산한다.[28] 사실은 낮은 pH 덕분이다. 훔볼트 해류는 전 세계에서 단위 해수면당 가장 높은 어획량을 생산한다. 해양 산성화를 주장하는 자들은 이산화탄소가 육지 식물의 먹이가 되는 것처럼 플랑크톤의 먹이라는 사실을 모르는 것 같다. 대기 중 높은 이산화탄소가 육지를 녹화시키는 것처럼 바닷물의 더 높은 이산화탄소 농도는 해양 생태계를 녹화시킨다.

훔볼트 해류의 먹이사슬 바닥에는 석회비늘편모류(Coccolithophores)라는 식물성 플랑크톤의 대발생이 있다. 이 플랑크톤은 포식자로부터 자신을 보호하기 위해 좌우대칭형 탄산칼슘 껍질을

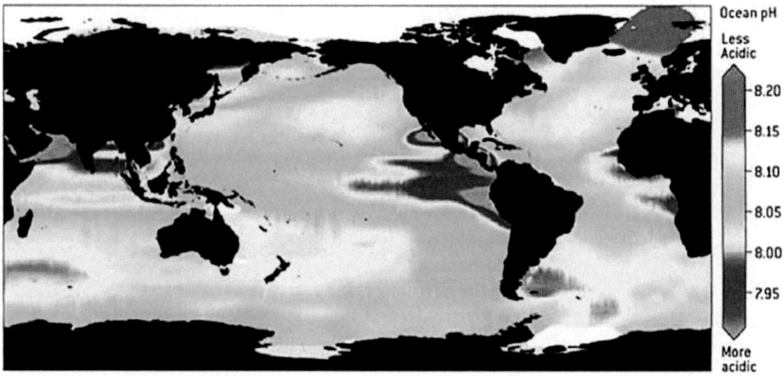

그림 90.

남아메리카 서해안의 pH가 낮은 넓은 해역을 포함한 전 세계 해양 pH를 나타낸 지도. 과학적으로 정확히 하려면 오른쪽의 해양 pH의 척도가 위쪽의 'Less Acidic'은 'More Basic'으로 아래쪽의 'More Acidid'은 'Less Basic'으로 표시되어야 한다. 자료: Scientific American, March 2006*(이 저널은 '타블로이드판'으로도 발행됐다).

*S. C. Doney, "The Dangers of Ocean Acidification", Scientific American, March.2006.

만드는 석회화 생물이다. 영국 도버의 하얀 절벽(White Cliffs of Dover)은 이 플랑크톤의 껍질로 이루어져 있다. 여기서 해양 산성화에 관해 더욱 자세히 연구 조사한 논문 중 한편을 살펴보자.

> 이러한 생물권에서 고유하게 나타나는 pH 특징은 용존 이산화탄소 수치가 높을 때나 낮을 때 모두 그대로 노출 상태를 보여주고, 그곳에 사는 생물체들은 2100년까지 예측되지 않은 pH 범위를 이미 겪고 있었음이 종종 입증된다.

저자들은 "해양 산성화가 생물상에 미치는 영향은 기껏해야 예측에 준하는 정도다"라고 주장한다.[29] 세계 대양처럼 복잡한 생태계의 미래를 예측하는 것에 대해 확신할 수 없다는 의견은 신선하게 느껴진다.

영국과 독일의 해양학연구소 과학자들이 6,500만 년 전 지구를 강타한 소행성이 해양 산성화의 원인이었을 가능성을 조사한 논문을 2015년 발표했다. 육상과 바다 공룡의 멸종과 함께 두 석회화 종 암모나이트와 석회비늘편모류(Coccolithophores)가 각각 100%, 90% 멸종했다. 이 연구에서는 그 엄청난 충돌로 인한 탄소 암석의 기화와 산불로 6500Gt(1 기가톤: 10억 톤)의 이산화탄소가 생산되었을 가능성을 제시하고 있다. 저자들은 "우리의 연구 결과는 산성화가 아마도 멸종의 원인이 절대로 아니었을 것이라는 점을 시사한다"라고 결론지었다.[30]

6,500Gt은 전 세계적으로 현재 연간 약 10Gt의 이산화탄소를 배출하는 것을 가정한다면 650년 동안의 배출량과 맞먹는다. 충돌 당시 대기 이산화탄소 농도가 약 1,000ppm이었던 점을 생각하면, 6,500Gt의 이산화탄소가 추가되었을 경우 대기 농도는 약 4,170ppm으로 상승했을 것이다. 이는 2015년 기준의 약 10배, 2100년 기준의 약 5배 상승했다는 것에 해당한다.

석회화 반응을 조절하는 생물의 능력

모든 생명체는 내부 장기의 화학 및 생화학 반응을 조절할 수 있다. '항상성(Homeostasis)'이란 생명체가 외부상황에 따라 자체적으로 화학반응, 온도, pH 등을 이상적인 상태로 유지할 수 있는 것을 의미한다.[31]

항상성에서 가장 중요한 현상 중 하나는 '삼투압 조절'이다. 해양 유기체들이 삼투압을 유지하기 위한 두 가지 생물학적 방법이 있다. 삼투조절형 동물(Osmoregulators)은 대부분 어류가 포함되며, 체내 염분을 서식 환경과 다른 수준으로 유지한다. 삼투압 조절은 체내 염도를 외부 염도와 같게 하려는 자연 삼투압과 반대로 작용하기 위해서는 에너지가 필요하다. 대부분의 무척추동물을 포함하는 삼투순응형 동물(Osmoconformers)은 염분 함량을 서식 환경과 같은 삼투압으로 유지한다. 삼투조절형 및 삼투순응형 동물 모두 그들이 서식하는 수중 염분의 비율에 따라 내부의 염분 비율을 바꾼다.[32]

삼투조절형 물고기는 세 가지 예(민물고기, 바닷물고기, 그리고 민물과 바닷물 양쪽에서 살 수 있는 물고기)에서 잘 나타난다. 민물고기는 반드시 몸에 염분을 유지할 수 있어야 한다. 그래서 민물고기는 민물을 밀어내고 배출할 수 있으며, 배설하기 전에 신장에서 염분을 회수할 수 있다. 바닷물고기는 아가미를 통해 염분을 배설하고 물은 계속 유지함으로써 몸 안의 염분 함량을 바닷물보다 낮게 유지한다. 연어나 뱀장어처럼 그들 생애의 일부를 담수에서 보내고 일부는 염수에서 보내는 물고기들은 그들이 서식하는 환경에서 다른 환경으로 이동할 때 그들의 신체 기능을 변화시킬 수 있는 놀라운 기능이 있다.[33] 일부 종들은 일생 동안 수없이 자주 내부 생화학적 성질을 급속히 변화시킬 수 있는 능력이 있다. 이것은 표현형 가소성의 전형적인 예다. 유전자 자체는 변하지 않지만 유기체에 내리는 명령은 주변 환경에 따라 변한다.

불가사리나 성게와 같은 일부 삼투순응형 동물들은 외부 염도의 소폭 변화에만 견딜 수 있다. 반면에 홍합이나 조개와 같이 껍질을 닫아 주변 환경으로부터 자신을 격리할 수 있는 삼투순응형 동물은 외부 염도의 넓은 변화 범위에도 견딜 수 있다.[34] 하구나 조간대에 서식하는 조개, 홍합, 굴, 따개비와 같은 많은 동물들이 외부와 단단하게 차단할 수 있는 껍데기를 가진 이유가 바로 이것이다. 이러한 서식 환경은 보통 염분, pH, 퇴적물, 산소, 온도 등에서 크고 빈번한 변화를 겪는다. 조간대에서 서식하는 생물 종들은 조석 현상에 따라 바닷물과 대기에 노출되면서도 생존할 수 있어야만 한다.

삼투조절은 살아가기에 매우 힘든 환경에 생물 종들이 어떻게 적응할 수 있는지를 보여주는 좋은 예다. 조절된 석회화(Controlled Calcification)는 생물 종들이 자신의 내부 화학작용을 변화시키고 조절하는 능력에 의존하는 또 다른 생물학적 기능이다.

해양 산성화라는 낭설은 거의 전적으로 바닷물에서 일어나는 화학작용과 칼슘과 이산화탄소의 반응에 기초하고 있다. 죽은 생물체의 껍질은 pH가 낮아진 물에서 서서히 용해되는 것은 사실이다.[35] 하지만 이를 근거로 생물이 살아있을 동안에도 그 생물의 조개, 외피(새우, 게 등의), 또는 산호가 그와 유사한 pH에서 용해될 것이라는 직접적인 추론을 할 수 없다. 일부 용해가 일어나더라도, 살아있는 생물은 용해되는 것보다 더 빠르게 탄산칼슘을 형성하는 한 껍질은 자랄 것이다. 만약 그렇지 않다면, 껍질이 얇은 담치(*Anodonta anatina*)가 pH가 3.0인 상태에서 조개껍질에 심한 손상 없이 10일 동안 생존하는 것은 불가능할 것이다.[36]

이것은 자연조건을 벗어난 극단적인 예다. 하지만 진짜 산성 범위인 pH 6.0에서 담치와 대합조개와 같은 민물 종도 석회화가 일어나는 것은 증명된 사실이다. 미국 루이지애나에 사는 민물 진주조개(*Margaritifera hembeli*)는 실제로 pH 6.0~6.9의 물에만 산다. 다시 말해서, 이 조개는 생존하려면 물이 산성이어야 한다.[37] 이는 모든 석회화 해양 종들이 pH 6.0을 견딜 수 있다는 것을 의미하는 것이 아니라, 오늘날 바닷물에서 나타나는 것보다 훨씬 더 낮은 pH에서도 석회화할 수 있는 생물체가 있다는 것을 보여준다. 또 이 사실은 어떤 극단적인 시나리오로도 바닷물에서는 불가능한 pH에서도 살아가는 생물이 있다는 것을 보여준다.

석회비늘편모류(Coccolithophores)는 바다에서 탄산칼슘 생산의 약 50%를 차지한다(산호초와 기타 고착성 석회화 생물체는 제외). 실험실 연구 결과는 다음과 같다.

석회비늘편모류에 속하는 종(*Emiliania huxleyi*)은 높은 이산화탄소 덕분에 개체 수가 크게 늘어나 지난 220년 동안 평균 생체 총량이 40%

증가했다. 전 세계 바다에 녹아있는 이산화탄소가 750ppm으로 증가할 경우 석회비늘편모류의 석회화 및 광합성 속도는 두 배로 늘어날 것이다.[38] 이 점은 내가 강조하는 바이다.

앞으로 이것은 해양 먹이사슬에서 1차 생산을 높여 어업생산 증가로 이어질 수 있다는 좋은 소식이다. 이는 높은 농도의 이산화탄소가 육상과 수생 식물의 생산성을 증가시킬 뿐만 아니라, 해양 석회화 종의 생산성을 증가시킨다는 것(비록 가장 중요한 것은 아니라고 할지라도)을 보여준다.

석회화 해양생물들이 간단한 화학식에서 얻을 수 있는 것보다 더 다양한 pH 범위에서 석회화할 수 있는 이유는 체내에서 일어나는 화학반응을 조절할 수 있기 때문이다. 해양 산성화 공포를 지지하는 사람들은 이 점을 고려하지 않는다. 만약 체내 생물학적 반응이 주변의 화학적 조건에 따라 전적으로 결정된다면, 지구상에는 어떠한 생명체도 존재하지 않을 것이다. 지구상의 모든 생명체는 생존과 성장에 필요한 기능을 위한 최적의 생화학적 환경을 유지하기 위해 세포막 안으로 들어가고 나오는 것을 조절한다. 이를 위해 세포막, 세포벽, 조개껍질이 있는 이유다.

앞서 언급했듯이, 해양 무척추동물이 진화과정을 통해 포식자로부터 자신을 보호하기 위해 탄산칼슘 보호막 결정화를 조절할 수 있게 된 것은 약 5억 4천만 년 전 캄브리아기 초기였다. 이 기능은 필수 신진대사 과정을 보호하고 생체 내에서 저절로 발생하는 탄산칼슘 결정화를 방지하기 위해 오래전부터 있었던 능력에서 비롯되었다는 가설이 있다. 놀라운 점은 석회화 방지에서 석회화까지 나타나는 공통분모는 점액질(Mucus)이라는 것이다. 이 물질은 민달팽이(Slug)나 육지 달팽이(Land-snail)가 지나간 자리에서 볼 수 있는 일종의 끈적끈적한 '점액(Slime)'을 말한다.[39]

앞서 언급한 논문의 요약문은 이 가설을 잘 정리하고 있다.

> 선캄브리아기에서 캄브리아기로 전환되는 시기에 많은 무척추동물 분류군 중에서 석회화된 골격이 갑자기 나타난 것은 기존의 분비 기능에 약간의 재구성이 필요했을 수 있다. 특히, 억제를 통해 결정 성장을 조절하는 골격의 유기물질은 생물체 외피에서 분비되는 점액질에서 유래되었을 수 있다. 점액질은 고도로 과포화된 후기 원생대(Late Proterozoic, 선캄브리아기) 바다에 노출된 부드러운 생체조직 위에 저절로 탄산칼슘이 지나치게 석회화되는 것을 방지했을 것이다. 이는 우리가 제안한 '항석회화(Anticalcification)'라는 용어로 추정되는 기능이다. 우리는 3가지 무척추동물의 골격 수용성 물질 특성과 점액 분비물의 혈청학적 특성을 비교하여 이 가설을 실험했다. 사용된 무척추동물은 거품돌산호(*Galax eafascicularis*)와 쌍각 연체동물 두 종(*Mytilus edulis, Mercenaria mercenaria*)이다. 점액과 골격 수용성 물질 사이에 기록된 교차 반응은 서로 다른 분비물이 높은 수준의 상호 동질성을 가지고 있음을 시사한다. 더구나, 쌍각 연체동물(Mytilus)에서 갓 추출한 신선한 점액은 용액에서 탄산칼슘 침전을 억제하는 것으로 밝혀졌다.[40]

저자들은 산호, 홍합, 조개에서 만들어지는 점액이 화학적으로 매우 유사하다는 것을 발견했다. 이는 선캄브리아기 초기의 공통된 조상으로부터 물려받은 것임을 보여준다. 무척추동물에서 분비되는 점액은 여러 가지 기능이 있는 것으로 알려졌다. 점액은 질병과 포식자로부터 방어막 역할을 하고, 이동과 먹는 것을 돕고, 원래 있던 곳으로 돌아가는 장치 역할을 하며, 몸이 건조해지는 것을 예방한다.[41] 해변에서 썰물 때 볼 수 있는 큰구슬우렁이(Moon Snail)의 알집은 분비한 점액으로 모래를 붙여서 만들어졌고 안에는 작은 알들이 들어있다(그림 91).

저자들은 점액은 석회화 과정에서도 중심 역할을 한다고 가정한다. 이것은 어떻게 석회화하는 지점에서 일어나는 화학작용이 바닷물의 화학작용으로부터 분리될 수 있는지 설명해준다. 석회화는 유기체가 화학작용을 조절할 수 있는 점액 속에서나 점액층 밑에서도 일어날 수 있다. '페리오스트라쿰(Periostracum)'은 많은 조개껍질의 가장 바깥에 있는 가죽 같은 단백질층이다.

조개껍질을 형성하려면 특정한 생물학적 장치가 필요하다. 조개껍질은 외투막 공간(Extrapallial Space)이라는 분리된 작은 구획에서 성장한다. 이곳에는 가죽 같은 외피 층(Periostracum)에 의해 조개껍질이 주변 환경으로부터 밀봉되어 있다. 이것은 기존의 조개껍질과 상부층으로 다른 표면과 경계를 이루며 외투막 공간을 뚜껑 덮어버린다. 외각층은 탄산염의 외피층이 유지될 수 있는 뼈대 역할을 할 뿐 아니라, 칸을 막을 때는 결정화(Crystallization)에 충분한 정도의 이온 축적

그림 91.

어미 큰구슬우렁이(Moon Snail)와 독특한 알집. 이 알집은 모래를 점액으로 붙여 만들어진 것이다. 알은 그 집 안에 들어있다. 이것은 석회화 종이 점액을 이용하는 여러 가지 방법 가운데 하나다.

이 일어나도록 한다. 이온 축적은 석회화 상피 조직 안에 있는 이온 펌프에 의해 일어난다. 유기물질이 결정화를 유도하는 지지대를 형성하며, 결정체의 침적과 속도는 연체동물이 분비한 호르몬에 의해서도 조절된다.[42]

앞에서 인용한 논문은 석회화 동물은 석회화 과정을 조절하는데 상당히 높은 수준의 정교함이 있다는 것을 명확히 보여주고 있다. 정교하다는 의미는 석회화 과정이 조절되지 않을 경우 석회화가 방해를 받거나 종료될 수 있는 다양한 범위의 환경 조건에도 불구하고 석회화가 성공적으로 이루어질 수 있다는 것이다. 해양 산성화가 수십 년 내에 상당히 많은 석회화 종을 멸종시킬 것이라 주장하는 자, 모두는 아니더라도 대부분은 이러한 사실을 고려하지 않은 것 같다(그림 92).

문헌에서 볼 수 있는 해양 산성화에 대한 심각한 우려는 탄산염의 화학작용에 초점을 맞추고 있다. 바닷물의 pH가 낮아지면, 탄산이온(CO_3)은 줄어드는 반면 중탄산이온(HCO_3)은 더욱 풍부해진다. 이러한 상황은 석회화 종들이 석회화에 필요한 이산화탄소를 섭취하는 것을 더욱 어렵게 하는 것으로 예측된다. 이는 석회화 종이 체내에서 중탄산 이온(HCO_3)을 탄산 이온(CO_3)으로 전환할 수도 있다는 사실을 고려하지 않았기 때문이다.

석회화와 관련된 생화학적 과정을 연구한 학술지 논문에 대한 참고문헌은 1996년 이후 거의 없다. 수많은 종에서 일어나는 이 복합적인 과정에 대해 밝혀져야 할 것이 분명 더 많이 있다. 앞서 인용한 논문(Marin, et al)은 석회화에 관해 가장 철저히 조사했고 논의한 것이다. 하지만 금세기 동안 해양 산성화로 인한 끔찍한 결과를 예견하는 기사는 수백 개, 아니 수천 개에 달한다. 인터넷에서 '해양 산성화'를 검색하면 8,650,000개나 나온다.

미국 국립과학원 학술지(Proceedings of the National Academy of Sciences)에 발표된 최근 연구는 산호초가 해양 pH 변화에 얼마나 탄력적으로 적응할 수 있는지를 강조하고 있다. 버뮤다(Bermuda, 미대서양 플로리다 인근 바다) 산호초에 관한 5년간의 연구에서는 왕성한 성장과 석회화가 일어나는 동안 주변 바닷물의 pH가 급속히 떨어지고 있음을 보여주고 있다.[43] 이러한 pH 감소는 산호의 급

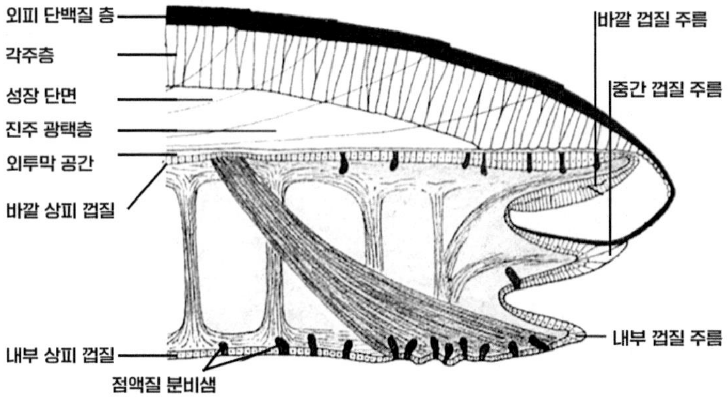

그림 92.

조개와 같은 이매패류 연체동물(Bivalve Mollusk)의 구조 그래픽. 외피층(Periostracum)은 석회화가 일어나는 외투막 공간을 밀봉하여 새로운 껍질을 만든다. 그 과정은 바닷물 조건에서 이루어지지 않는다. 그 과정은 석회화 종의 생화학적 작용이 가장 효율적으로 제어될 수 있도록 내부적으로 일어난다.

격한 성장과 관련되어 있기 때문에 분명히 산호초에 부정적인 반응을 유발하지 않는다. 이 연구는 왕성한 성장기에 pH가 떨어진 이유는 산호초의 호흡 증가로 배출되는 이산화탄소가 원인임을 알아냈다. 또 산호의 성장이 왕성해진 것은 해안에서 일어난 플랑크톤 대발생이 산호초로 들어와 산호 폴립에 풍부한 먹이를 공급한 결과임이 밝혀졌다. 그 연구가 보여준 분명한 결과는 산호의 성장으로 인해 주변 바닷물의 pH가 내려가더라도 산호의 성장 속도는 증가할 수 있다는 것이다. 『New Scientist』는 다음과 같이 연구를 요약하여 결론 내리고 있다.

산호들은 자신들이 유발한 국소적 산도(Acidity) 변동에 개의치 않는 것처럼 보인다. 그 변동 폭은 우리가 기후변화로 예상하는 것보다 훨씬 큰 범위에 해당한다. 이는 어쩌면 산호는 더 낮은 pH 농도에서도 잘 감당할 수 있도록 갖춰져 있음을 의미할 수도 있다. 이것은 산호 폴립이 주변 환경의 pH가 내려갔음에도 불구하고 폴립 내부에서 자체적으로 pH를 제어할 수 있다는 사실 때문일 가능성이 크다는 앞서 한 논의와 일치한다.[44]

바다가 더워지면 이산화탄소는 대기로 방출된다

오늘날 대기와 바다에는 각각 약 8,500억 톤(850Gt)과 약 38조 톤(38,000Gt)의 탄소에 해당하는 이산화탄소가 있다. 이는 바다에 있는 이산화탄소가 대기의 거의 45배에 이르는 것을 의미한다. 바다는 염분 농도와 온도에 따라 수면을 통해 대기로부터 이산화탄소를 흡수하거나 대기로 방출한다. 극지방의 바닷물은 매우 차고 밀도가 높기 때문에 이산화탄소의 용해도가 가장 높다. 극지방의 바닷물이 심해로 가라앉을 때는 이산화탄소도 함께 흡수되어 가라앉는다. 심해로 내려간 바닷물이 다시 솟아오르는 남미 페루, 북미 캘리포니아, 서아프리카와 북부 인도양 해안에는 이산화탄소가 풍부한 바닷물로 인해 플랑크톤 대발생이 일어나 물고기의 먹이가 되기 때문에 황금 어장이 형성된다. 수면에 가까운 수층에서 이산화탄소 일부는 플랑크톤의 광합성에 사용되고 일부는 대기로 방출된다.

앞에서 설명했듯이, 우리는 얼마나 많은 이산화탄소가 바다로 흡수되는지 그리고 얼마나 많이 대기로 방출되는지, 또는 이러한 현상의 순영향을 밝혀낼 수 없다. 인간에 의한 지구온난화를 주장하는 자들은 바다가 더워질 것이라고 한다. 또 30°C의 따뜻한 바닷물에는 0°C의 차가운 바닷물에 비해 절반 정도의 이산화탄소가 용해될 수밖에 없다. 그래서 만약 그들의 주장대로 바다가 더워진다면 이산화탄소는 대기로 방출된다는 사실을 우리는 알 수 있다. 이것은 대기 이산화탄소가 증가하는 경향에 맞춰 바다가 더 많은 이산화탄소를 흡수하게 하여 균형을 이루게 할 것이다. 증가하는 대기 이산화탄소와 더워지는 바다라는 두 가지 경쟁적 요소가 함께 변하는 상황에서 이산화탄소의 순 방출량이나 흡수량을 계산하는 것이 가능은 할지라도 지금까지 누구도 계산하지는 않은 것 같다.

pH 감소가 석회화 종에 미치는 영향에 관한 실험 결과

크레그 이드소(Craig Idso, CO2science.com 웹사이트)는 pH 감소가 해양 석회화 종의 다섯 가지 요소(석회화, 신진대사, 성장, 번식, 생존)에 미치는 영향에 관한 우수학술지 실험 결과 논문을 포괄적으로 철저히 분석했다. 그는 이 분석 연구에서 놀라운 통찰력을 보여주고 있다. 광범위한 연구로부터 나온 1,103개의 연구 결과를 시작으로 대상을 pH 단위 0.0에서 0.3으로 감소한 범위로 좁혔다.[45] 측정치를 직접 관찰하는 방법을 사용한 수많은 연구를 검토한 결과, 이산화탄소 증가가 해양 생물종에 미치는 영향에 관한 예측은 전체적으로 부정적이 아니라 긍정적임을 보여주고 있다(그림 93). 이 사실은 이산화탄소가 생명의 필수 요소라는 점, 이산화탄소는 지금의 홍적세 빙하기 동안 역사적으로 가장 낮은 농도라는 점, 그리고 더 많은 이산화탄소가 적은 것보다 일반적으로 지구상의 모든 생명체에 이롭다는 점을 다시 한번 강조해준다.

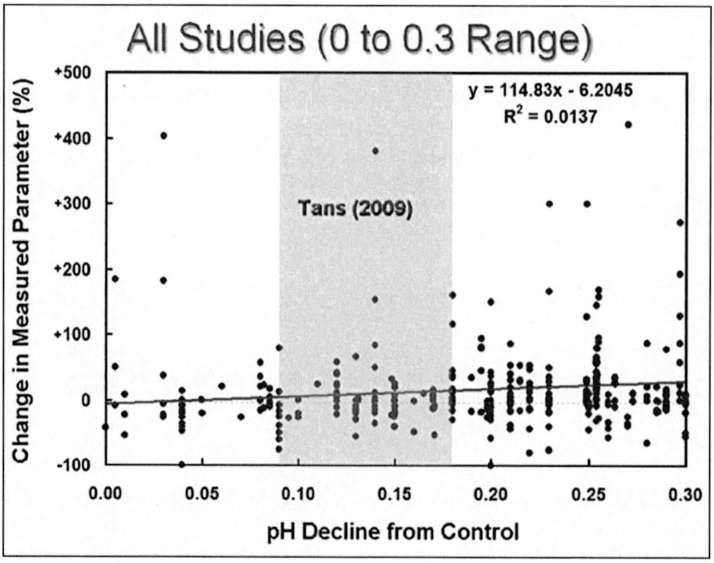

그림 93.

현재 pH가 0.0에서 0.3의 범위로 감소한 실험에 관한 모든 우수학술지의 논문 검토 결과(실제 예상 pH 변화 범위 예측은 회색으로 표기). 석회화, 신진대사, 성장, 번식, 생존의 다섯 가지 변수가 고려되었다. 모든 연구에서 나타난 전반적인 경향은 0.30 단위의 pH 감소는 긍정적이라는 점을 주목해야 한다.

결론

많은 연구자들이 주장해온 해양 산성화가 생물종에 심각한 위협이 된다는 것에 관한 명백한 증거는 없다. 모든 전제는 265년 전 바다의 평균 pH 추정치에 두고 있다. 하지만 당시 어느 곳에서도 pH를 측정할 수 없었고 아무도 전 세계 바다에 신경 쓰지 않았다. 해양 산성화 옹호론자들이 금세기 동안 일어날 수 있다고 주장하는 pH 범위에 관한 실험실 연구에서는 5가지 주요 요소(석회화, 신진대사, 성장, 번식, 생존)에서 약간의 긍정적인 영향이 나타나고 있다. 가장 중요한 점은 해양 산성화 공포를 조장하는 사람들은 살아있는 종들이 다양한 환경 조건에 적응할 수 있는 능력을 고려하지 않는다는 것이다. 그 능력은 진화와 생명 자체의 가장 근본적인 특성 중 하나다.

제12장

바다코끼리가 기후변화로 인해 집단 자살했다

Fake Invisible Catastrophes and Threats of Doom

바다코끼리가 기후변화로 해빙이 사라지자 절벽에서 집단 자살했다는 영상이 넷플릭스를 통해 전 세계에 방송됐다. 이는 기후변화와는 무관한 거짓 선동 영상이다. 바다코끼리는 북극곰의 포획을 피하려다 절벽 아래로 떨어진 것이다. 북극 생태계에서 오랜 기간 반복되어온 포식자의 사냥법이다. 기후 선동에 도취된 저질 언론의 무지와 교활함을 저격한다.

이번 장은 아주 짧게 끝날 것이다. 데이비드 애튼버러 경(Sir David Attenborough)이 저지른 또 다른 기후 사기를 폭로하기에는 그리 오래 걸리지 않기 때문이다. 이것은 수백 마리의 바다코끼리가 절벽에서 떨어져 죽었는데, 기후변화 때문이라고 주장하는 이야기다(그림 94).

2019년 4월 초, 넷플릭스는 8부작 시리즈 우리의 행성(Our Planet) 중 하나인 『Frozen Worlds』를 방영했다. 이 프로에는 바다코끼리들이 76m 아래의 바위와 다른 바다코끼리 무리 위로 떨어져 죽는 극적인 장면이 들어있다. 이 시리즈는 데이비드 애튼버러 경이 진행을 맡았으며 그는 이 사건의 원인이 기후변화임을 아주 분명히 했다. 이 다큐멘터리에서 그는 "바다코끼리들의 자연 서식지는 바다 얼음 위다" 그리고 "그들은 선택의 여지없이 절박한 심정으로 그렇게 했다(바닷가로 기어 나온 것이다)."

이것은 명백한 거짓말이다. 바다코끼리, 물개, 바다표범과 같

그림 94.

우리의 행성 시리즈 중 『Frozen Worlds』에서 떨어져 죽은 수백 마리의 바다코끼리 중 한 마리를 스크린 캡쳐한 것. 영상 전체가 유튜브에 게시되어 있고, 바다코끼리 장면은 44분 29초에 시작된다.*

* Frozen Worlds," Our Planet, Netflix - YouTube. https://www.google.com/search?q=youtube+oor+planet+Frozen+Worlds.

은 기각류(지느러미를 가진 포유류)의 원래 서식지는 바닷물 속이다. 이러한 종들은 새끼를 낳거나 휴식을 취하기 위해 얼음 위나 육지 여기저기로 기어 나온다. 하지만 그들의 사냥터는 바닷물이다. 바다코끼리들이 '절박한 심정'으로 육지로 기어 나온 것이 아니라, 그럴만한 이유가 있어서 스스로 그렇게 한 것이다. 그리고 2천만 여 년 전에 진화한 그들의 조상 때부터 그렇게 해오고 있다.[1]

북극곰이 물개를 사냥하기 위해서는 겨울과 봄에 얼음이 있어야 한다는 것은 의심의 여지가 없지만, 바다코끼리도 얼음이 있어야 한다는 확실한 증거는 없다. 바다코끼리는 생존에 유리한 시기, 특히 굶주린 북극곰 무리와 마주치지 않을 때 얼음 위로 기어 나올 가능성이 매우 크다. 하지만 바다코끼리는 사냥할 때 북극곰들과 달리 얼음이 있어야 하는 것은 아니다.

애튼버러는 지구온난화는 바다코끼리들이 기어 나와 있을 얼음을 녹여버렸고, 그로 인해 부족해진 공간 때문에 그들은 해안가로 나와야 했으며, 대다수는 편히 쉴 자리를 찾기 위해 가파른 절벽을 기어오른다고 주장하고 있다. 그는 "바다코끼리들이 80m 높이의 절벽을 힘겹게 올라간다"라고 말한다.

바다코끼리는 절벽을 오를 수 없다(그림 95). 그런데 애튼버러는 "바다코끼리의 시력은 물 밖에서 좋지 않다."라고 주장한다. 그래서 절벽 꼭대기까지 가려고 먼 거리를 뒤뚱거리며 갈 수 있을 정도의 시력은 충분했지만, 절벽 끝은 볼 수 없었기 때문에 수백 마리씩 절벽 끝에서 떨어졌다는 말인가?

이 사건의 장소는 영상에서 밝혀지지 않았다. 다행스럽게도 몇몇 사람들은 이 사건에 관해 알고 있었고 그들은 전혀 다른 이야기를 했다. 수잔 크록포드 박사(polarbearscience.com)는 2017년 10월 러시아 북부 추코트카(Chukotka) 해안의 리르카이피이(Ryrkaypiy) 보고서를 기억하고 있었다.[2] 약 5천 마리의 암컷 바다코끼리와 그 새끼들이 주기적으로 리르카이피이 마을에서 멀지 않은 코제브니코바 곶(Kozhevnikova Cape)에 나타났다. 시베리안 타임스(Siberian Times) 신문은 2017년 10월 17일 머리기사로 "겁에 질린 수백 마리의 바다코끼리가 38m 아래로 떨어져 죽자 마을은 북극곰으로 포위되었다(애튼버러가 절벽 높이를 두 배 이상 과장한 것으로 보인다)"를 보도했다. 그 기사는 다음과 같이 시작하고 있다.

약 20마리의 북극곰들이 리르카이피이를 에워쌌고, 새끼 곰 한 마리가 창문을 통해 민가로 들어가려 했다. 북극곰들은 올해 추코트카 특별 보호 구역에 나타난 5,000여 마리의 바다코끼리를 향해 몰려들었다. 지느러미 발이 달린 해양 포유류들은 겁에 질려 침략자들로부터 도망치려다가 코제브니코바 곶의 절벽에서 떨어졌다. 수백 마리가 절벽에서 떨어져 죽었고, 북극곰들은 죽은 바다코끼리를 먹었다.

세계자연기금(WWF: World Wide Fund for Nature)의 추진 과제인 북극곰 순찰대(Polar Bear Patrol) 책임자 빅토르 니키포로브(Viktor Nikiforov)는 "이번 가을 상황은 놀랍다"고 했다. 바다코끼리 무리로 인해 북극곰들이 몰려들었다. 바다코끼리는 분명 포식자들에게 겁을 먹었고, 공포에 질려 꼭대기에서 떨어져 죽었다. 많은 바다코끼리들이 높은 곳에서 떨어지면서 충돌했다.[3]

이 사건은 간단하다. 그리고 수백 마리가 떨어져 죽은 절벽이 보이는 바다코끼리 무리의 사진이 그 진상을 말해준다. 바다코끼리는 힘겹게 80m 절벽을 오르지 않았다. 바다코끼리들은 비교적 완만한 경사를 뒤뚱거리며 올라 절벽 꼭대기에 도달한 것이다(그림 95).

앞서 언급한 북극곰에 관한 설명이 다소 정확하지 않다고 하더라도, 이것이 유일하게 알려진 사건은 아니다. 사실 북극곰 설명

그림 95.

약 5천 마리의 암컷 바다코끼리와 그 새끼들이 러시아 북부 추코트카 해안의 리르카이피이(Ryrkaypiy on the Chukotka Coast) 근처에 있는 보호 구역으로부터 나왔다. 그중 많은 바다코끼리가 왼쪽 경사면을 타고 올라가 절벽 위에 자리 잡고 있었다. 북극곰이 바다코끼리를 밀어내도 탈출구가 없다는 것을 이용한 것이다. 북극곰이 바다코끼리를 사냥하는 것은 드문 일이 아니다(그림 96).

도 비교적 정확한 것 같다. 미국 어류 및 야생생물 관리국(US Fish and Wildlife Service)은 알래스카 토기악 국립 야생동물 보호구역(Togiak National Wildlife Refuge)의 케이프 피어스(Cape Pierce) 해변에 있는 12,000마리 이상의 바다코끼리 집단 서식지에서 3년 연속 유사한 상황이 발생했다고 보고했다. 1994년에 시작하여 이후 2년 동안 수많은 바다코끼리가 절벽에서 떨어져 죽었다. 그것을 목격한 사람들은 그 원인을 규명할 수가 없었다.[4] 한 가지 가능성 있는 원인은 급격히 증가하고 있는 바다코끼리 개체 수다. 북극곰과 마찬가지로 바다코끼리 사냥도 사실상 북극에 사는 원주민 사냥꾼들에게만 허용되는 엄격한 규정이 있다. 그뿐만 아니라 바다

그림 96.

한두 끼를 챙겨보겠다는 희망으로 북극곰이 바다코끼리를 공격한다. 바다코끼리들을 놀라게 하여 절벽에서 뛰어내려 죽도록 하여 그 시체를 먹는 것은 아주 쉬운 일이다. 하지만 그런 기회는 자주 생기지 않는다.

코끼리들이 떨어져 죽은 코제브니코바 곶을 비롯한 많은 집단 서식지들이 철저히 보호되고 있다.

바다코끼리들이 20여 마리의 북극곰으로부터 공격당하느니 절벽을 선택하게 된 원인은 기후변화가 아니라는 것이 아주 명백하다(후에 북극곰의 수는 38마리로 보도되었다). 하지만 이것이 넷플릭스에 방영된 '우리의 행성' 시리즈에서 가장 사기성이 높고 자극적인 보도는 아니다. 이보다 더 심한 것도 있다. 바다코끼리가 그렇게 커다란 엄니(Tusk, 상아)를 가진 이유는 조개류, 해삼, 지렁이류, 복족류(Gastropod), 두족류(Cephalopod), 갑각류(Crustacean)와 같은 바닥에 사는 종들을 캐내기 위해서이다. 다시 말해 바다코끼리도 데이비드 애튼버러 경과 우리의 행성 시리즈 제작진들과 비슷하게 바닥이나 핥는 생물이다.

바다코끼리는 약 91m 깊이까지만 잠수할 수 있다. 좀 더 일반적으로는 그 절반의 깊이까지 잠수할 수 있다. 여름과 초가을에 해빙이 러시아 북부 해안에서 북쪽으로 밀려나게 되면, 해안 가까이 얕은 바다에는 얼음이 없다. 바다코끼리가 기어 올라온 해안은 바다 밑바닥에 있는 먹이를 구하기 위해 잠수할 수 있을 정도로 얕다. 그리고 이것이 바다코끼리가 그쪽으로 올라온 정확한 이유다. 아마 그래서 그곳이 바다코끼리 보호 구역으로 지정된 이유일 것이다.

바다코끼리는 대양이 아닌 해안에 사는 종으로, 해빙이 북쪽으로 후퇴하는 여름철이면 그들은 포식하기 좋은 해안에 남는다. 애튼버러가 일반 대중들은 널리 알려지지 않은 자연 현상의 세부 사항에 관해 충분한 지식이 없다는 점을 잘 알고 있으면서도 이를 이용한다는 것은 정말로 수치스러운 일이다. 다음은 세계자연기금(WWF)이 바다코끼리의 서식지에 대해 밝힌 내용이다.

> 바다코끼리 서식지는 널리 분포되어 있지만, 다음과 같은 비교적 좁은 생태적 지위(Niche)를 차지하고 있다. 풍부한 조개류 생산을 지원할 수 있는 바닥 유기물질이 공급되는 얕은 해역, 바다코끼리가 바닥의 먹이에 접근할 수 있는 충분히 열린 수면이 있는 해역, 그리고 기어오르기에 적합한 얼음이나 육지가 있는 곳이 여기에 해당한다.[5]

이것은 바다코끼리들이 잠수해서 바닥의 먹이를 구할 수 있을 만큼 얕고 충분히 넓은 수역이 있다면 얼음이든 육지이든 몰려든다는 결론을 입증한다(그림 97).

그림 97.

이 사진에서 바다코끼리들이 먹이를 구할 수 있는 연안에 늘어서 있는 것을 볼 수 있다. 바다코끼리들은 90m 이상 잠수할 수 없어서 서식지가 매우 제한적이다. 하지만 조개나 기타 바닥에 서식하는 종들을 먹이로 하므로 포식은 10~50m에서 이루어진다. 이것이 바다코끼리들이 여름철에 해빙이 북쪽으로 후퇴함에 따라 해안으로 기어오르는 이유다.

늘 그래왔듯이, 수잔 크록포드 박사는 알래스카와 러시아의 북극 해변으로 바다코끼리들이 대규모로 기어오른 과거에 대해 가장 신뢰할 만한 분석을 했다.

최근 추크치해(Chukchi Sea)와 접해있는 알래스카와 러시아 해변에 바다코끼리 암컷과 새끼들이 떼로 몰려나온 것과 관련해서 미국 정부 생물학자들과 세계자연기금 활동가들은 여름철에는 바다에 얼음이 부족한 탓이라고 했다. 이러한 주장은 이를 추종하는 언론에 의해 기후위기를 경고하는 두려운 이야기로 확대되었고 짓눌려 죽은 끔찍한 이야기로 꾸며졌다. 하지만, 이 주장은 이전의 사례들을 정리한 논문이 제시한 다른 원인은 무시하고 있다. 이는 해빙의 부족이 아니라, 2007년 이후 8년 중 6년 동안 육지에 그렇게 대규모의 바다코끼리 떼가 출현하는 것은 현재 잘 보호되고 있는 바다코끼리 개체 수가 지나치게 많아서 서식지의 수용 능력이 한계에 다다르고 있다는 것을 보여준다고 볼 수 있다. 바다코끼리가 대규모 떼를 지어 나타난 것으로 알려진 시기의 해빙 지도와 그렇지 않았던 시기의 것을 비교했을 때 줄어든 해빙(온난화로 인한)과 강한 상관관계가 없었음을 보여준다. 바다코끼리들의 이러한 행동이 지구온난화 탓이라는 명백한 사례가 있다고 주장하는 대신, 그 증거는 충분히 밝혀지지 않은 여러 잠재적 요인들 가운데 높은 개체 수가 중요한 요인일 수 있다는 점을 시사한다. 이러한 현상들이 임박한 재앙의 징조라고 주장하는 사람들은 지구온난화 희생 목록에 올릴 건수를 찾는 자들이다. 하지만 그들은 그렇게 함으로써 바다코끼리 개체 수의 자연적 변동으로 인해 나타날 가능성이 있는 결과를 인식하지 못할 것이다. 그뿐만 아니라 심각한 해빙의 변화에도 현재까지 반복적으로 살아남았던 이 생물 종의 명백한 복원력을 인정하지 못할 것이다.[6]

북극곰처럼, 바다코끼리도 대부분 사람들로부터 지나치게 멀리 떨어져 있어서 대부분 사람들이 볼 수 없다. 유감스럽게도, 자신들의 이익을 위해 이런 약점을 악용하는 많은 환경운동가, 언론사, 정치인, 과학자들이 있다. 우리는 남녀노소 가리지 않고 모든 사람들에게 공포감과 죄책감을 심어서 자신들의 이익을 추구하려는 이 강력한 집단 결합이 궁극적으로는 성공하지 못하길 바란다.

데이비드 애튼버러 경과 같이 높은 평판을 받는 사람들은 그들이 아는 재앙적인 예측이 거짓에 근거한다는 사실을 마지막 해설에서 밝힘으로써 자신들의 영혼을 팔지 않고 진실을 고수하는 것이 그들에게 주어진 의무다. 나는 개인적으로 애튼버러 경에게 바닷새, 플라스틱, 바다코끼리, 그리고 북극곰에 대하여 이 책에 제시된 주요 사항을 중심으로 토론할 것을 요청한다. 그래서 나는 그의 반박을 기대한다.

만약 애튼버러의 허위 과장된 선동에 대한 완벽한 반박을 원한다면, 영국 런던의 지구온난화 정책포럼(Global Warming Policy Forum)에서 나온 비디오를 시청하기를 권한다. 이 비디오는 보는 사람들이 바다코끼리나 북극곰에 관해서 '기후변화 대재앙'이라는 주장을 거부할 수밖에 없을 정도로 애튼버러의 황당한 이야기를 적나라하게 파헤친다.[7]

에필로그

지구와 인류의 현재와 미래

Fake Invisible Catastrophes and Threats of Doom

이번 코로나 대유행은 미세한 바이러스에 의해 진짜 대재앙이 일어나고, 위험을 지나치게 회피하는 사회에서는 이것조차 다소 과장되었다는 사실을 분명하게 보여줬다. 이번 사건이 가짜 재앙을 이해하는 데 도움이 되길 바란다. 기후변화로 사람들이 수만 명씩 죽지 않는다. 생물들도 수만 종씩 멸종하지 않는다. 유전자 변형 식품으로 수천 명이 죽는 것은 고사하고 단 한 번의 질환도 발생하지 않았다.

베타카로틴의 부족은 여전히 매년 수십만 명을 실명하게 하고 사망에 이르게 한다. 희생자는 주로 어린이들이다. 필리핀이 황금 쌀을 식량과 사료로 승인한 사례가 이를 필요로 하는 모든 국가가 채택하는 시발점이 되기를 바란다. 하지만 이러한 희망은 그린피스와 유사 단체들이 반대하는 운동을 계속하고 있기 때문에 아직 가능성이 확실하지 않다.

한편 전 지구는 얼음으로 덮인 지역을 제외하고 매년 점점 푸르러지고 있다. 고맙게도 지금은 얼음으로 덮인 지역이 감소하고 있다. 화석연료, 수력, 원자력, 바이오매스로부터 안정적이고 비용 효율적인 에너지를 공급받음으로써 대부분 국가에서 기대 수명은 계속 늘어나고 있다. 만약 상식이 널리 통하는 사회가 되면 풍력과 태양광 에너지는 언젠가는 전력망이 없어 자급자족하는 방식을 제외하고는 사라질 것이다.

마지막으로 나는 독자들에게 모든 용도에 사용되는 모든 에너지원의 전 세계 소비량을 나타내는 그래프를 제시하고자 한다(그림 98). 전 세계의 원자력 에너지를 약 40% 정도 늘리면 불안정하

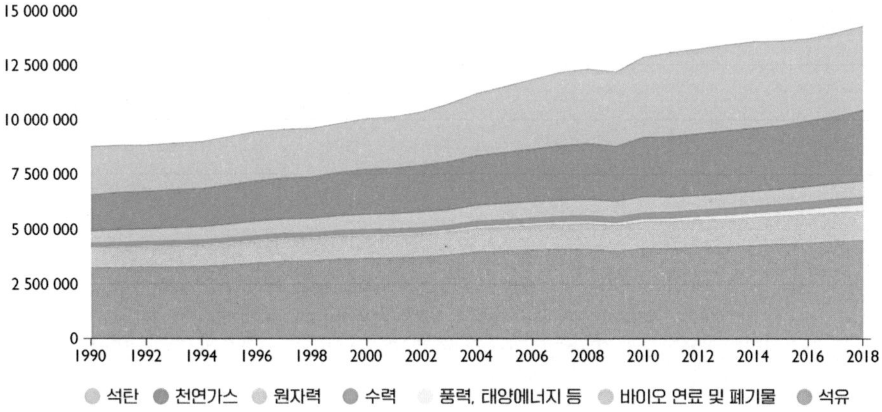

그림 98.

모든 에너지원으로부터 생산되는 전 세계 총 에너지 공급량(단위: 1천 석유 환산 톤). 바이오매스와 쓰레기로부터 생산되는 에너지는 풍력과 태양과 기타 등을 합한 양의 4.6배에 달하는 사실에 주목하라. 전 세계적으로 재사용하지 않는 모든 가연성 폐기물을 안정적인 에너지 공급원으로 전환할 경우 신뢰할 수 없는 풍력과 태양열을 대체할 수 있고 매립지의 수요를 크게 줄일 수 있다. 이 그래프는 국제에너지기구(International Energy Agency) 웹사이트에도 나와 있다.*

* "Data and Statistics," International Energy Agency, 2020..

고 막대한 보조금이 지급되는 풍력과 태양광 에너지를 깨끗하고 안정적인 에너지로 대체하는 것 이상의 효과를 가져올 것이다. 이는 풍력과 태양광 에너지를 백업하는 데 필요한 화석연료 대부분을 대체하는 효과도 함께하게 된다.

참고문헌

프롤로그

1 Patrick Moore, Confessions of a Greenpeace Dropout - The Making of a Sensible Environmentalist, Beatty Street Publishing, 2013, pp454. https://www.amazon.com/Confessions-Greenpeace-Dropout- Sensible-Environmentalist-ebook/dp/B004X2I6ZM.

2 Daryl Weatherup, "Chlorine: Protecting human health for more than a century," GreenBiz, November 14, 2016. https://www.greenbiz.com/article/chlorine-protecting-human-health-more-century.

3 "Chlorine Chemistry - Providing Pharmaceuticals that Keep You and Your Family Healthy," American Chemistry Council, 2020. https://chlorine.americanchemistry.com/Chlorine/Medicine/.

4 "An Introduction to Vinyl," AZO Materials, October 25, 2001. https://www.azom.com/article. aspx?ArticleID=987.

5 Elisabeth Mann Borgese, Seafarm: The story of aquaculture, Harry N. Abrams January 1, 1980. https:// www.amazon.com /Seafarm-aquaculture-Elisabeth-Mann-Borgese/dp/0810916045.

6 United Nations Food and Agriculture Organization, The State of World Fisheries and Aquaculture 2018, http://www.fao.org/3/i9540en/i9540en.pdf.

7 https://www.goodreads.com/list/show/39667.Best_Climate_Change_Books.

제1장

1 Doyle Rice, "Africa's Oldest Baobab Trees are Dying at an Unprecedented Rate, and Climate Change may be to Blame," USA Today, June 11, 2018. https://www.usatoday.com/story/news/2018/06/11/baobab- trees-dying-africa-climate-change/690946002/.

2 Rachel Nuwer, "Africa's Ancient Baobabs Are Dying, Researchers fear the trees are parched by drought and rising temperatures linked to climate change," the New York Times, June 12, 2018. https://www.nytimes.com/2018/06/12/science/baobabs-climate-change-drought.html?auth=login-google.

3 "Ancient Baobab trees in Southern Africa are dying: Scientists blame climate change," Fox Six Now, December 32, 2018. https://fox6now.com/2018/12/31/ancient-baobab-trees-in-southern-africa-are-dying- scientists-blame-climate-change/.

제2장

1 Chris D'Angelo, "93 percent of the Great Barrier Reef is Practically Dead. Climate change is destroying Earth's largest coral ecosystem," Huffington Post, April 21, 2016. https://www.huffpost.com/entry/climate- change-destroying-great-barrier-reef_n_571918e6e4b0d912d5fde8d4.

2 Chris Mooney. "'And then we wept': Scientists say 93 percent of the Great Barrier Reef now bleached," Washington Post, April 20, 2016. https://www.washingtonpost.com/news/energy-environment/ wp/2016/04/20/and-then-we-wept-scientists-say-93-percent-of-the-great-barrier-reef-now-bleached/

3 NOAA, "What is coral bleaching?" National Ocean Service, NOAA, January 7, 2020. https://oceanservice. noaa.gov/facts/coral_bleach.html.

4 Jim Steele, "The Coral Bleaching Debate: Is Bleaching the Legacy of a Marvelous Adaptation Mechanism or A Prelude to Extirpation?" May 17, 2016. http://www.landscapesandcycles.net/coral- bleaching-debate.html.

5 Trevor Nace, "The Great Barrier Reef is in Its Final 'Terminal Stage,'" Forbes, April 15, 2017. https://www.forbes.com/sites/trevornace/2017/04/15/the-great-barrier-reef-is-its-final-terminal- stage/#3a21ff6f3f2e.

6 Christopher Knaus and Nick Evershed, "Great Barrier Reef at 'terminal stage': scientists despair at latest coral bleaching data," the Guardian, April 9, 2017. https://www.theguardian.com/environment/2017/apr/10/ great-barrier-reef-terminal-stage-australia-scientists-despair-latest-coral-bleaching-data.

7 Colin Bertram, "Climate Changed: Great Barrier Reef Showing 'Sign of Recovery.' After a mass coral bleaching in 2016, the world's largest living

structure is showing signs of a comeback," Bloomberg, September 6, 2018. https://www.bloomberg.com/news/articles/2018-09-06/great-barrier-reef-showing-signs-of-recovery.

8 Aristos Georgiou, "Great Barrier Reef Definitely Not Dead: Experts Announce Significant Signs of Recovery After Mass Bleaching," Newsweek, September 10, 2018. https://www.newsweek.com/great- barrier-reef-definitely-not-dead-experts-announce-significant-signs-1113415.

9 UNESCO, "Assessment: World Heritage coral reefs likely to disappear by 2100 unless CO2 emissions drastically reduce," United Nations Educational, Scientific and Cultural Organization, June 23, 2017. http:// whc.unesco.org/en/news/1676/.

10 "Marine biogenic calcification," Wikipedia, December 10, 2019. https://en.wikipedia.org/wiki/Marine_ biogenic_calcification.

11 "About the Coral Triangle," World Wide Fund for Nature, 2020. https://wwf.panda.org/knowledge_hub/ where_we_work/coraltriangle/coraltrianglefacts/.

12 Derek P. Tittensor, et al., "Global patterns and predictors of marine biodiversity across taxa," Nature, 466, August 26, 2010, pp1099-1101. https://www.nature.com/articles/nature09329.epdf

13 Peter Ridd, "Science or silence? My battle to question doomsayers about the Great Barrier Reef," Fox News, February 8, 2018. https://www.foxnews.com/opinion/science-or-silence-my-battle-to-question- doomsayers-about-the-great-barrier-reef.

14 GoFundMe, "Peter Ridd Legal Action Fund," Peter Ridd, July 29, 2020. https://ca.gofundme.com/f/ peter-ridd-legal-action-fund-2019.

15 Ibid.

제3장

1 Alan Buis, "A Degree of Concern: Why Global Temperatures Matter," NASA, September 23, 2020. https://climate.nasa.gov/news/2865/a-degree-of-concern-why-global-temperatures-matter/.

2 Etan Siegal, "This Is Why Global Warming Is Responsible for Freezing Temperatures Across The US," Forbes, January 30, 2019. https://www.forbes.com/sites/startswithabang/2019/01/30/this-is-why-global- warming-is-re-

sponsible-for-freezing-temperatures-across-the-usa/#7d5a7a4cd8cf.

3 Sarah Gibbens, "Why cold weather doesn't mean climate change is fake," National Geographic," February 23, 2019. https://www.nationalgeographic.com/environment/2019/01/climate-change-colder- winters-global-warming-polar-vortex/.

4 Ellen Gray and Jessica Merzdorf, "Earth's Freshwater Future: Extremes of Flood and Drought" NASA, June 13, 2019. https://climate.nasa.gov/news/2881/earths-freshwater-future-extremes-of-flood-and- drought/.

5 Joseph Guzman, "Sea-level rise is accelerating along US coasts," The Hill, February 4, 2020. https://thehill.com/changing-america/sustainability/climate-change/481462-sea-level-rise-is- accelerating-along-us-coasts.

6 M Jackson, "Yes, glaciers are disappearing - but that's far from their only story," IDEAS.TED.COM, May 5, 2019. https://ideas.ted.com/yes-glaciers-are-disappearing-but-thats-far-from-their-only-story/.

7 Peter Dockrill, "Devastating Simulations Say Sea Ice Will Be Completely Gone in Arctic Summers by 2050," Science Alerts, April 23, 2020. https://www.sciencealert.com/arctic-sea-ice-could-vanish-in-the- summer-even-before-2050-new-simulations-predict.

8 Maddie Burakoff, "One Million Species at Risk of Extinction, Threatening Human Communities Around the World, UN Report Warns," Smithsonian Magazine, May 6, 2019.

9 Jeff Berardelli, "How climate change is making hurricanes more dangerous - Stronger wind speeds, more rain, and worsened storm surge add up to more potential destruction," Yale Climate Connections, July 8, 2019. https://www.yaleclimateconnections.org/2019/07/how-climate-change-is-making-hurricanes- more-dangerous/.

10 Emma Newburger, "Climate change is driving widespread forest death and creating shorter, younger trees," CNBC, Mat28, 2020. https://www.cnbc.com/2020/05/28/climate-change-is-driving-widespread- forest-death-creating-shorter-trees.html.

11 Jessie Yeung, "Climate change could kill all of Earth's coral reefs by 2100, scientists warn," CNN, February 20, 2020. https://www.cnn.com/2020/02/20/world/coral-reefs-2100-intl-hnk-scli-scn/index.html.

12 Jacob Dube, "As Canadian cities prepare for more deadly heat waves, limiting increase of climate change could save lives," National Post, June 13, 2019. https://nationalpost.com/news/world/as-canadian- cities-prepare-for-more-deadly-heat-waves-limiting-increase-of-climate-change-could-save-lives.

13 Amkur Paliwal, "A Warming Climate Could Make Pigs Produce Less Meat," Scientific American, September 24, 2018. https://www.scientificamerican.com/article/a-warming-climate-could-make-pigs- produce-less-meat/.

14 Brendon McFadden, "Climate change is making horses fat as it's causing an abundance of grass to grow, top vet warns," the Telegraph, November 29, 2019. https://www.telegraph.co.uk/news/2019/11/29/ climate-change-making-horses-fat-causing-abundance-grass-grow/.

15 Christopher Flavelle, "Climate Change Threatens the World's Food Supply, United Nations Warns," the New York Times, August 8, 2019.

16 Alejandra Borunda, "Ocean acidification, explained," National Geographic, August 7, 2019. https://www.nationalgeographic.com/environment/oceans/critical-issues-ocean-acidification/.

17 Brian Palmer, "By 2070, More Than 3 Billion People May Live Outside the "Human Climate Niche," Natural Resources Defense Council, May 14, 2020. https://www.nrdc.org/stories/2070-more-3-billion- people-may-live-outside-human-climate-niche.

18 Isabella Annesi-Maesano, "The impacts of climate change on non-communicable diseases in the Mediterranean region," Sub-chapter 2.5.2., The Meditteranean Region Under Climate Change, OpenEdition Books, Marseille, 2016. https://books.openedition.org/irdeditions/23700?lang=en.

19 Rachel Tepper, "Climate Change May Drastically Reduce Traditional Wine-Producing Areas, Study Says" Huffington Post, December 6, 2017. https://www.huffingtonpost.ca/entry/climate-change- wine_n_3039673?ri18n=true.

20 Michael Crichton, State of Fear, HarperCollins, 2004. https://www.amazon.com/State-Fear-Michael-Crichton/dp/0066214130.

21 Stephen Hawking, A Brief History of Time, Bantam London, 1988. https://www.amazon.com/Illustrated-Brief-History-Updated-Expanded/dp/055310374.

22 Anthony Watts, "Cooks '97 percent consensus' disproven by a new peer reviewed paper showing major math errors," September 3, 2013. https://wattsupwiththat.com/2013/09/03/cooks-97-consensus- disproven-by-a-new-paper-showing-major-math-errors/.

23 "How Carbon Dioxide Controls Earth's Temperature," NASA GISS, October 14, 2010. https://www.giss. nasa.gov/research/news/20101014/.

24 Ionica Smeets, "The danger of mixing up causality and correlation," November 5, 2012. https://www.youtube.com/watch?v=8B271L3NtAw.

25 "Spurious Correlations." https://tylervigen.com/old-version.html.

26 Andrew Freedman, "The Last Time CO2 Was This High, Humans Didn't Exist," Climate Central, May 3, 2013. https://www.climatecentral.org/news/the-last-time-co2-was-this-high-humans-didnt-exist-15938.

27 T. J. Blom, et al., "Carbon Dioxide in Greenhouses," Ontario Ministry of Agriculture and Rural Affairs, August 2009. http://www.omafra.gov.on.ca/english/crops/facts/00-077.htm

28 Patrick Moore, "The Positive Impact of CO2 Emissions on the Survival of Life on Earth," Frontier Centre for Public Policy, March 2017. https://www.dropbox.com/s/uhq557vrnww0ala/PositiveImpactOfCO2ForLife. pdf?dl=0.

29 Rajaram Swaminathan, "Design of Solar Lime Kiln," Innovative Energy & Research, September 25, 2017. https://www.omicsonline.org/open-access/design-of-solar-lime-kiln.php?aid=95264.

30 Land Trust Alliance, "Carbon Dioxide, Methane, Nitrous Oxide, and the Greenhouse Effect," Source: EPA, Undated. https://climatechange.lta.org/get-started/learn/co2-methane-greenhouse-effect/.

31 University of Maryland, Department of Geology, Geology 100 Curriculum, April 2010. https://stratusdeck.co.uk/vertical-temperature-structure.

32 Thayer Watkins, "Saturation, Nonlinearity and Overlap in the Radiative Efficiencies of Greenhouse Gases," San Jose University, not dated. This is a good explanation of H2O and CO2 as greenhouse gases. https://www.sjsu.edu/faculty/watkins/radiativeff.htm.

33 Joni Mitchell, "Both Sides Now," Gandalf Publishing Co., 1967. https://jonimitchell.com/music/song. cfm?id=83

34 B. Moore, et al., "Advancing our Understanding" IPCC TAR-4, p774, March 2018. https://www.ipcc.ch/site/assets/uploads/2018/03/TAR-14.pdf.

35 Andrew Wright, "Deserts 'greening' from rising CO2," CSIRO, July 3, 2013. https://csiropedia.csiro.au/ deserts-greening-from-rising-co2/.

36 Sampson Reiny, "Carbon Dioxide Fertilization Greening Earth, Study Finds," NASA, March 27, 2019. https://www.nasa.gov/feature/goddard/2016/carbon-dioxide-fertilization-greening-earth.

37 Vanessa Haverd, et al., "Higher than expected CO2 fertilization inferred from leaf to global observations," Global Change Biology, February 24, 2020. https://onlinelibrary.wiley.com/doi/full/10.1111/ gcb.14950.

38 Graham Lawton, "Plague of Plenty," New Scientist, November 30, 2002. https://www.newscientist.com/ article/mg17623715-200-plague-of-plenty/#ixzz6NaEEtfPy.

39 Monica Reinagel, "Are Hydroponic Vegetables Less Nutritious?" Quick and

Dirty Tricks, April 26, 2016. https://www.quickanddirtytips.com/health-fitness/healthy-eating/ask-the-diva/are-hydroponic- vegetables-less-nutritious.

40 Zender Venter, "Woody plants on the march: trees and shrubs are encroaching across Africa," The Conversation, August 13, 2018. https://theconversation.com/woody-plants-on-the-march-trees-and- shrubs-are-encroaching-across-africa-101135.

41 Arizona State University, "Trees, shrubs invading critical grasslands, diminish cattle production," Science Daily, August 18. 2014. https://www.sciencedaily.com/releases/2014/08/140818161355.htm. https:// www.sciencedaily.com/releases/2014/08/140818161355.htm.

42 Abby Tabor, "Human Activity in China and India Dominates the Greening of Earth, NASA Study Shows," NASA, February 11, 2019. https://www.nasa.gov/feature/ames/human-activity-in-china-and-india- dominates-the-greening-of-earth-nasa-study-shows.

제4장

1 Ron Brackett, "World's Annual Temperature Could Hit 2.7-Degree-Rise Threshold Within Next Five Years, WMO Says," The Weather Channel, July 9, 2020. https://weather.com/science/environment/ news/2020-07-09-annual-global-temperature-dangerous-rise-wmo.

2 James Hansen, "Storms of my Grandchildren, The Truth About the Coming Climate Catastrophe and Our Last Chance to Save Humanity," Bloomsbury USA, December 21, 2010. https://www.indiebound.org/book/9781608195022.

3 The Holocene Epoch, University of California Museum of Paleontology, June 10, 2011. https://ucmp. berkeley.edu/quaternary/holocene.php.

4 Milankovitch Cycles, https://en.wikipedia.org/wiki/Milankovitch_cycles.

5 https://climate.nasa.gov/news/2948/milankovitch-orbital-cycles-and-their-role-in-earths-climate/.

6 Al Gore, An Inconvenient Truth, YouTube, May 23, 2012. https://www.youtube.com/ watch?v=8ZUoYGAI5i0.

7 Ibid.

8 Joanne Nova, "The 800-year lag in CO_2 after temperature - graphed," Au-

gust 18, 2013. http:// joannenova.com.au/global-warming-2/ice-core-graph/.

9 Javier, "Nature Unbound III: Holocene climate variability (Part A)," Climate Etc., April 30, 2017. https://judithcurry.com/2017/04/30/nature-unbound-iii-holocene-climate-variability-part-a/.

10 Javier, "Nature Unbound III - Holocene climate variability (Part B)," Climate Etc., May 28, 2017. https://judithcurry.com/2017/05/28/nature-unbound-iii-holocene-climate-variability-part-b/

11 R. Kopp, et al., (2009). "Probabilistic assessment of sea level during the last interglacial stage." Nature, 462: pp863-86. https://www.nature.com/articles/nature08686.

12 National Aeronautics and Space Administration - Goddard Institute for Space Studies, "How Carbon Dioxide Controls Earth's Temperature," October 14, 2010. https://www.giss.nasa.gov/research/ news/20101014/.

13 "Definition of stratigraphy in English," LEXICO, 2020. https://www.lexico.com/en/definition/stratigraphy.

14 Gerardo Ceballos, et al., "Biological annihilation via the ongoing sixth mass extinction signaled by vertebrate population losses and declines," Proceedings of the National Academy of Sciences, July 2017, p114 (30) E6089-E6096; DOI: 10.1073/pnas.1704949114. https://www.pnas.org/content/114/30/E6089.

15 Global Warming Policy Forum, "Is It All Over For The 'Anthropocene' Promoters?" August 12, 2018. https://www.thegwpf.com/is-it-all-over-for-the-anthropocene-campaigners/.

16 The World Bank, "This Is What It's All About: Boosting Renewable Energy in Africa," February 26, 2019. https://www.worldbank.org/en/news/feature/2019/02/26/this-is-what-its-all-about-boosting-renewable- energy-in-africa.

17 The World Bank, "Energy," July 13, 2020. https://www.worldbank.org/en/topic/energy/overview#2.

제5장

1 University of Buffalo, "Polar bear evolution tracked climate change," Science Daily, July 23, 2012. https://www.sciencedaily.com/releases/2012/07/120723151028.htm.

2 Polar Bear Range States, "The 1973 Agreement on the Conservation of Polar Bears," June 20, 2017. https://polarbearagreement.org/resources/agreement/the-1973-agreement-on-the-conservation-of-polar-bears.

3 Susan J. Crockford, "State of Polar Bear Report 2019," Global Warming Policy Forum, 2019, ISBN978-0- 9931190-7-1. https://polarbearscience.files.wordpress.com/2020/02/crockford-2020_statepb2019-final.pdf.

4 Jesse Ferraras, "This polar bear is starving, but it's not 'what climate change looks like': National Geographic," Global News, August 1, 2018. https://globalnews.ca/news/4361868/polar-bear-climate- change-national-geographic/.

5 Steven Leahy, "Polar Bears Really Are Starving Because of Global Warming, Study Shows," National Geographic, February 2018. https://www.nationalgeographic.com/news/2018/02/polar-bears-starve- melting-sea-ice-global-warming-study-beaufort-sea-environment/.

6 S. C. Amstrup, "Polar bear (Ursus maritimus)" Wild Mammals of North America, G. A. Feldhamer, et al., (eds), pp587-610, Johns Hopkins University Press, Baltimore, January 1, 2010. www.fws.gov/ecological- services/es-library/pdfs/Polar-Bear-SBS-Final-SAR.pdf.

7 Susan J. Crockford, "State of Polar Bear Report 2019," Global Warming Policy Forum, 2019, ISBN978-0- 9931190-7-1. https://polarbearscience.files.wordpress.com/2020/02/crockford-2020_statepb2019-final.pdf.

8 Jeffrey A. Harvey, et al., "Internet Blogs, Polar Bears, and Climate-Change Denial by Proxy," Bioscience, Volume 68, Issue 4, April 2018, pp281-287 (originally published November 29, 2017. This is a "corrected" version that attempts to discredit Dr. Crockford even further). https://doi.org/10.1093/biosci/bix133.

9 S. J. Crockford, "Polar Bear Science - Past and Present," Internet Blog. https://polarbearscience.com/

10 S. C. Amstrup, et al., "Forecasting the rangewide status of polar bears at selected times in the 21st century," US Geological Survey. Reston, VA.; Courtland, Nature 453, pp432-433, May 22, 2007. www.fs.fed. us/pnw/pubs/journals/pnw_2007_amstrup001.pdf.

11 S. J. Crockford, "The Polar Bear Catastrophe That Never Happened,"

Global Warming Policy Foundation, 2019. https://www.amazon.com/Polar-Bear-Catastrophe-Never-Happened-ebook/dp/ B07PT7SCZ8.

12 Jeffrey A. Harvey, et al., “Corrigendum: Internet Blogs, Polar Bears, and Climate-Change Denial by Proxy,” BioScience, Volume 68, Issue 4, April 2018, p237. https://doi.org/10.1093/biosci/biy033.

13 Anthony Watts, “An interview with Dr. Susan Crockford on the Harvey, et al., attack paper over polar bear research,” December 7, 2017. https://wattsupwiththat.com/2017/12/07/an-interview-with-dr-susan- crockford-on-the-harvey-et-al-attack-paper/.

14 S. J. Crockford, “Animal Domestication and Vertebrate Speciation: A Paradigm for the Origin of Species,” 1976. https://dspace.library.uvic.ca/bitstream/handle/1828/542/crockford_2004. pdf?sequence=1&isAllowed=y.

15 S. J. Crockford, “Thyroid hormone phenotypes and hominid evolution: a new paradigm implicates pulsatile thyroid hormone secretion in speciation and adaptation changes,” International Journal of Comparative Biochemistry and Physiology Part A 135(1): pp105-129, 2003. http://europepmc.org/article/ med/12727549.

16 S. J. Crockford and G. Frederick, “Neoglacial sea ice and life history flexibility in ringed and fur seals,” T. Braje and R. Torrey, eds. “Human and Marine Ecosystems: Archaeology and Historical Ecology of Northeastern Pacific Seals, Sea Lions, and Sea Otters,” U. California Press, LA, pp65-91, 2011. https://www. ucpress.edu/book/9780520267268/human-impacts-on-seals-sea-lions-and-sea-otters.

17 Susan Crockford and S. G. Frederick, “Sea ice expansion in the Bering Sea during the Neoglacial: Evidence from archaeozoology,” Researchgate, August 2007. https://www.researchgate.net/publication/249869455_ Sea_ice_expansion_in_the_Bering_Sea_during_the_Neoglacial_Evidence_from_archaeozoology.

18 Valerie Richardson, “University dumps professor who found polar bears thriving despite climate change,” the Washington Times, October 20, 2019. https://www.washingtontimes.com/news/2019/oct/20/ susan-crockford-fired-after-finding-polar-bears-th/.

19 Donna Laframboise, “Was this zoologist punished for telling school kids politically incorrect facts about polar bears?” Financial Post, October 16, 2019. https://financialpost.com/opinion/was-this-zoologist- punished-for-telling-school-kids-politically-incorrect-facts-about-polar-bears.

20 “Inuit,” Wikipedia, September 10, 2020. https://en.wikipedia.org/wiki/Inuit.

21 Bob Weber, “Nunavut Draft Plan Says There Are Actually Too Many Polar Bears in Territory,” Huffington Post, November 12, 2018. https://www.

huffingtonpost.ca/2018/11/12/nunavut-draft-plan-says-there-are- actually-too-many-polar-bears-in-territory_a_23587264/.

22 Ibid.

23 Aaron Hutchins, "To kill a polar bear," Maclean's, April 15, 2019. https://www.macleans.ca/to-kill-polarbear/.

24 Government of Nunavut, "Nunavut Polar Bear Co-Management Plan," September 2019. https://www.gov.nu.ca/sites/default/files/nwmb_approved_polar_bear_comanagement_plan_sept_2019_eng.pdf.

25 Jane George, "Nunavut has a new polar bear management plan: NWMB," Nunatsiaq News, September 26, 2019. https://nunatsiaq.com/stories/article/nunavut-close-to-new-polar-bear-management-plannwmb.

26 Peter K. Molnar, et al., "Fasting season length sets temporal limits for global polar bear persistence," Nature Climate Change 10, pp732-738, July 20, 2020. https://www.nature.com/articles/s41558-020-0818-9.

27 Emily Googheart Kautz, "What do Polar Bears Eat?" Good Nature Travel, June 15, 2019. https://www.nathab.com/blog/what-do-polar-bears-eat/.

제6장

1 Jeff Tollefson, "Humans are driving one million species to extinction," Nature 569, p171, May 6, 2019.

2 Ronald Bailey, "Leaked UN Report Says a Million Species Are at Risk of Extinction," Reason, April 26, 2019. https://reason.com/2019/04/26/leaked-un-report-says-a-million-species-are-at-risk-of-extinction/.96

3 "IUCN Red List of Threatened Species 2014.3. Summary Statistics for Globally Threatened Species," The World Conservation Union. 2014. Table 1: Numbers of threatened species by major groups of organisms (1996-2014).

4 Ashley Strickland, "Scientists discovered 71 new species this year. Here are some of their favorites," CNN World, December 7, 2019. https://www.cnn.com/2019/12/07/world/new-plant-animal-species-2019-scn/index.html.

5 Richard Black, "Species count put at 8.7 million," BBC News, August 23, 2011. https://www.bbc.com/news/science-environment 14616161.

6 Andy Purvis, "How did IPBES estimate 1 million species threatened with

extinction?" IPBES, undated. https://ipbes.net/news/how-did-ipbes-estimate-1-million-species-risk-extinction-globalassessment-report.

7 Camilo Mora, et al., "How Many Species Are There on Earth and in the Ocean?" PLOS Biology, August 23, 2011. https://journals.plos.org/plosbiology/article?id=10.1371/journal.pbio.1001127.one million species face extinction... 97

8 Andy Purvis, "How did IPBES estimate 1 million species threatened with extinction?" IPBES, undated. https://ipbes.net/news/how-did-ipbes-estimate-1-million-species-risk-extinction-globalassessment-report.98

9 Virginia Morell, "The Sixth Extinction," National Geographic (February 1999): pp42-59. It appears National Geographic has not archived this article. A copy of the text without illustrations has been saved here: http://163.28.10.78/content/senior/bio/tc_md/s21/ngm_Biodiversity.htm.100

10 Wikipedia, "Permian-Triassic extinction event," July 1, 2020. https://en.wikipedia.org/wiki/Permian%E2%80%93Triassic_extinction_event.

11 Encyclopedia Britannica, "K-T extinction." https://www.britannica.com/science/K-T-extinction.101

12 Barry Yoeman, "Why the Passenger Pigeon Went Extinct," Audubon, May through June, 2014. https://www.audubon.org/magazine/may-june-2014/why-passenger-pigeon-went-extinct.

제7장

1 Marian Liu, "Great Pacific Garbage Patch now three times the size of France," CNN, March 23, 2018 https://www.cnn.com/2018/03/23/world/plastic-great-pacific-garbage-patch-intl/index.html.

2 Sarah Knapton, "'Great Pacific Garbage Patch' is a myth, warn experts, as survey shows there is no 'rubbish island,'" the Telegraph, October 5, 2016. https://www.telegraph.co.uk/science/2016/10/05/greatpacific-garbage-patch-is-a-myth-warn-experts-as-survey-sho/.

3 Alexander Haro, "13 Sperm Whales Found Dead with Stomachs Full of Plastic Trash," the Inertia, June 3, 2016. https://www.theinertia.com/environment/13-sperm-whales-found-dead-with-stomachs-full-ofplastic-trash/.

4 Russell McLendon, "The Surprising Beauty and Benefits of Driftwood,"

Treehugger, August 15, 2018. ttps://www.treehugger.com/driftwood-beauty-benefits-4869726.

5 Hannah De Frond, et al., "Plastic Pollution is Chemical Pollution," Ocean Conservancy, April 23, 2019. https://oceanconservancy.org/blog/2019/04/23/plastic-pollution-chemical-pollution/.

6 Hadley Leggatt, "Toxic Soup: Plastics Could Be Leaching Chemicals into Ocean," Wired, August 9, 2019.

7 Exploring Our Fluid Earth, "Weird Science: Salt is Essential to Life," University of Hawaii, 2020. https://manoa.hawaii.edu/exploringourfluidearth/chemical/chemistry-and-seawater/salty-sea/weirdscience-salt-essential-life.

8 Harvard Medical School, "Bowel Obstruction - What is it?" Harvard Health Publishing, February 2020. https://www.health.harvard.edu/diseases-and-conditions/bowel-obstruction-a-to-z.

9 "Albatrosses are ingesting plastic," Blue Planet II: Episode 7 Preview - BBC One. https://www.youtube.com/watch?v=I4QNolP7Khc.

10 "Digestion," Fairbanks Science Center, undated. http://www.fernbank.edu/Birding/digestion.htm#:~:text=Birds%20have%20a%20two%20part,structure%20of%20the%20food%20material.

11 David Attenborough, The Life of Birds, Princeton University Press, October 18, 1998. https://www.booktopia.com.au/life-of-birds-sir-david-attenborough/book/9780691016337.html.

12 Albatross. https://www.albatrossthefilm.com/watch-albatross.

13 The Ocean Portal, "Laysan Albatrosses' Plastic Problem," Smithsonian, undated. https://ocean.si.edu/ocean-life/seabirds/laysan-albatrosses-plastic-problem#:~:text=Along%20the%20way%2C%20they%20accidentally,it%20fills%20up%20their%20stomachs.

14 Michael Connolly, et al., "The Truth Behind the Plastic 'Crisis,'" Climate Depot. December 14, 2018. https://www.climatedepot.com/2018/12/14/special-report-scientists-expose-the-truth-behind-the-plasticcrisis-greenpeace-co-founder-the-sea-of-plastic-is-a-fiction-the-ultimate-in-fake-news/.

15 Greenpeace, "Albatross," December 2015. https://www.greenpeace.org/usa/oceans/wildlife-facts/albatross/.

16 Holly Gray, et al., "Incidence, mass and variety of plastics ingested by Laysan (Phoebastria immutabilis) and Black-footed Albatrosses (P. nigripes) recovered as by-catch in the North Pacific Ocean," Marine Pollution Bulletin 64 (2012) pp2190-2192. http://oikonos.org/wp-content/uploads/2015/02/Incidencemass-and-variety-of-plastics-ingested-Gray-2012.pdf.

17 Mary L. Moser, et al., "A Fourteen-Year Survey of Plastic Ingestion by Western North Atlantic Seabirds," Colonial Waterbirds Vol. 15, No. 1 (1992), pp83-94. ttps://www.jstor.org/stable/1521357?origin=crossref&seq=1.

18 Karl W. Kenyon, et al., "Laysan Albatrosses swallow indigestible matter," the Auk, Volume 86, Issue 2, April 1, 1969, pp339-343. https://academic.oup.com/auk/article-abstract/86/2/339/5209529?redirectedFrom=PDF.

19 Holly Gray, et al., "Incidence, mass and variety of plastics ingested by Laysan (Phoebastria immutabilis) and Black-footed Albatrosses (P. nigripes) recovered as by-catch in the North Pacific Ocean," Marine Pollution Bulletin 64 (2012) pp2190-2192. http://oikonos.org/wp-content/uploads/2015/02/Incidencemass-and-variety-of-plastics-ingested-Gray-2012.pdf.

20 Greenpeace UK, "Plastic Pollution," undated. ttps://www.greenpeace.org.uk/challenges/plasticpollution/.

21 Rex Weyler, "The Ocean Plastic Crisis," Greenpeace International, October 15, 2015.

22 Peter Ryan, "The effects of ingested plastic and other marine debris on seabirds," in R. S. Shomura, et al., "Proceedings of the Second International Conference on Marine Debris" April 2-7, 1989, Honolulu, Hawaii, volume 1. NOAA Technical Memorandum, NMFS-SWFSC (154): pp623-634. https://pdfs.semanticscholar.org/9654/5749c2085c0a9e8c62143e9dc6ebec6cdee3.pdf.

23 Mary L. Moser, et al., "A Fourteen-Year Survey of Plastic Ingestion by Western North Atlantic Seabirds,"Colonial Waterbirds Vol. 15, No. 1 (1992), pp83-94. https://www.jstor.org/stable/1521357?origin=crossref&seq=1.

24 Ibid..

25 Ibid..

26 Ibid..

27 Jan A. van Franeker and Kara Lavender Law, "Seabirds, gyres and global trends in plastic pollution," Environmental Pollution, Volume 203, August 2015, pp89-96. https://www.sciencedirect.com/science/article/pii/S0269749115001104?via%3Dihub.

28 Jennifer L. Lavers, et al., "Exceptional and rapid accumulation of anthropogenic debris on one of the world's most remote and pristine islands," PNAS, June 6, 2017, 114 (23) pp6052-6055. https://www.pnas.org/content/114/23/6052.

29 Deborah Byrd, "This Pacific island is the most plastic-polluted place on Earth," EarthSky, April 22, 2018. ttps://earthsky.org/earth/henderson-island-pacific-plastic-pollution-study.

30 Kaushik Patowary, “Henderson Island: This Uninhabited Island is the World's Most Polluted,” Amusing Planet, March 24, 2018.

31 Ecoprog, “Waste to Energy 2019/2020,” undated. https://www.ecoprog.com/publications/energymanagement/waste-to-energy.htm.

32 CUWEP, “Waste-to-Energy Plants in Europe in 2017,” updated to 2019.

33 Nikkei Staff Writers, “Southeast Asia's trash, Japan Inc.'s power-generating treasure,” Nikkei Asian Review, June 23, 2019. https://asia.nikkei.com/Spotlight/Environment/Southeast-Asia-s-trash-Japan-Inc.-s-power-generating-treasure.

34 Ben Messenger, “IN DEPTH: Waste to Energy - China Drives an Asian Awakening,” Waste Management World, June 6, 2019. https://waste-management-world.com/a/in-depth-waste-to-energy-china-drives-anasian-awakening.

35 EPA, “National Overview: Facts and Figures on Materials, Wastes and Recycling,” United States Environmental Protection Agency, 2017. https://www.epa.gov/facts-and-figures-about-materials-wasteand-recycling/national-overview-facts-and-figures-materials.

제8장

1 Wikipedia, “Electron Microscope,” July 23, 2020. https://en.wikipedia.org/wiki/Electron_microscope.

2 Catherine Mazanek, “Frankenfoods: Conceptualizing the Anti-GMO Argument in the Anthropocene,” Miami University, undated. ttps://journals.psu.edu/ne/article/download/60058/59862.

3 Lina Hellsten, “Focus on Metaphors: the Case of “Frankenfood” on the Web,” Journal of Computer-Mediated Communication, July 1, 2003. https://academic.oup.com/jcmc/article/8/4/JCMC841/4584272.

4 The Guardian, “Millions march against GM crops,” Associated Press, May 26, 2013. https://www.theguardian.com/environment/2013/may/26/millions-march-against-monsanto.

5 Ariel Poliandri, “Considering the three types of reasons people oppose GMO foods,” Genetic Literacy Project, January 9, 2015. https://geneticliteracyproject.org/2015/01/09/considering-the-three-types-ofreasons-people-

oppose-gmo-foods/.

6 "Horizontal Gene Transfer," Wikipedia, August 12, 2020. https://en.wikipedia.org/wiki/Horizontal_gene_transfer.

7 N. Yutin, "Horizontal Gene Transfer," ScienceDirect, Brenner's Encyclopedia of Genetics, 2013, pp530-532. https://www.sciencedirect.com/science/article/pii/B978012374984000735X?via%3Dihub.

8 Jennifer Kross, "Hybrid Waterfowl," Duck Unlimited, undated. https://www.ducks.org/conservation/waterfowl-research-science/waterfowl-hybrids.

9 H. Brunner, "Radiation induced mutations for plant selection," ScienceDirect, June-July 1995, pp589-594. https://www.sciencedirect.com/science/article/abs/pii/0969804395000968.

10 Joanna Jankowicz Cieslak, et al., "Chemical Mutagenesis of Seed and Vegetatively Propagated Plants Using EMS," Current Protocols in Plant Biology, December 1, 2016. https://currentprotocols.onlinelibrary.wiley.com/doi/10.1002/cppb.20040.

11 Rebecca Mackelprang, "Organic farming with gene editing: An oxymoron or a tool for sustainable agriculture?" The Conversation, October 10, 2018. https://theconversation.com/organic-farming-withgene-editing-an-oxymoron-or-a-tool-for-sustainable-agriculture-101585.

12 Wikipedia, "Genome Editing," August 24, 2020. https://en.wikipedia.org/wiki/Genome_editing.

13 Wikipedia, "CRISPR gene editing," August 26, 2020. https://en.wikipedia.org/wiki/CRISPR_gene_editing.

14 "A decade of EU-funded GMO research (2001-2010)," European Commission, 2010. https://ec.europa.eu/research/biosociety/pdf/a_decade_of_eu-funded_gmo_research.pdf.

15 National Research Council, et al., "Safety of Genetically Engineered Foods," The National Academies Press, 2004. https://www.nap.edu/catalog/10977/safety-of-genetically-engineered-foods-approaches-toassessing-unintended-health.

16 Daisy Whitbread, "Top 10 Foods Highest in Beta Carotene," My Food Data, August 6, 2020.

17 "Mission 2014: Feeding the World - Micronutrient Deficiency," Massachusetts Institute of Technology, 2014. http://12.000.scripts.mit.edu/mission2014/solutions/micronutrient-supplementation.

18 "Micronutrient Deficiencies - Vitamin A Deficiency," World Health Organi-

zation. https://www.who.int/nutrition/topics/vad/en/.

19 Melissa Miller, et al., "Why Do Children Become Vitamin A Deficient?" The Journal of Nutrition, September 1, 2002. ttps://academic.oup.com/jn/article/132/9/2867S/4687677.

20 "History of the Golden Rice Project - The Road to the Farm is Bumpy ."http://www.goldenrice.org/Content1-Who/who2_history.php.

21 Janet Cotter, "Golden Illusion - The Broken Promises of 'Golden' Rice," Greenpeace International, October 2013. https://storage.googleapis.com/planet4-international-stateless/2013/10/08786be5-458-golden-illusion-ge-goldenrice.pdf.

22 Michael Slezak, "Militant Filipino farmers destroy Golden Rice GM crop," New Scientist, August 9, 2013. https://www.newscientist.com/article/dn24021-militant-filipino-farmers-destroy-golden-rice-gmcrop/?ignored=irrelevant.

23 Matt McGrath, "'Golden rice' GM trial vandalised in the Philippines," BBC, August 9, 2013. https://www.bbc.com/news/science-environment-23632042.

24 Mark Lynas, "The True Story About Who Destroyed a Genetically Modified Rice Crop," Slate, August 26, 2013. https://slate.com/technology/2013/08/golden-rice-attack-in-philippines-anti-gmo-activists-lieabout-protest-and-safety.html.

25 Michael Moore, et al., "Allow Golden Rice Now," Allow Golden Rice Society, 2013-2016. http://allowgoldenricenow.org/wordpress/help-the-campaign/.

26 Greenpeace Danmark, "Virtual Tour of Rainbow Warrior III," November 3, 2011. https://www.youtube.com/watch?v=6P2q-QD545c.

27 Patrick Moore, "By opposing Golden Rice, Greenpeace defies its own values - and harms children," The Globe and Mail. October 8, 2013. https://www.theglobeandmail.com/opinion/by-opposing-goldenrice-greenpeace-defies-its-own-values-and-harms-children/article14742332/.

28 Hank Campbell, "Co-Founder of Greenpeace: Greenpeace is Wrong About Golden Rice," Science 2.0, October 21, 2013. https://www.science20.com/science_20/cofounder_of_greenpeace_greenpeace_is_wrong_about_golden_rice-122754.

29 Michael Moore, et al., "Allow Golden Rice Now," Allow Golden Rice Society, 2013-2016. http://allowgoldenricenow.org/wordpress/help-the-campaign/.

30 International Rice Research Institute, "Philippines approves Golden Rice for

direct use as food and feed, or for processing," December 18, 2019. https://www.irri.org/news-and-events/news/philippinesapproves-golden-rice-direct-use-food-and-feed-or-processing.

31 Greenpeace Philippines, "Greenpeace submits formal appeal to Deptartment of Agriculture to revoke 'golden rice' approval," December 24, 2019. https://www.greenpeace.org/philippines/press/4025/greenpeace-appeal-department-of-agriculture-to-revoke-golden-rice-approval/.

32 Adrian Dubock, "Viewpoint: "On the wrong side of humanity and science", Greenpeace Philippines launches last gasp effort to derail GMO Golden Rice approval," Genetic Literacy Project, January 29, 2020. https://geneticliteracyproject.org/2020/01/29/viewpoint-on-the-wrong-side-of-humanity-andscience-greenpeace-philippines-launches-last-gasp-effort-to-derail-gmo-golden-rice-approval/.

제9장

1 Sid Kirchheimer, "UV Radiation Listed as Known Carcinogen," WebMD, December 30, 2002. https://www.webmd.com/cancer/news/20021230/uv-radiation-listed-as-known-carcinogen#1.

2 Healthline, "The Benefits of Vitamin D," November 13, 2017. https://www.healthline.com/health/foodnutrition/benefits-vitamin-d#how-much-you-need.

3 "The Dose Makes the Poison," ChemicalSafetyFacts.org, 2020. https://www.chemicalsafetyfacts.org/dose-makes-poison-gallery/.

4 Norm R. C. Campbell, "A Systematic Review of Fatalities Related to Acute Ingestion of Salt. A Need for Warning Labels?" Nutrients, June 23, 2017. https://www.ncbi.nlm.nih.gov/pmc/articles/PMC5537768/#:~:text=The%20lethal%20dose%20was%20estimated,be%20discerned%20from%20our%20review.

5 "What Are The Different Types of Radiation?" US Nuclear Regulatory Commission, October 19, 2018. https://www.nrc.gov/reading-rm/basic-ref/students/science-101/what-are-different-types-of-radiation.html.

6 "Radiation Protection for Nuclear Employees," Duke Energy, August 21, 2012. https://nuclear.dukeenergy.com/2012/08/21/radiation-protection-for-nuclear-employees.

7 Mark P. Mattson, "Hormesis Defined," PubMed, December 5, 2007. https://www.ncbi.nlm.nih.gov/pmc/articles/PMC2248601/.

8 T. D. Luckey, "Radiation Hormesis: The Good, the Bad, and the Ugly," PubMed, September 7, 2006. https://pubmed.ncbi.nlm.nih.gov/18648595/.

9 "Three Mile Island Accident," World Nuclear Association, March 2020. https://www.world-nuclear.org/information-library/safety-and-security/safety-of-plants/three-mile-island-accident.aspx.

10 "The China Syndrome," Wikipedia, August 31, 2020. https://en.wikipedia.org/wiki/The_China_Syndrome.

11 Burton Bennett, et al., "Health Effects of the Chernobyl Accident and Special Health Care Programs," World Health Organization, Geneva, 2006. https://apps.who.int/iris/rest/bitstreams/51546/retrieve.

12 Ibid..

13 "RBMK Reactors - Appendix to Nuclear Power Reactors," World Nuclear Association, July 2019. https://www.world-nuclear.org/information-library/nuclear-fuel-cycle/nuclear-power-reactors/appendices/rbmkreactors.aspx.

14 Mikhail V. Malko, "The Chernobyl Reactor: Design Features and Reasons for Accident," Joint Institute of Power and Nuclear Research, Republic of Belarus, undated. https://www.rri.kyoto-u.ac.jp/NSRG/reports/kr79/kr79pdf/Malko1.pdf.

15 "RBMK Reactors - Appendix to Nuclear Power Reactors," World Nuclear Association, July 2019. https://www.world-nuclear.org/information-library/nuclear-fuel-cycle/nuclear-power-reactors/appendices/rbmkreactors.aspx.

16 "Road Traffic Injuries and Deaths - A Global Problem," Centers for Disease Control and Prevention, December 19, 2019. https://www.cdc.gov/injury/features/global-road-safety/index.html.

17 Shinji Nakahara, et al., "Mortality in the 2011 Tsunami in Japan," PubMed, January 5, 2013. https://www.ncbi.nlm.nih.gov/pmc/articles/PMC3700238/.

18 "Fukushima Daiichi Accident," World Nuclear Association, updated May 2020. https://www.worldnuclear.org/information-library/safety-and-security/safety-of-plants/fukushima-daiichi-accident.aspx.

19 Tsukasa Namekata, "Health Consequences of Mandatory Evacuation Due to Nuclear Accident Caused by the 2011 Tsunami," Washington State Public Health Association, October 13-15, 2013. https://washingtonstatepublichealthjournal.files.wordpress.com/2014/02/wspha_presentationnamekata.

pdf.

20 Richard Knox, "Why We May Not Learn Much New About Radiation Risks From Fukushima," NPR, March 24, 2011. https://www.npr.org/sections/health-shots/2011/03/24/134833008/why-we-may-not-learn-muchnew-about-radiation-risks-from-fukushima.

21 Radiation Effects Research Foundation. https://www.rerf.or.jp/en/

22 "World Nuclear Power Reactors & Uranium Requirements," World Nuclear Association, September 2020. https://www.world-nuclear.org/information-library/facts-and-figures/world-nuclear-power-reactorsand-uranium-requireme.aspx.

23 "Energy Use in Buildings," Alliance to Save Energy, 2018. https://www.ase.org/initiatives/buildings https://www1.eere.energy.gov/buildings/publications/pdfs/corporate/bt_stateindustry.pdf.

24 "Percentage of the railway lines in use in Europe in 2017 which were electrified, by country," Statista, May 5, 2020. https://www.statista.com/statistics/451522/share-of-the-rail-network-which-is-electrified-ineurope/.

25 "Rail Transport in Japan," Wikipedia, September 5, 2020. https://en.wikipedia.org/wiki/Rail_transport_in_Japan.

26 "Nuclear Marine Propulsion," Wikipedia, September 2, 2020. https://en.wikipedia.org/wiki/Nuclear_marine_propulsion#Icebreakers.

27 "Nuclear Powered Ships," World Nuclear Association, July 2020. https://www.world-nuclear.org/information-library/non-power-nuclear-applications/transport/nuclear-powered-ships.aspx.

28 Thom Mitchell, "'Father of Climate Change' James Hansen Urges Support For Nuclear Energy At #COP21 Climate Talks," NewMatilda.com, December 4, 2015. https://newmatilda.com/2015/12/04/fatherof-climate-change-james-hansen-urges-support-for-nuclear-energy-at-cop21-climate-talks/.

29 Michael Schellenberger, Apocalypse Never: Why Environmental Alarmism Hurts Us All, Harper: Illustrated Edition, June 30 ,2020. https://www.amazon.com/Apocalypse-Never-Environmental-AlarmismHurts/dp/0063001691.

제10장

1 Lewis F. Southard, "The History of Cooperative Forest Fire Control," Forest History Today, Spring/Fall 2011. https://foresthistory.org/wp-content/uploads/2017/01/Cooperative_Fire_Control.pdf.

2 Melvin Thornton, "Private forest land is not the problem," Mail Tribune, December 23, 2018. https://mailtribune.com/opinion/guest-opinions/private-forest-land-is-not-the-problem.

3 Edward Ring, "Environmentalists Destroyed California's Forests," California Policy Center, September 10, 2020. https://californiapolicycenter.org/environmentalists-destroyed-californias-forests/.

4 Associated Press, "Death toll in Camp Fire probably includes 50 more people, report says," Los Angeles Times, February 11, 2020. https://www.latimes.com/california/story/2020-02-11/death-toll-in-camp-fireprobably-includes-50-more-people-report-says.

5 D. M. J. S. Bowman, "The impact of Aboriginal landscape burning on the Australian biota," New Phytology 140 pp385-410, 1998. https://nph.onlinelibrary.wiley.com/doi/pdf/10.1111/j.1469-8137.1998.00289.x.

6 Jim Steele, "Reducing the Devastation of California Wildfires," CO2 Coalition, August 27, 2020. http://co2coalition.org/publications/reducing-the-devastation-of-california-wildfires/.

7 Jim Steele and Genesis Torres, "Five Ways to Reduce Wildfire Risk in California," CO2 Coalition, January 28, 2020. http://co2coalition.org/publications/5-ways-to-reduce-wildfire-risk-in-california/.

8 "Over 40 percent of the EU covered with forests," Eurostat, 2015. https://ec.europa.eu/eurostat/web/products-eurostat-news/-/EDN-20180321-1.

9 https://tradingeconomics.com/united-states/forest-area-percent-of-land-area-wb-data.html.

10 Douglas W. MacCleery, "American Forests - A History of Resilience and Recovery," Forest History Society, 2011.

11 "Biomass in Virginia." http://www.virginiaplaces.org/energy/biomass.html.

12 "Vermont - Select economic and energy data," Institute for Energy Research. https://www.instituteforenergyresearch.org/states/vermont/.

13 Nicholas Boccard, "Capacity Factor of Wind Power: Realized Values vs. Estimates," SSRN, January 19, 2016. https://papers.ssrn.com/sol3/papers.cfm?abstract_id=1285435.

14 Justin Catanoso, "Are forests the new coal? Global alarm sounds with biomass burning," Eco-Business, September 1, 2020. https://www.eco-business.com/news/are-forests-the-new-coal-global-alarm-soundswith-biomass-burning.

15 Timothy D. Searchinger, "Fixing a Critical Climate Accounting Error," Science, October 23, 2009. https://science.sciencemag.org/content/326/5952/527.summary.

16 P. Gossilin, "Environmental Disaster: Northern Europe Deforestation Up 49 percent Due To Effort To Meet 'CO2 Targets,'" NoTricksZone, September 6, 2020. https://notrickszone.com/2020/09/06/environmental-disaster-northern-europe-deforestation-up-49-due-to-effort-to-meet-co2-targets/

제11장

1 Ken Caldeira and Michael E. Wickett, "Anthropogenic carbon and ocean pH," Nature 425 (6956) (2003): pp365-365. September 2003. https://www.nature.com/articles/425365a.

2 Ross R. McKitrick, "HAC-Robust Measurement of the Duration of a Trendless Subsample in a Global Climate Time Series," Open Journal of Statistics 4, pp527-535, 2014. https://www.scirp.org/journal/paperinformation.aspx?paperid=49307.

3 Carles Pelejero, et al., "Paleo-perspectives on ocean acidification," Trends in Ecology and Evolution 25, no. 6, pp332-344, 2010. https://www.cell.com/trends/ecology-evolution/fulltext/S0169-5347(10)00044-3.

4 Ibid.

5 "Ocean Acidification: The Other CO2 Problem," Natural Resources Defense Council, August 2009. https://www.nrdc.org/oceans/acidification/files/NRDC-OceanAcidFSWeb.pdf.

6 "The State of World Fisheries and Aquaculture 2018," UN Food and Agriculture Organization, 2018. http://www.fao.org/3/i9540en/i9540en.pdf.

7 John Pickrell, "Oceans Found to Absorb Half of All Man-Made Carbon Dioxide," National Geographic News, July 15, 2004. http://news.nationalgeographic.com/news/2004/07/0715_040715_oceancarbon.html.

8 N. R. Bates, et al., "Detecting anthropogenic carbon dioxide uptake and ocean acidification in the North Atlantic Ocean," Biogeosciences

9, no. 7: pp2509-2522, 2012. http://www.bios.edu/uploads/Batesetal-2012bg-9-2509-2012.pdf.

9 P. Peylin, et al., "Global atmospheric carbon budget: results from an ensemble of atmospheric CO2 inversions," Biogeosciences 10, no. 10 pp6699-6720, 2013. https://bg.copernicus.org/articles/10/6699/2013/bg-10-6699-2013.pdf.

10 R. J. Donohue, et al., "Impact of CO2 fertilization on maximum foliage cover across the globe's warm, arid environments," Geophysical Research Letters 40, no. 12, pp3031-3035, 2013. https://agupubs.onlinelibrary.wiley.com/doi/full/10.1002/grl.50563.

11 Smithsonian Institution, "Forests are growing faster, ecologists discover; Climate change appears to be driving accelerated growth," ScienceDaily, February 2, 2010. http://www.sciencedaily.com/releases/2010/02/100201171641.htm.

12 Hans Pretzsch, et al., "Forest stand growth dynamics in Central Europe have accelerated since 1870," Nature Communications 5 (4967) 2014. https://www.nature.com/articles/ncomms5967.

13 "The Cambrian Period (544-505 mya)," Virtual Fossil Museum. http://www.fossilmuseum.net/Paleobiology/Paleozoic_paleobiology.htm#Cambrian.

14 Jeroen Boeye, et al., "More rapid climate change promotes evolutionary rescue through selection for increased dispersal distance," Evolutionary Applications 6, no. 2 pp353-364, February 6, 2013. https://www.ncbi.nlm.nih.gov/pmc/articles/PMC3586623/.

15 Stephen Jay Gould, Wonderful Life: The Burgess Shale and the Nature of History, W.W. Norton and Company, 1989. https://www.amazon.com/Wonderful-Life-Burgess-Nature-History/dp/039330700X.

16 Trevor D. Price, et al., "The role of phenotypic plasticity in driving genetic evolution," Proceedings of the Royal Society B: Biological Sciences 270 (1523) pp1433-1440. https://www.ncbi.nlm.nih.gov/pmc/articles/PMC1691402/.

17 Eva Jablonka and Gal Raz, "Transgenerational Epigenetic Inheritance: Prevalence, Mechanisms, and Implications for the Study of Heredity and Evolution," PubMed, June 2009. https://pubmed.ncbi.nlm.nih.gov/19606595/.

18 Christopher S. Murray, et al., "Offspring sensitivity to ocean acidification changes seasonally in a coastal marine fish," Marine Ecology Progress Series 504 pp1-11, May 14, 2014. https://www.int-res.com/articles/feature/m504p001.pdf.

19 Wallace S. Broecker, "Chemical Oceanography," Harcourt, Brace, Jovanovich Inc., 1974. https://www.ldeo.columbia.edu/~broecker/Chemi-

cal%20Oceanography.pdf.

20 R. E. Zeebe, et al., "Carbon Dioxide, Dissolved (Ocean)," Encyclopedia of Paleoclimatology and Ancient Environments, ed. V. Gornitz, Kluwer Academic Publishers, Earth Science Series, 2008. https://www.soest.hawaii.edu/oceanography/faculty/zeebe_files/Publications/ZeebeWolfEnclp07.pdf.

21 Ibid.

22 R. E. Zeebe, "History of Seawater Carbonate Chemistry, Atmospheric CO_2, and Ocean Acidification," Annual Review of Earth and Planetary Science 40, pp141-165, 2012. https://www.soest.hawaii.edu/oceanography/faculty/zeebe_files/Publications/ZeebeAR12.pdf.

23 "Ocean Acidification in the Pacific Northwest," NOAA, May 2014. https://wsg.washington.edu/wordpress/wp-content/uploads/OA18PNW-Facts14V5.pdf.

24 H. U. Sverdrup, et al., The Oceans, Their Physics, Chemistry, and General Biology, Prentice-Hall: New York, 1942. https://publishing.cdlib.org/ucpressebooks/view?docId=kt167nb66r.

25 C. E. Pelejero, E. Calvo, M. T. McCulloch, J. F. Marshall, et al., "Preindustrial to Modern Interdecadal Variability in Coral Reef pH," Science 309, pp2204-2207, 2005.https://science.sciencemag.org/content/309/5744/2204.figures-only.

26 US House Committee on Natural Resources, "CEQ Draft Guidance for GHG Emissions and the Effects of Climate Change," Testimony of Professor John R. Christy, University of Alabama in Huntsville, May 13, 2015.https://docs.house.gov/meetings/II/II00/20150513/103524/HHRG-114-II00-WstateChristyJ-20150513.pdf.

27 G. E. Hofmann, et al., "High-Frequency Dynamics of Ocean pH: A Multi-Ecosystem Comparison," PLoS ONE 6, no. 12, December 9, 2011. https://journals.plos.org/plosone/article?id=10.1371/journal.pone.0028983.

28 Wikipedia, "Humboldt Current," September 16, 2020. https://en.wikipedia.org/wiki/Humboldt_Current.

29 E. Hofmann, et al., "High-Frequency Dynamics of Ocean pH: A Multi-Ecosystem Comparison," PLoS ONE 6, no. 12, December 19, 2011. https://journals.plos.org/plosone/article?id=10.1371/journal.pone.0028983.

30 Toby Tyrrell, "Severity of ocean acidification following the end-Cretaceous asteroid impact," PNAS 112, no. 21 pp6556-61.https://www.pnas.org/content/112/21/6556.

31 J. M. Wood, "Bacterial Osmoregulation: A Paradigm for the Study of Cel-

lular Homeostasis," Annual Review of Microbiology 65 pp215-238, October 2011. https://www.annualreviews.org/doi/abs/10.1146/annurev-micro-090110-102815.

32 Kenneth S. Saladin, "Osmoregulation," Biology Encyclopedia Forum. http://www.biologyreference.com/Oc-Ph/Osmoregulation.html.

33 "Surviving in Salt Water, American Museum of Natural History. https://www.amnh.org/exhibitions/water-h2o-life/life-in-water/surviving-in-salt-water.

34 Marion McClary, "Osmoconformer," Encyclopedia of the Earth, June 20, 2014. http://www.eoearth.org/view/article/155074/.

35 "What is Ocean Acidification?" National Oceanic and Atmospheric Administration, PMEL Carbon Program. https://www.pmel.noaa.gov/co2/story/What+is+Ocean+Acidification%3F.

36 T. P. Mäkelä, et al., "The Effects of Low Water pH on the Ionic Balance in Freshwater Mussel Anodonta anatina L," Annales Zoologici Fennici 29, pp169-175, December 1992. http://www.sekj.org/PDF/anzf29/anz29-169-175.pdf

37 Wendell R. Haag, North American Freshwater Mussels: Natural History, Ecology, and Conservation, Cambridge University Press, 2012. http://www.langtoninfo.com/web_content/9780521199384_frontmatter.pdf.

38 M. D. Iglesias-Rodriguez, et al., "Phytoplankton Calcification in a High-CO_2 World," Science 320, 5847 pp336-340, April 2008. http://www.sciencemag.org/content/320/5874/336.full#F1.192

39 F. Marin, et al., "Skeletal matrices, muci, and the origin of invertebrate calcification," Proceedings of the National Academy of Sciences of the United States of America 93, no. 4 pp1554-1559, February 20, 1996. https://www.pnas.org/content/93/4/1554.abstract?tab=related.

40 Ibid.

41 M. W. Denny, "Invertebrate mucous secretions: functional alternatives to vertebrate paradigms," Symposia of the Society for Experimental Biology 43 pp337-366, December 31, 1988. https://europepmc.org/article/med/2701483

42 "Periostracum," Encyclopaedia Britannica, 2015. http://www.britannica.com/science/periostracum.

43 K. L. Yeakel, "Shifts in coral reef biogeochemistry and resulting acidification linked to offshore productivity," PNAS 2015: 507021112v1-201507021. https://www.pnas.org/content/early/2015/11/04/1507021112.

44 M. Slezak, "Growing corals turn water more acidic without suffering damage," New Scientist, November 13, 2015. https://www.newscientist.

com/article/dn28468-growing-corals-turn-water-more-acidic-withoutsuffering-damage/.

45 "Ocean Acidification Database," CO2 Science, 2015. http://www.co2science.org/data/acidification/results.php. http://www.co2science.org/subject/subject.php.

제12장

1 "Pinniped," Wikipedia, October 5, 2020. https://en.wikipedia.org/wiki/Pinniped#Evolutionary_history.

2 Susan Crockford, "Attenborough's tragedy porn of walruses plunging to their deaths because of climate change is contrived nonsense," April 7, 2019. https://polarbearscience.com/2019/04/07/attenboroughstragedy-porn-of-walruses-plunging-to-their-deaths-because-of-climate-change-is-contrived-nonsense/.

3 Siberian Times reporter, "Village besieged by polar bears as hundreds of terrorized walruses fall 38 meters to their death," the Siberian Times, October 19, 2017. https://siberiantimes.com/ecology/others/news/village-besieged-by-polar-bears-as-hundreds-of-terrorised-walruses-fall-38-metres-to-theirdeaths/.

4 Grant Burns, "Walruses Falling off Alaska Cliffs" undated video with interviews. https://www.dailymotion.com/video/x2m72ze.

5 J. W. Higdon and D. B. Stewart, "State of Circumpolar Walrus Populations," WWF, May 2018. https://arcticwwf.org/site/assets/files/1541/walrus-report-2018-screen.pdf.

6 Susan Crockford, "On the Beach - Walrus Haulouts are Nothing New," The Global Warming Policy Foundation, 2014. https://www.thegwpf.org/content/uploads/2014/10/walrus-fuss.pdf.

7 Susan Crockford, "Netflix, Attenborough and cliff-falling walruses: the making of a false climate icon," GWPF, May 17, 2019. https://www.youtube.com/watch?v=IatVKZZcPG0&list=LLzWji6QiQmCEoU6vligmceA&index=201.

종말론적 환경주의

보이지 않는 가짜 재앙과 위협

초판 1쇄 발행일 2021년 11월 30일
지은이 패트릭 무어
옮긴이 박석순
펴낸이 박영희
편집 박은지
디자인 어진이
마케팅 김유미
인쇄·제본 AP프린팅
펴낸곳 도서출판 어문학사

서울특별시 도봉구 해등로 357 나너울카운티 1층
대표전화: 02-998-0094 / 편집부1: 02-998-2267, 편집부2: 02-998-2269
홈페이지: www.amhbook.com
트위터: @with_amhbook
페이스북: www.facebook.com/amhbook
블로그: 네이버 http://blog.naver.com/amhbook
다음 http://blog.daum.net/amhbook
e-mail: am@amhbook.com
등록: 2004년 7월 26일 제2009-2호

ISBN 978-89-6184-982-1 [03450]
정가 20,000원
※잘못 만들어진 책은 교환해 드립니다.